虚拟现实技术专业新形态教材

Unity技术与项目实战
（微课版）

范丽亚 谢平 主编

杨鑫 梁金栋 马介渊 张克发 张荣 副主编

清華大学出版社

北京

内 容 简 介

本书是“Unity 技术基础”与“增量式项目实战”的融合，给零基础入门 Unity 又希望快速上手独立开发作品的读者，带来一次友好的虚拟现实学习与开发体验。全书共 7 章，第 1 章是 Unity 操作基础，第 2 章至第 7 章是 Unity 核心技术模块知识点讲解 + 案例实战，包括动画系统、天空盒、地形、模型、物理系统和 UI 系统。全书以“滚雪球”的方式，从创建一个新项目开始，逐渐添加项目的各个功能模块，到完成全部开发流程打包导出，形成一个相对完整的项目作品。各模块知识点和开发案例前后承接，目的是实现以点带面、从线到片、点面结合的立体化学习效果，达到理论与实践紧密结合的目的。

本书内容循序渐进，深入浅出，条理清晰，图文并茂，易于上手；每章知识点配有相应的练习题以巩固所学知识。

本书适合作为高等院校虚拟现实、计算机科学与技术、软件工程、视觉设计与艺术、动漫设计、数字媒体等专业教材。欲从事 AR/VR 技术开发的相关工作人员，也可以通过本书快速入门和上手，从零基础轻松跨入 AR/VR 开发领域。

图书在版编目（CIP）数据

Unity 技术与项目实战：微课版 / 范丽亚，谢平主编. — 北京：清华大学出版社，2023.11
虚拟现实技术专业新形态教材
ISBN 978-7-302-64777-5

Ⅰ. ① U… Ⅱ. ①范… ②谢… Ⅲ. ①游戏程序－程序设计－教材 Ⅳ. ① TP311.5

中国国家版本馆 CIP 数据核字（2023）第 204784 号

责任编辑：郭丽娜
封面设计：常雪影
责任校对：刘　静
责任印制：沈　露

出版发行：清华大学出版社
网　　址：https://www.tup.com.cn，https://www.wqxuetang.com
地　　址：北京清华大学学研大厦A座　　**邮　　编：**100084
社 总 机：010-83470000　　**邮　　购：**010-62786544
投稿与读者服务：010-62776969, c-service@tup.tsinghua.edu.cn
质量反馈：010-62772015, zhiliang@tup.tsinghua.edu.cn
课件下载：https://www.tup.com.cn, 010-83470410
印 装 者：三河市龙大印装有限公司
经　　销：全国新华书店
开　　本：185mm × 260mm　　**印　　张：**14.75　　**字　　数：**350千字
版　　次：2023年12月第1版　　**印　　次：**2023年12月第1次印刷
定　　价：76.00元

产品编号：096361-01

丛书编委会

丛书序

近年来信息技术快速发展，云计算、物联网、3D 打印、大数据、虚拟现实、人工智能、区块链、5G 通信、元宇宙等新技术层出不穷。国务院副总理刘鹤在南昌出席 2019 年“世界虚拟现实产业大会”时指出“当前，以数字技术和生命科学为代表的新一轮科技革命和产业变革日新月异，VR 是其中最为活跃的前沿领域之一，呈现出技术发展协同性强、产品应用范围广、产业发展潜力大的鲜明特点。”新的信息技术正处于快速发展时期，虽然总体表现还不够成熟，但同时也提供了很多可能性。最近的数字孪生、元宇宙也是这样，总能给我们惊喜，并提供新的发展机遇。

在日新月异的产业发展中，虚拟现实是较为活跃的新技术产业之一。其一，虚拟现实产品应用范围广泛，在科学研究、文化教育以及日常生活中都有很好的应用，有广阔的发展前景；其二，虚拟现实的产业链较长，涉及的行业广泛，可以带动国民经济的许多领域协作开发，驱动多个行业的发展；其三，虚拟现实开发技术复杂，涉及“声光电磁波、数理化机（械）生（命）”多学科，需要多学科共同努力、相互支持，形成综合成果。所以，虚拟现实人才培养就成为有难度、有高度，既迫在眉睫，又错综复杂的任务。

虚拟现实一词诞生已近 50 年，在其发展过程中，技术的日积月累，尤其是近年在多模态交互、三维呈现等关键技术的突破，推动了 2016 年“虚拟现实元年”的到来，使虚拟现实被人们所认识，行业发展呈现出前所未有的新气象。在行业的井喷式发展后，新技术跟不上，人才队伍欠缺，使虚拟现实又漠然回落。

产业要发展，技术是关键。虚拟现实的发展高潮，是建立在多年的研究基础上和技术成果的长期积累上的，是厚积薄发而致。虚拟现实的人才培养是行业兴旺发达的关键。行业发展离不开技术革新，技术革新来自人才，人才需要培养，人才的水平决定了技术的水平，技术的水平决定了产业的高度。未来虚拟现实发展取决于今天我们人才的培养。只有我们培养出千千万万深耕理论、掌握技术、擅长设计、拥有情怀的虚拟现实人才，我们领跑世界虚拟现实产业的中国梦才可能变为现实！

产业要发展，人才是基础。我们必须协调各方力量，尽快组织建设虚拟现实的专业人才培养体系。今天我们对专业人才培养的认识高度决定了我国未来虚拟现实产业的发展高度，对虚拟现实新技术的人才培养支持的力度也将决定未来我国虚拟现实产业在该领域的影响力。要打造中国的虚拟现实产业，必须要有研究开发虚拟现实技术的关键人才和关键企业。这样的人才要基础好、技术全面，可独当一面，且有全局眼光。目前我国迫切需要建立虚拟现实人才培养的专业体系。这个体系需要有科学的学科布局、完整的知识构成、成熟的研究方法和有效的实验手段，还要符合国家教育方针，在德、智、体、美、劳方面实现完整的培养目标。在这个人才培养体系里，教材建设是基石，专业教材建设尤为重要。虚拟现实的专业教材，是理论与实际相结合的，需要学校和企业联合建设；是科学和艺术融汇的，需要多学科协同合作。

本系列教材以信息技术新工科产学研联盟2021年发布的《虚拟现实技术专业建设方案（建议稿）》为基础，围绕高校开设的“虚拟现实技术专业”的人才培养方案和专业设置进行展开，内容覆盖专业基础课、专业核心课及部分专业方向课的知识点和技能点，支撑了虚拟现实专业完整的知识体系，为专业建设服务。本系列教材的编写方式与实际教学相结合，项目式、案例式各具特色，配套丰富的图片、动画、视频、多媒体教学课件、源代码等数字化资源，方式多样，图文并茂。其中的案例大部分由企业工程师与高校教师联合设计，体现了职业性和专业性并重。本系列教材依托于信息技术新工科产学研联盟虚拟现实教育工作委员会诸多专家，由全国多所普通高等教育本科院校和职业高等院校的教育工作者、虚拟现实知名企业的工程师联合编写，感谢同行们的辛勤努力！

虚拟现实技术是一项快速发展、不断迭代的新技术。基于虚拟现实技术，可能还会有更多新技术问世和新行业形成。教材的编写不可能一蹴而就，还需要编者在研发中不断改进，在教学中持续完善。如果我们想要虚拟现实更精彩，就要注重虚拟现实人才培养，这样技术突破才有可能。我们要不忘初心，砥砺前行。初心，就是志存高远，持之以恒，需要我们积跬步，行千里。所以，我们意欲在明天的虚拟现实领域领风骚，必须做好今天的虚拟现实人才培养。

周明全

2022 年 5 月

前　言

随着新一轮科技革命和产业变革的推进，信息技术所蕴含的巨大潜能逐步释放，推动着各级各类教育全面转型和智能升级。党的二十大报告指出："教育、科技、人才是全面建设社会主义现代化国家的基础性、战略性支撑。"科技进步靠人才，人才培养靠教育，教育是人才培养和科技创新的根基。虚拟现实、人工智能等新一代信息技术的发展，将对教育产生重大影响。利用信息技术优势，变革教育模式，是实现科技强国的必由之路。

Unity 作为热门的 AR/VR 主流开发引擎，不仅支持手机、平板电脑、计算机、主机等平台 2D/3D 游戏内容开发，在美术、建筑、汽车设计、影视等领域也有广泛的应用，小到手机 AR 游戏，大到商业级别的 AR/VR 数字博物馆等应用场景，创作者都可以借助 Unity 将创意变成现实。Unity 还拥有一个庞大的 Asset Store，包含大量触手可及的免费和付费资源，是初学者的绝佳选择。

1. 本书内容

本书从零基础学习者角度出发，提供了 Unity 入门必备的基础操作和六大模块知识与关键技术，本书知识体系思维导图如下图所示。

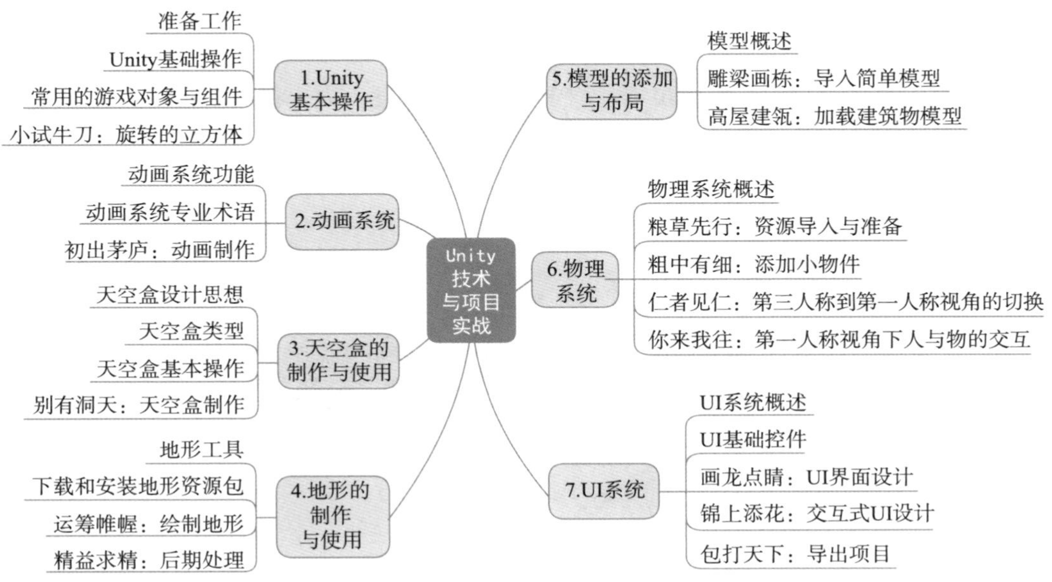

本书知识体系思维导图

2. 本书特色

由浅入深，编排合理。本书以零基础学习者为对象，采用图文结合、循序渐进的编排方式，由浅入深地讲解内容，使其逐步掌握 Unity 的核心模块和关键知识点。

增量学习，事半功倍。本书每章案例开发的内容一环套一环，实现“点—线—面”增量式、立体化、“滚雪球”式学习路径，学习效果立竿见影。

视频讲解，精彩详尽。书中每章实践操作环节都配有详尽的视频讲解，能够引导初学者快速入门，感受 Unity 开发的快乐和成就感。

躬行实践，学以致用。通过实例边学边做，是学习程序开发最有效的方式。本书通过“知识点 + 经典实例 + 操作步骤 + 运行结果 + 巩固练习”的模式，透彻解析程序开发中所需要理解的知识点，帮助初学者快速掌握开发技能。

及时练习，巩固知识。书中每章都提供了基础知识点及关键操作对应的练习题，帮助读者及时巩固所学知识点，做到知行合一。

3. 读者服务

为方便读者完成每章知识点的学习和项目开发任务，本书提供了教学 PPT、资源包及素材、习题答案、教学大纲等资料，请扫描书中二维码下载或到清华大学出版社官方网站本书页面下载。

为方便读者快速掌握每章案例知识点操作要领，可以扫描本书相应位置二维码观看微课视频。

本书由范丽亚和谢平担任主编，杨鑫、梁金栋、马介渊、张克发、张荣担任副主编，全书由范丽亚策划和统稿，具体分工如下：第 1 章由范丽亚编写，第 2 章至第 4 章由范丽亚、谢平共同编写；第 5 章至第 7 章由范丽亚、杨鑫、梁金栋共同编写；全书的资料整理、校对、习题编写等工作由范丽亚、马介渊、张克发和张荣完成；教学视频的录制由范丽亚、谢平、杨鑫共同完成。

在本书的编写过程中，编者虽本着科学、严谨的态度，力求精益求精，但疏漏之处在所难免，敬请广大读者批评、指正。

编者
2023 年 11 月

素材及资源包

习题及答案

目　录

第 1 章 Unity 基本操作

Unity 是 Unity Technologies 公司于 2004 年发布的一款高效的游戏开发工具，经过近 20 年的发展，至今已成为业界最炙手可热的一款跨平台专业游戏引擎。它不仅为开发者打造了一个完美的游戏开发生态链，而且促进了虚拟现实技术在各行各业的应用。开发者可以通过 Unity 轻松实现各种游戏创意和三维互动开发，创作出精彩的 2D 和 3D 游戏内容，然后将作品一键部署到各类游戏平台上，并在 Asset Store（资源商店）中分享和下载游戏资源，还可以通过知识分享和问答交流社区与全球范围内的开发者一起深入地探讨和交流，促进 Unity 在更多领域和场景中的应用。

1.1 准备工作

1.1.1 初识 Unity

目前，Unity 在游戏开发、美术、建筑、汽车、影视动画等领域均有广泛的应用，小到手机上的 AR 小游戏，大到商业级别的 AR/VR 数字博物馆等应用场景，创作者都可以借助 Unity 将创意变成现实。

Unity 一开始是作为一款游戏引擎出现在大众视野的。在虚幻引擎（Unreal Engine，UE）大面积应用之前，很多游戏都是基于 Unity 进行开发的。使用 Unity 开发的经典游戏有《王者荣耀》（比较大众化的游戏）、《纪念碑谷》（小众清新游戏）、《崩坏学园》（二次元游戏）、《神庙逃亡》（早期手机游戏）、《非常英雄》（横版解密手机游戏），以及《炉石传说》《全民炫舞》《天天酷跑》等。Unity 引擎的平台通用性好，使用面广，脚本语言 C# 比较容易上手，适合对游戏开发感兴趣的新手学习。

1.1.2 注册账号与激活许可证

Unity 账号注册与 Unity Hub 安装

1. 注册账号

访问 Unity 官网，单击导航栏最后一列的“注册 / 登录”按钮（见图 1-1），在弹出的窗口中选择“创建 Unity ID”，就可以使用电子邮箱创建 Unity 账号，注册完成后再次单击“注册 / 登录”按钮就可以选择“登录”按钮登录 Unity 账号。

图 1–1　注册 / 登录按钮

2. 激活许可证

初次使用 Unity Hub 时，界面上方会出现“没有激活的许可证”提示信息（见图 1–2），单击界面右侧的“管理许可证”按钮，在弹出界面单击“添加”按钮添加许可证。

图 1–2　激活许可证提示信息

然后在许可证类型列表中，选择要添加的许可证类型。为了满足不同用户群体的使用需求，Unity 官方提供了多种授权类型，Unity Pro 与 Unity Plus 授权类型一般用于商业目的，用户在购买后会收到官方发送的激活序列号。此时可以在授权类型列表中单击“通过序列号激活”按钮，输入序列号经过 Unity 官方验证其有效性后即可激活许可证。对于非商业用途，用户可以选择“获取免费的个人版许可证”按钮，如图 1–3 所示。

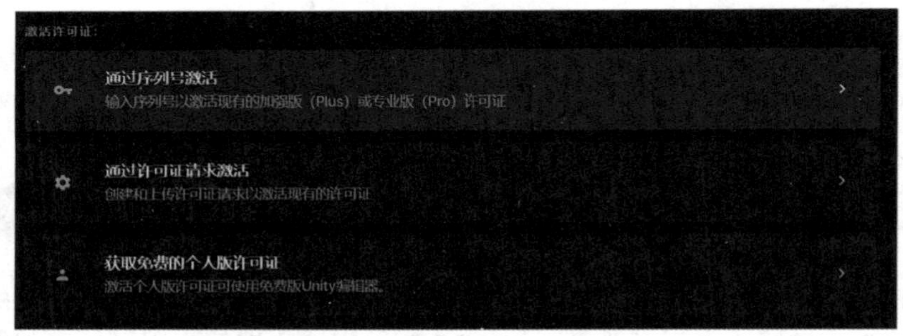

图 1–3　激活许可证类型选择界面

浏览完相关的服务条款之后，单击“同意并获取个人版许可证”按钮，即可获得免费的个人版许可证，如图 1–4 所示。该图还显示了该类型的许可证有效期，到期后重新申请就可正常使用。

图 1–4　免费的个人版许可证

1.1.3 安装 Unity Hub

Unity Hub 是一个可以简化查找、下载和管理 Unity 项目和安装内容的应用程序。目前Unity正版软件仅支持通过Unity Hub进行安装。进入Unity官网后，使用Unity账户登录，首先在页面单击“下载 Unity”按钮，然后单击链接页面中的“下载 Unity”选项卡，找到并单击“下载 Unity Hub”按钮，如图 1–5 所示。

图 1–5 下载 Unity Hub

在弹出的界面中选择“Windows 下载”，如图 1–6 所示，对于其他系统，可选择下载相应的版本。然后选择合适的存储路径等待下载完成。

下载完成后，双击 .exe 安装文件，在弹出界面中单击“浏览”按钮选择安装位置后，单击“安装”按钮等待安装完成，如图 1–7 所示。安装完成后，在 Unity Hub 中登录 Unity 账户。

图 1–6 选择 Unity Hub 版本

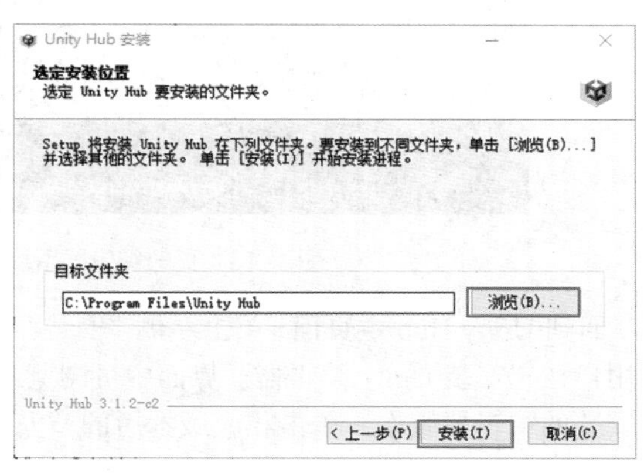

图 1–7 安装 Unity Hub

1.1.4 安装 Unity Editor

在成功安装 Unity Hub 后，就可以开始安装 Unity Editor（Unity 编辑器）了。Unity Editor 的安装有两种方式：一种是通过 Unity Hub 在线安装编辑器；另一种是在官网下载对应版本的 Unity Editor 安装包，在 Unity Hub 中进行导入并实现安装。这里以在线安装为例讲解 Unity Editor 的安装步骤。

（1）打开 Unity Hub，可单击如图 1–8 所示的 ⚙ 图标，进行 Unity Editor 的偏好设置。

（2）在打开的“偏好设置”界面，用户可更改项目默认保存位置，如图 1–9 所示。Unity Editor 会根据项目名称在默认保存路径下创建对应名称的项目文件夹，该文件夹可

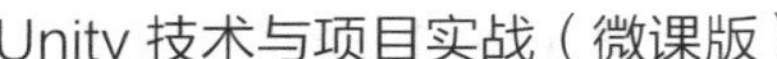

通过复制的方式在其他的 PC 中打开并进行访问。

图 1-8　Unity Editor 偏好设置

图 1-9　更改项目的保存位置

在默认情况下，系统会将 Unity Editor 下载并安装到 C 盘的对应目录下，用户也可在左侧的“安装”选项卡界面中更改默认的编辑器下载和安装路径，如图 1-10 所示。

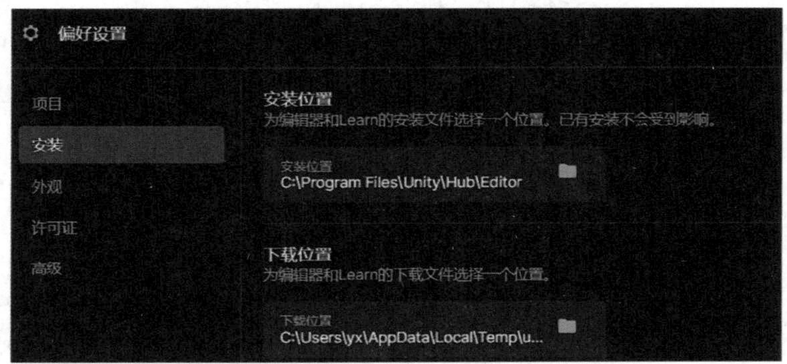

图 1-10　更改编辑器下载和安装位置

（3）回到 Unity Hub 主页面，单击左侧“安装”选项卡，然后单击右上角“安装编辑器”按钮。用户在“安装 Unity 编辑器”界面中可浏览“正式发行版”和“预发行版”选项卡，确定要安装的编辑器版本，单击相应版本后的“安装”按钮进行安装。用户也可单击界面左下角的“Beta 版计划网页”跳转到 Unity 官网首页，选择更多的版本，如图 1-11 所示。

图 1-11　选择 Unity 编辑器版本

Unity 官网首页提供了长期支持版、补丁程序版和 Beta 版共三种编辑器版本，如图 1–12 所示。长期支持版具有非常庞大的用户群体，经过大量的项目验证其稳定性较强，一般优先选择安装该类型版本。补丁程序版是针对之前 Unity Editor 特定版本的更新，可以选择下载后对指定的版本打补丁来提高其稳定性。Beta 版本是指公开测试版，主要提供给粉丝用户进行测试使用，该版本比 Alpha 版本稳定，但仍存在很多 Bug；该阶段版本会不断增加新功能并进一步细分为 Beta1、Beta2 等版本，直到稳定下来进入 RC 版本（最终产品候选版本）。

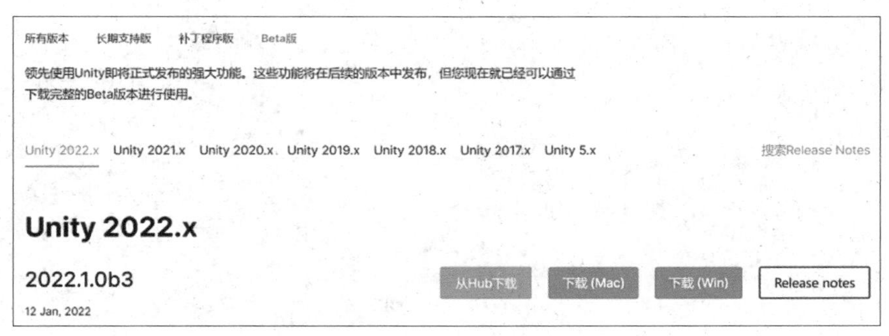

图 1–12　Unity 编辑器的不同版本

这里以长期支持版下的 2021.3.0f1cl 版本为例，找到该版本，单击“从 Hub 下载”按钮，如图 1–13 所示。如果要安装多个版本，会在第一个版本安装完成后，再启动其他版本的安装。

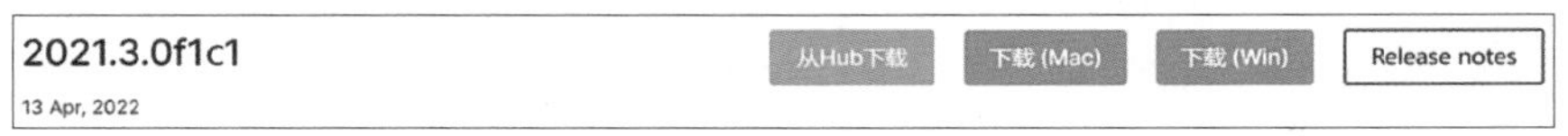

图 1–13　从 Unity Hub 下载指定版本的编辑器

此外，Unity Hub 会在相应的版本标签下显示每个 Editor 的安装位置，便于用户对 Editor 版本的管理。如果某个 Editor 版本需要设置为首选版本、添加组件或卸载编辑器，可单击该版本右侧的齿轮图标，如图 1–14 所示。如果已删除或卸载首选的 Editor 版本，则另外一个安装的 Editor 版本将成为首选版本。

图 1–14　不同版本 Unity 编辑器的管理

Unity Hub 中可以安装多个版本的 Unity Editor，并且根据项目需求，用户可以选择不同版本的 Unity Editor 关联已有项目。用户也可以从 Unity Hub 的“安装”选项卡中指定某个版本的 Unity Editor 为常用的首选版本，如图 1–15 所示，这样在进行项目创建的时候就会默认选择该版本。

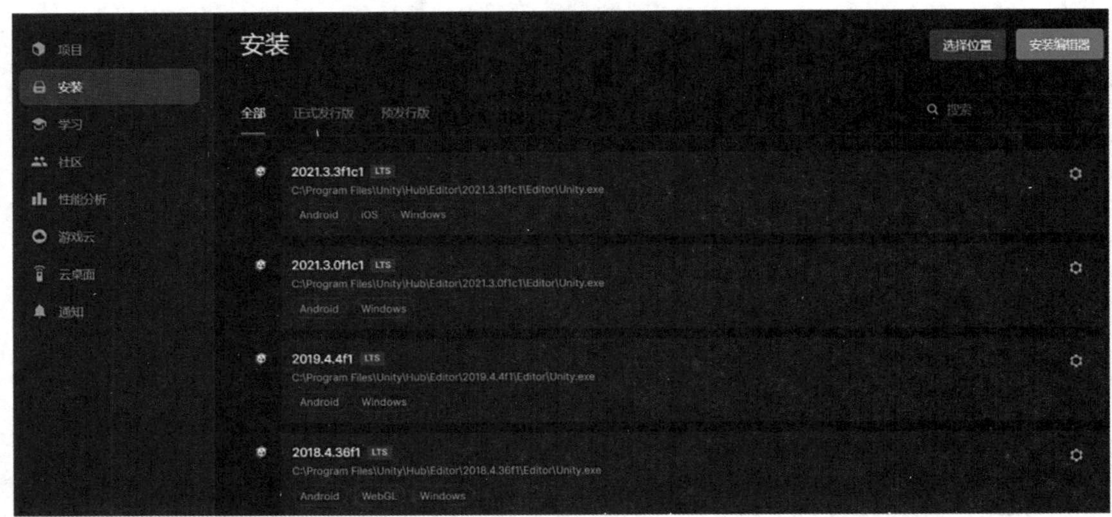

图 1–15　设置默认的 Unity 编辑器版本

用户可以在“项目”选项卡中看到当前系统中的所有 Unity 项目及使用的编辑器版本。根据项目需求，有时候可能需要将某一个项目切换至其他版本的 Unity Editor 之下运行，用户可以单击当前项目版本号后面的按钮，如图 1–16 所示，选择对应的目标版本进行切换。但是，不建议在项目开发过程中切换版本号，这可能会导致部分模型或资源无法兼容。一般情况下，一个项目只能运行在一个版本的 Unity Editor 中，但多个项目可以同时运行在不同的 Unity Editor 中，且相互之间不会产生干扰，只要机器硬件条件足够支持相关的资源消耗即可。

图 1–16　浏览项目的编辑器版本

1.2 Unity 基础操作

1.2.1 新建 Unity 项目

新建 Unity 项目与 Unity Editor 主窗口

用户可以使用 Unity 项目模板快速创建新项目。在“项目”选项卡中，单击右侧的“新项目”按钮，如图 1–17 所示。

图 1–17 新建项目

在弹出的项目新建界面中，可以在最上方选择该项目使用的编辑器版本。中间的默认模板列表中显示了当前 Unity Hub 支持的所有模板，包括 2D、3D、URP（渲染管道）、HDRP（高清渲染管道）等模板。这里以选择 3D 项目模板为例，在右下角的“项目设置”参数中指定项目名称（project name）及项目存储位置，然后单击“创建项目”按钮，即可快速创建一个新的 Unity 项目，如图 1–18 所示。项目创建后，系统会加载当前项目所需要的一些文件或资源后，才能正常进入编辑器界面。

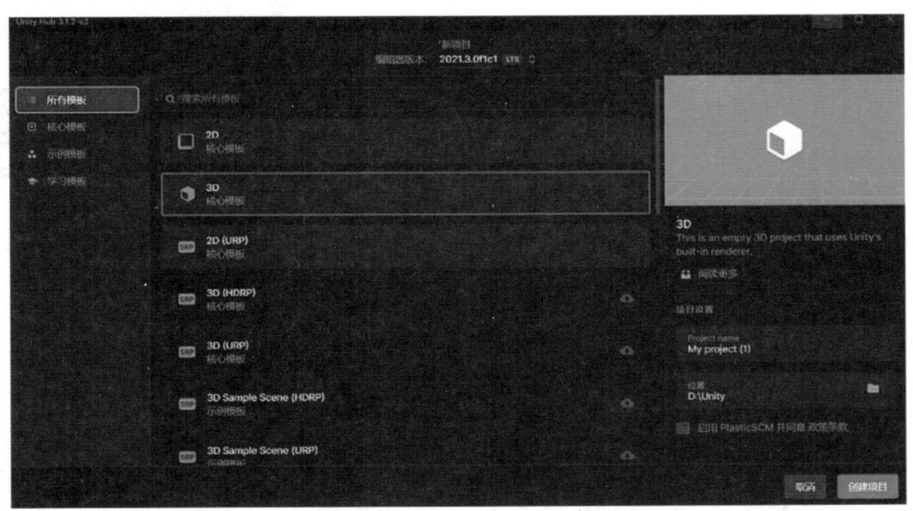

图 1–18 利用项目模板快速新建一个项目

1.2.2 Unity Editor 的主要窗口与视图

Unity Editor 的主窗口由选项卡式窗口组成，用户可根据项目和开发者偏好对 Windows 默认窗口布局（见图 1–19），重新排列和分组。

图 1–19　Unity Editor 窗口布局

1. Project 窗口

Project（项目）窗口用于显示项目中可用的资源库。资源库默认为 Assets 文件夹，用户可根据项目需要，在其中建立图片、3D 模型、动画、材质、纹理、脚本等文件夹，以便于对不同种类资源加以管理。在图 1–20 中，Assets 文件夹内包含一个创建好的 Scenes 文件夹，用来存储当前项目中的所有场景文件。

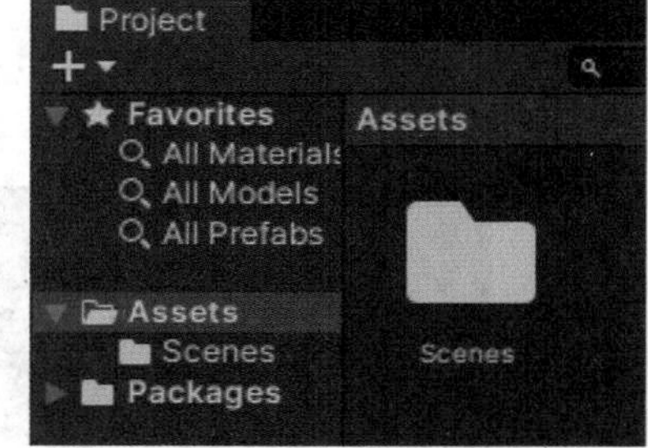

图 1–20　Project 窗口

2. Scene 窗口

Scene（场景）主要用于编辑场景。通过 Scene 窗口中的快捷按钮，可在 3D 和 2D 透视图之间切换，还可以对 3D 对象进行移动、旋转、缩放等操作，如图 1–21 所示。

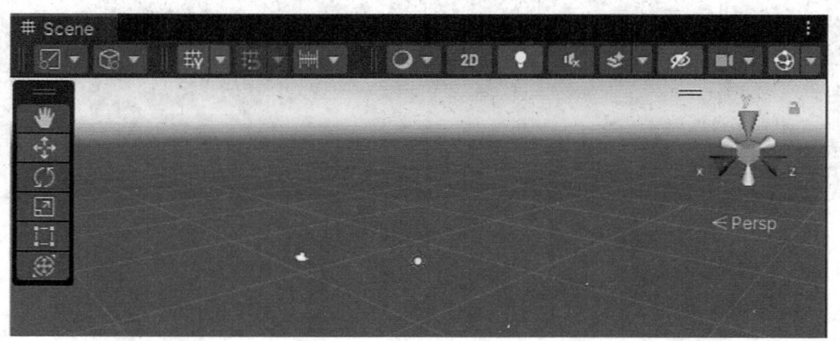

图 1–21　Scene 窗口

3. Hierarchy 窗口

Hierarchy（层级）窗口是场景窗口中每个对象的分层文本表示形式。场景窗口中的每

一个对象都在层级窗口中有一个对应条目。例如，层级窗口中的名为 SampleScene 的场景中包括 Main Camera 对象和 Directional Light 对象，如图 1–22 所示。

图 1–22　Hierarchy 窗口

4. Inspector 窗口

Inspector（检视）窗口可用于查看和编辑当前所选对象的所有组件及属性。不同类型的对象具有不同的组件及属性集，因此，不同对象对应的 Inspector 窗口的组件和属性会有所不同。例如，在 Hierarchy 窗口选定 Main Camera 对象后，对应的 Inspector 窗口会显示如图 1–23 所示的三个默认组件：Transform（变换组件）、Camera（摄像机组件）和 Audio Listener（音频组件）。用户还可根据对象要实现的功能需求，单击下方的 Add Component（添加组件）按钮添加相应的组件。

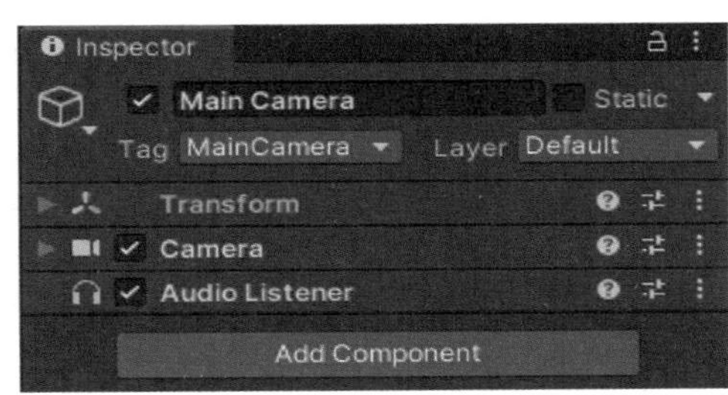

图 1–23　Inspector 窗口

5. 工具栏

工具栏提供对最基本工作功能的访问。左侧按钮用于访问 Unity 云服务和 Unity 账户，中间是播放、暂停和步进控制工具，右边是编辑器布局菜单（提供一些备选的编辑器窗口布局，并允许保存自定义布局），如图 1–24 所示。

图 1–24　工具栏

1.2.3　Unity 常用的快捷操作

Unity 常用的快捷操作

使用 Unity3D 引擎开发项目时，熟练掌握和使用快捷键将会极大提升开发的速度。Unity 常用的快捷键主要有以下几种。

- Q：可用鼠标拖曳移动当前场景视图。
- W：可通过鼠标将被选中物体进行单轴向或多轴向位移。

- E：可通过鼠标将被选中物体进行单轴向或多轴向旋转。
- R：可通过鼠标将被选中物体进行单轴向或多轴向缩放。
- F：可快速聚焦被选中物体到场景窗口中央。
- Alt+鼠标左键：以选中物体为中心，进行视角环绕。
- Alt+鼠标右键：以选中物体为中心，进行视角拉近 / 拉远。
- Ctrl+P：启动 / 停止场景窗口运行。

有些相似的快捷键操作方式在使用过程中有着不同的效果：在场景视图中，右击拖动鼠标，可以旋转摄像机当前的视角（就像我们站在原地不动，旋转头部去环顾四周），以自己为中心观察场景中的物体；如果按住 Alt+ 鼠标左键，拖动鼠标，旋转视角，能够以被观察物体为中心，从不同的角度和方向去观察该物体，这是二者的区别。而按住 Alt+ 鼠标右键，则可以远离或靠近场景中的被观察物体，与通过鼠标滚轮前进和后退效果相同。此外，还有一些组合键快捷方式，如果能记忆并熟练操作，可以大大提高开发效率。

1.2.4　Scene 窗口常用的操作

Scene 窗口常用的操作

1. Scene 窗口菜单栏

Scene 窗口菜单栏中包含了场景开发中常用的一些按钮。这里简要介绍其使用方法。

1）移动变换辅助按钮

Scene 窗口菜单栏中第一个按钮是移动变换辅助按钮，单击该按钮可以在 Pivot 和 Center 选项之间切换，如图 1–25 所示。Pivot 指的是游戏对象的实际轴心点，是模型在建模软件中构建时指定的，可以在建模软件中进行更改。如果选择了场景中多个物体，则坐标是第一个选中的物体的 Pivot 坐标。Center 指的是中心，是在 Unity 中根据模型的 mesh 信息计算得到的中心位置，是所有物体共同的中心，如果同时选中了多个物体，则坐标是所有模型共同参与计算出来的坐标。在实际应用中，如果用户选中了多个物体，在 Pivot 选项模式下，对物体进行旋转时，每一个物体均会围绕自己的 Pivot 轴心点进行旋转；而在 Center 选项模式下，所有物体会围绕整体的中心点（Center）进行旋转。

2）旋转变换辅助按钮

Scene 窗口菜单栏中第二个按钮是旋转变换辅助按钮，包括 Global 和 Local 模式，如图 1–26 所示。Global 模式是切换物体的自身坐标为世界坐标（可理解为东、西、南、北），Local 模式是切换物体的坐标为自身坐标（可理解为上、下、左、右）。当立方体不旋转时，两种模式下没有任何区别；当立方体旋转时，在 Global 模式下，立方体的坐标轴是不变的，在 Local 模式下，立方体的坐标轴旋转了，*Z* 轴和系统坐标轴方向不一样了，因为现在启用的是立方体自身的坐标轴。

图 1–25　移动变换辅助按钮

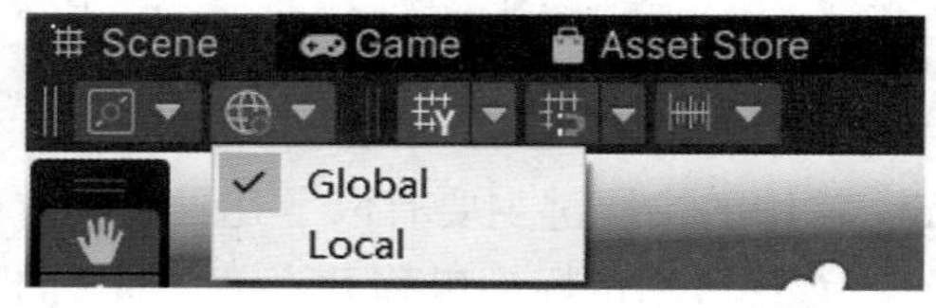

图 1–26　旋转变换辅助按钮

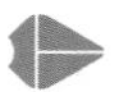

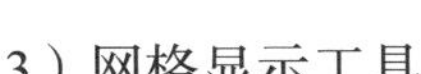

3）网格显示工具

Scene 窗口菜单栏中第三个按钮是网格显示工具，它能够辅助用户对齐和操作场景中的对象，尤其是在 2D 场景中。在默认情况下，场景中的网格是显示的，并且与世界坐标系的 *Y* 轴垂直。如果设置网格平面与世界坐标系的 *X* 轴垂直，那么就单击 X 按钮；如果希望与世界坐标系的 *Z* 轴垂直，就单击 Z 按钮。Opacity 是指网格的不透明度，如果将滑点移动到最右侧，那么网格显示最清晰，如图 1–27 所示；如果移动到最左端，那么网格将会消失，也就是禁用场景中的网格。

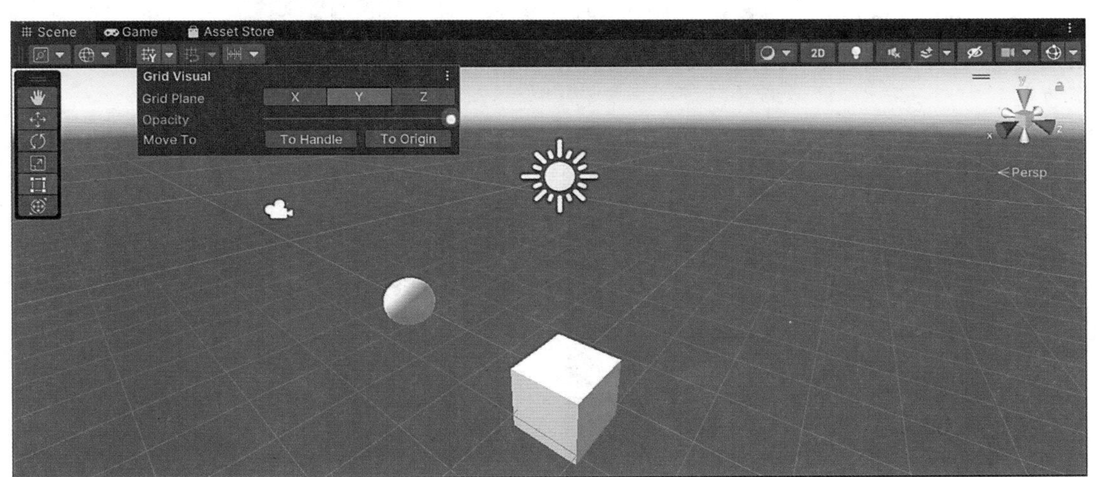

图 1–27 网格显示工具

4）场景播放控制按钮

Scene 窗口菜单栏中间的三个按钮分别是场景的运行、暂停和逐帧播放按钮，如图 1–28 所示。单击运行按钮，可以在 Game 窗口中预览场景窗口中模型、动画等对象的设计效果。预览结束后再次单击运行按钮可结束运行，继续在 Scene 窗口中进行编辑调试。运行预览过程中发现问题时，可单击暂停按钮，进行问题的排查。另外，还可以单击第三个按钮，逐帧播放查找问题所在。

图 1–28 场景播放控制按钮

5）视图控制栏

Scene 窗口菜单栏最右侧是视图控制栏，如图 1–29 所示，可以针对场景进行一些非常便捷的操作。

图 1–29 视图控制栏

（1）Draw Mode（绘制模式）。视图控制栏的第一个按钮是用于描绘场景的绘图模式。默认选项为 Shadowing Mode（着色模式）中的 Shaded，即显示表面时使纹理可见。也可以根据实际项目需求，开启其他相关设置项。

（2）2D/3D 场景模式切换按钮 2D。视图控制栏第二个按钮是 2D/3D 场景模式切换按

钮。在 2D 模式下，摄像机朝向正 Z 方向，X 轴指向右方，Y 轴指向上方，如果场景中有多个物体，场景中会显示两个坐标形成的平面，如图 1–30 所示。再次单击该按钮会恢复到 3D 模式显示场景。

（3）Lighting On/Off 按钮 。视图控制栏第三个按钮是开启或关闭场景灯光按钮。开启和关闭场景光照情况下，场景的对比，如图 1–31 所示。

（4）Audio On/Off 按钮 。视图控制栏第四个按钮是音频的开关按钮，可打开或关闭 Scene 视图的音频效果。

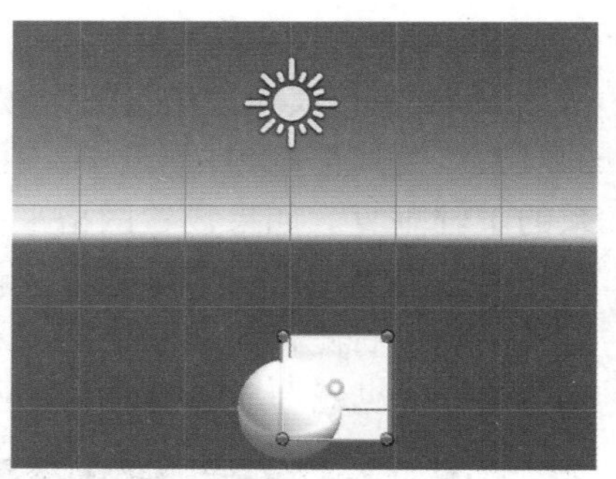

图 1–30　2D 场景模式

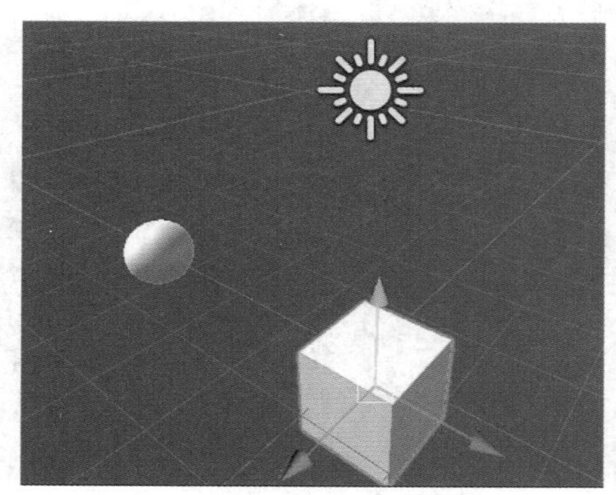

（a）关闭光照下的场景

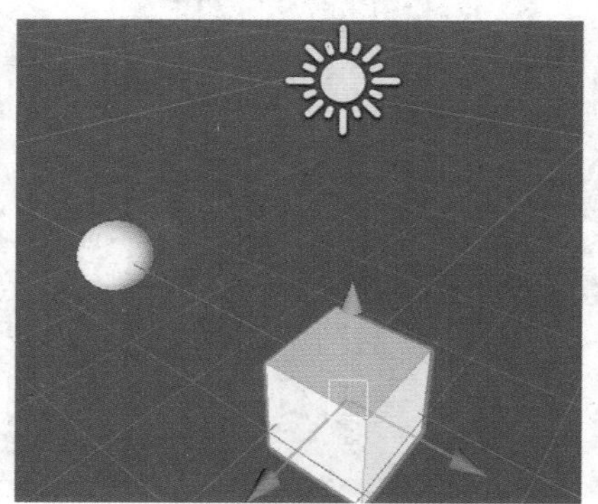

（b）开启光照下的场景

图 1–31　开启和关闭场景视图光照按钮下的场景对比

（5）Effect 渲染效果按钮 。视图控制栏第五个按钮是启用或禁用渲染效果按钮。Effects 按钮本身充当一次性启用或禁用所有效果的开关。Effects 按钮下包括 Skybox（天空盒）、Fog（雾）、Flares（火焰）、Particle Systems（粒子系统）等效果选项。Skybox 是最常用的效果选项，系统默认开启该选项。开启 Skybox 选项时可在场景背景中看到渲染的天空盒纹理；关闭该选项，在场景中看不到天空盒效果，场景的效果对比如图 1–32 所示。可以看出，天空盒效果直接决定了场景的体验效果。在实际项目开发中，可以采用系统默认的天空盒，也可以从 Unity 资源商店下载并导入第三方天空盒。关于天空盒的设计和制作将会在后续章节详述。

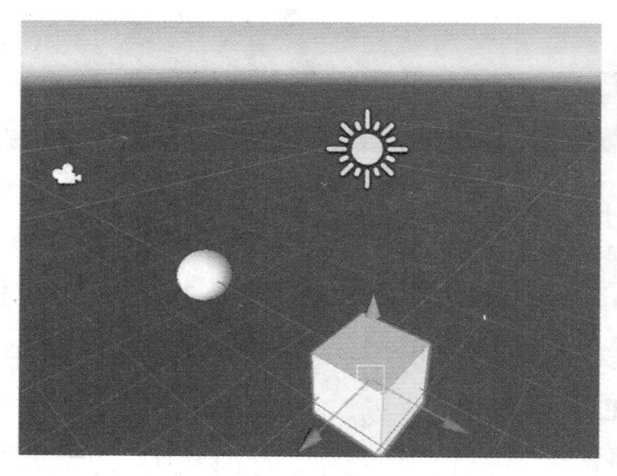

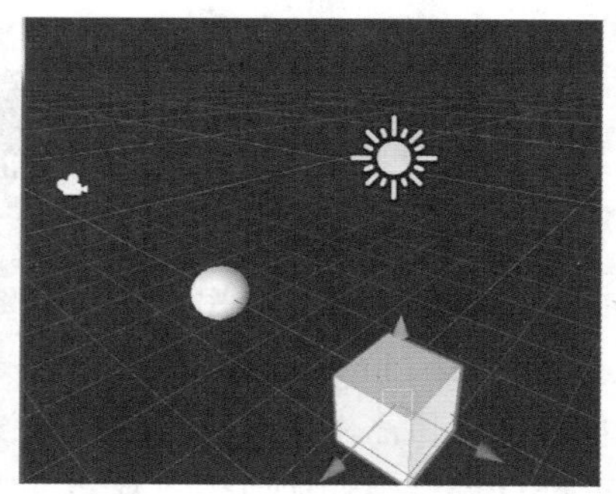

图 1–32　启用和关闭渲染效果的场景对比

（6）场景可见性开关按钮 。视图控制栏第六个按钮是场景可见性开关按钮，可打开和关闭游戏对象的场景可见性。在打开时，Unity 将应用场景的可见性设置；关闭时，Unity 将忽略这些设置。此开关还显示场景中隐藏的游戏对象数量。

（7）摄像机设置菜单 。视图控制栏第七个按钮是摄像机设置工具，用于配置 Scene 视图摄像机的 Field of View（视场角）、Dynamic Clipping（动态裁剪）等选项，如图 1–33 所示。

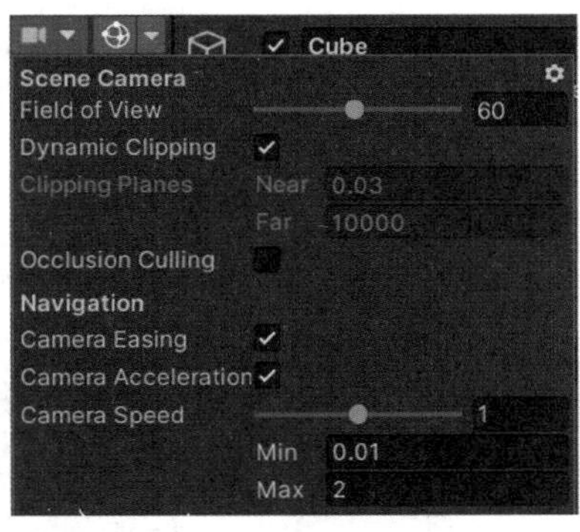

图 1–33　摄像机设置工具

（8）Gizmos 小工具菜单 。Gizmos 小工具菜单包含了与 Game Object 相关联的控制对象、图标等小部件控制选项，如图 1–34 所示。当选择了某个 Game Object 时，图标与辅助图标才会被绘制出来。

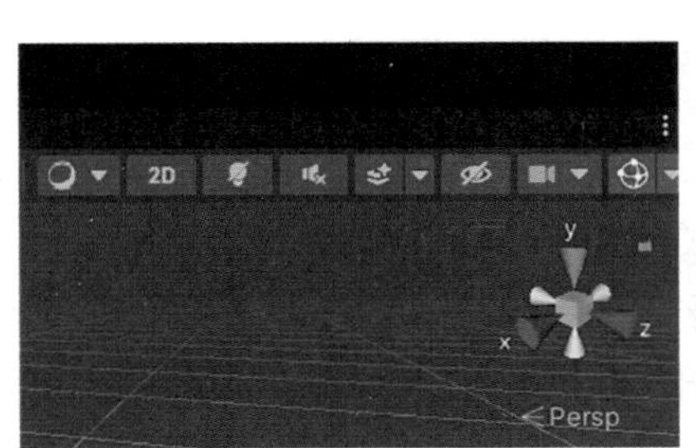

图 1–34　Gizmos 小工具菜单

2. Scene 窗口常见的操作

可以在 Scene 窗口的当前场景中创建对象，并对其进行移动、旋转、缩放等编辑操作。

1）创建对象

在 Hierarchy 窗口的空白处，右击，在弹出菜单中依次选择 3D Object → Cube 命令，如图 1–35 所示，即可创建一个 3D 立方体。

2）选中对象

在 Scene 窗口中移动该立方体时，可先单击它，表示选中该对象。在 Unity 中，在操作对象前，必须先要选中它。也可以在 Hierarchy 窗口中找到并单击该对象的名称 Cube，同样可以选中该对象，如图 1–36 所示。接下来就可以对该物体进行操作了。

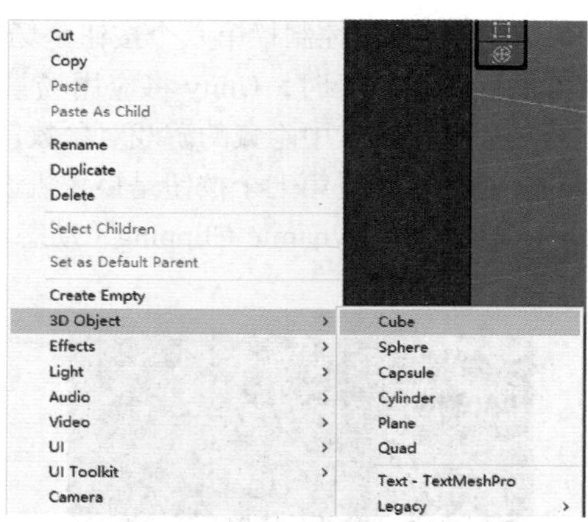

图 1–35　通过层级窗口创建 3D 立方体对象

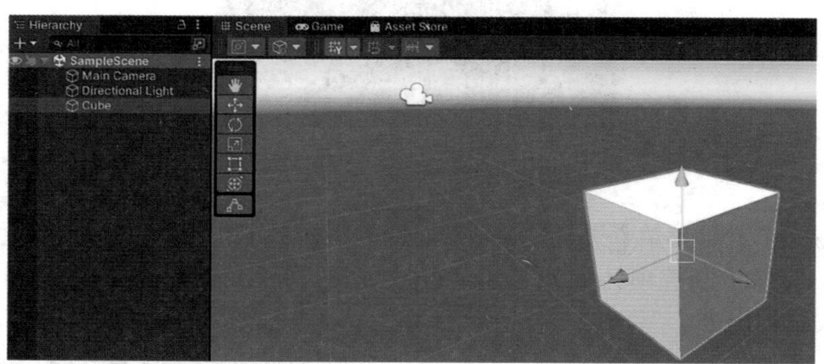

图 1–36　在 Scene 视图中选中立方体对象

3）操作对象

在 Hierarchy 窗口中右击该对象名称，在弹出菜单中，我们可以看到可对该对象执行一系列基础操作命令：Cut（剪切）、Copy（复制）、Paste（粘贴）、Paste As Child（粘贴为）等，如图 1–37 所示。如果不小心删除了对象，在 Hierarchy 窗口中按 Ctrl+Z 组合键可以将该命令撤销。创建好新对象后，可按 Ctrl+S 组合键进行保存，于是 Hierarchy 窗口中保存后的场景名称右上角的 “*” 将会消失。无论是编写代码，还是对场景进行操作，都应该及时保存所做的操作，防止因意外而导致数据丢失。

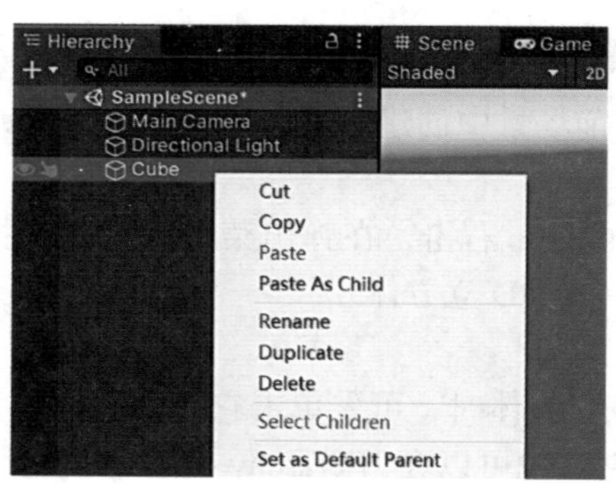

图 1–37　在 Hierarchy 窗口中可对选中对象执行的操作命令

4）创建其他对象

在 Hierarchy 窗口空白处右击，依次选择 3D Object→Sphere 命令，再创建一个 3D 球体，如图 1–38 所示。

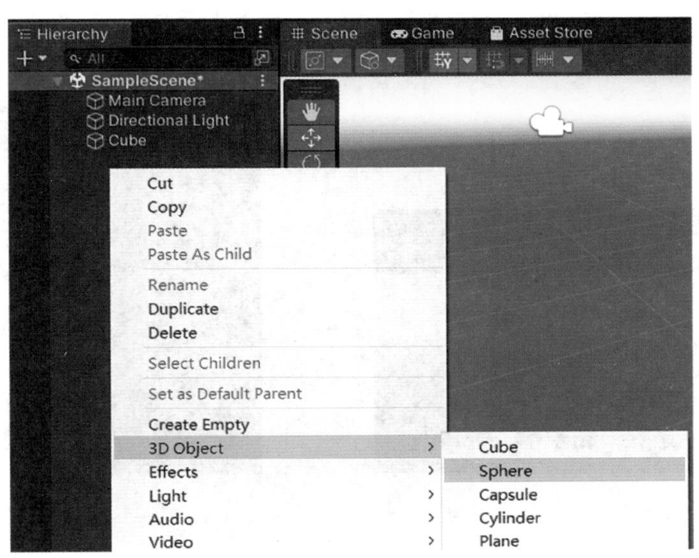

图 1–38　创建 3D 球体对象

5）调整各对象的位置

创建好对象后，球体与立方体可能是重合的，可通过对该物体的移动操作改变它所处的位置。在 Hierarchy 窗口中单击球体名称 Sphere，在 Scene 窗口可看到该物体被选中后有一个橙色的描边（见图 1–39（a））。这时该对象处于默认的可移动状态，即在该对象上存在带有三色箭头的变换辅助图标，表明可以向 *X* 轴（红）、*Y* 轴（绿）及 *Z* 轴（蓝）方向移动。如果要将小球移动到立方体的后面，可单击蓝色的 *Z* 轴箭头，按住鼠标左键，向 *Z* 轴的反方向移动球体即可实现（见图 1–39（b））。

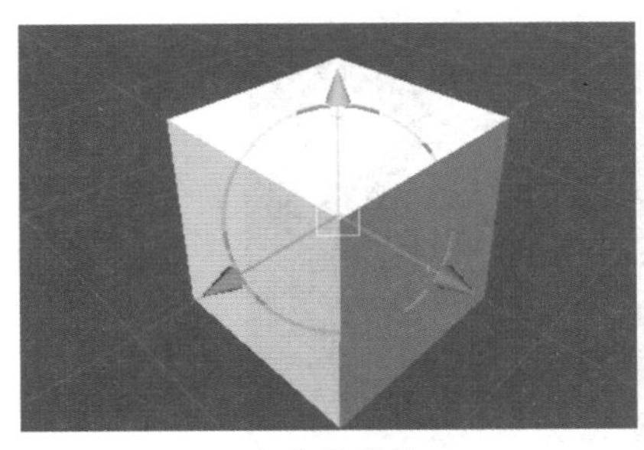

（a）移动前

（b）移动后

图 1–39　移动 3D 球体位置

6）观察对象坐标

Scene 窗口右上角的三色坐标（场景视图辅助图标）显示了当前对象的实时位置。使用 Alt + 鼠标左键，可围绕被选中物体在 Scene 窗口中环绕查看，同时观察右上角的三色坐标，发现随着场景窗口中旋转位置的变化，三色坐标位置也会随之变化，如图 1–40 所示。

7）选择场景视图显示方式

三色坐标下方是该场景默认的视图显示方式 Perspective（全景透视图）。也可右击选择其他的视图显示方式：Right（右视图）、Top（顶视图）、Front（前视图）、Left（左视图）等，如图 1–41 所示。

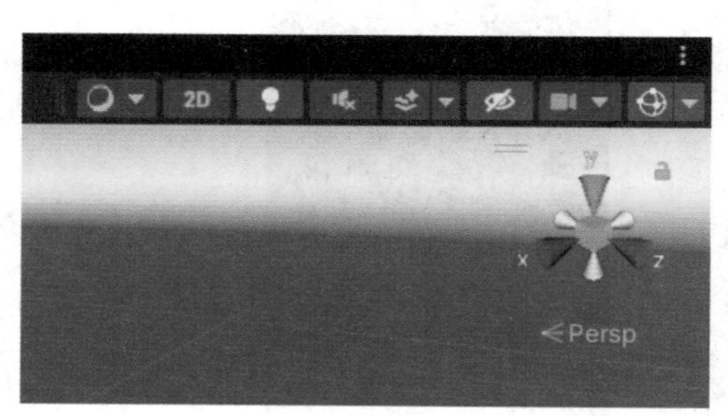

图 1–40　场景窗口中的三色坐标

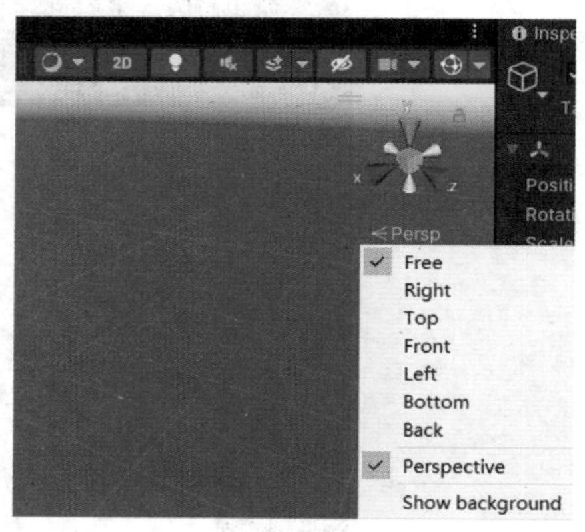

图 1–41　场景视图显示方式

如果需要对场景中其他对象，如 Drectional Light（灯光）、Cube（立方体）、Main Camera（主摄像机）等进行操作时，可在 Hierarchy 窗口中双击该对象名称，快速聚焦到该对象，然后在 Scene 窗口中进行相应的操作。

3. Scene 窗口快速工具栏的使用

在 Scene 窗口中，也可以使用快速工具栏中的一些快捷键对当前对象进行移动、旋转、缩放等操作。快速工具栏位于 Scene 窗口中最左侧，如图 1–42 所示。

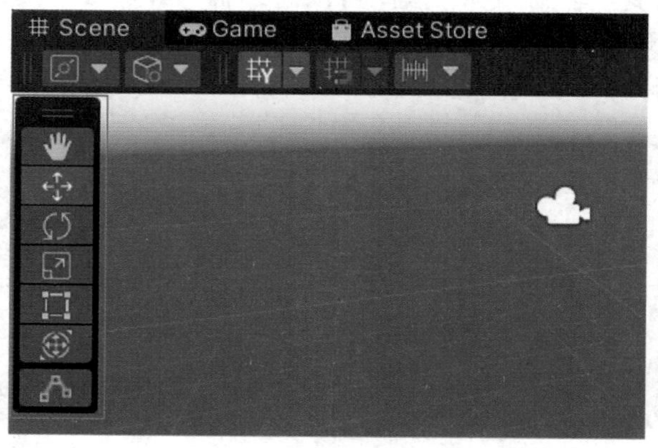

图 1–42　快速工具栏

1）场景平移工具

单击该快捷按钮，鼠标指针会变为手形（见图 1–43），此时可平移场景，查看场景中的对象，而对象本身（*X* 轴、*Y* 轴和 *Z* 轴的坐标）不会发生移动。

图 1–43　场景平移工具

2）移动工具

除拖曳查看工具外，其他工具在使用前都要先选中被操作的对象。单击选中 Cube，再单击快捷移动工具，此时立方体上出现一个三色坐标轴，拖动任何一个坐标轴，都可以在场景窗口中对该对象进行该坐标轴方向上的移动。例如，单击 *X* 轴后，*X* 轴会变为黄色，此时拖曳立方体就可沿着 *X* 轴的正向或负向移动立方体，如图 1–44 所示。

如果想让立方体同时沿着 *X* 轴和 *Y* 轴的正方向进行移动，此时可以单击 *X* 轴和 *Y* 轴夹角处的方框，此时就会变为黄色，直接拖曳该方框就可以进行移动，如图 1–45 所示。

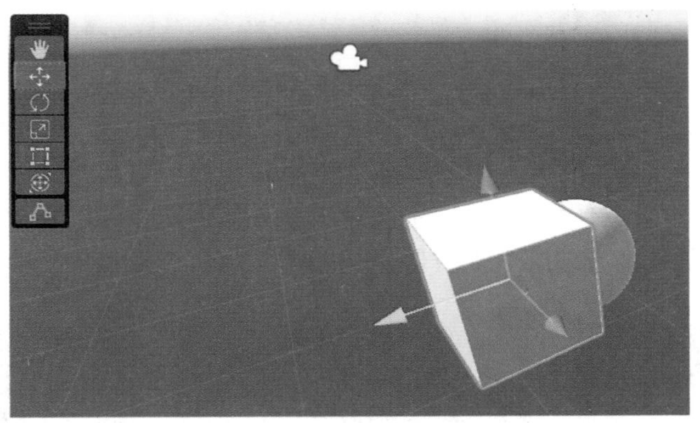

图 1–44　使用移动工具对立方体进行 *X* 轴方向上的移动

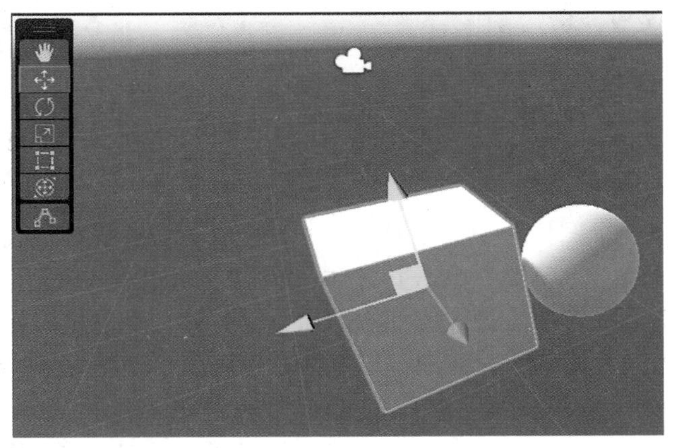

图 1–45　使用移动工具使对象同时进行 *X* 轴和 *Y* 轴正方向的移动

3）旋转工具

快速工具栏中第三个图标为旋转工具，可以使对象绕着轴旋转，也可以使其旋转到需要的角度。选中立方体并单击旋转工具后，立方体周围会出现三个代表三个方向坐标轴颜色的圆圈。如果选择红色的圆圈，并按住鼠标左键移动，就能沿着 *X* 轴方向对立方体进行旋转了，如图 1–46 所示。

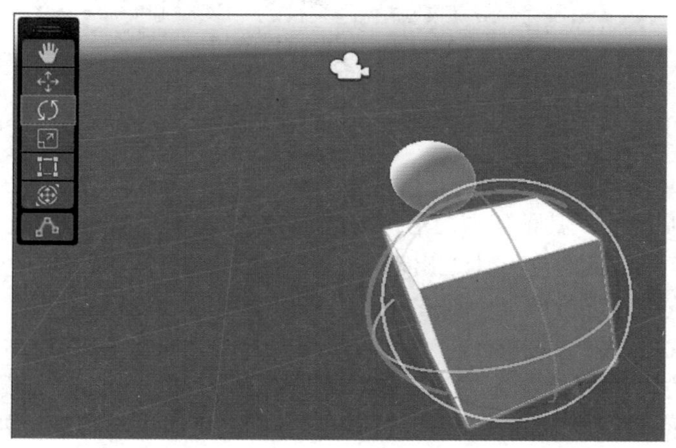

图 1–46　使用旋转工具沿着 *X* 轴方向旋转对象

4）缩放工具

快速工具栏中第四个图标为缩放工具。选择该工具后，立方体的中心会出现一个小的立方体操作柄（见图 1–47（a））。如果按住红色的操作柄，可以沿着 *X* 轴方向缩放立方体（见图 1–47（b））；如果按住中心位置的小立方体，拖动鼠标可以整体缩放立方体，即同时沿着 *X* 轴、*Y* 轴和 *Z* 轴方向缩放立方体，如图 1–47（c）所示。

（a）选择缩放工具后

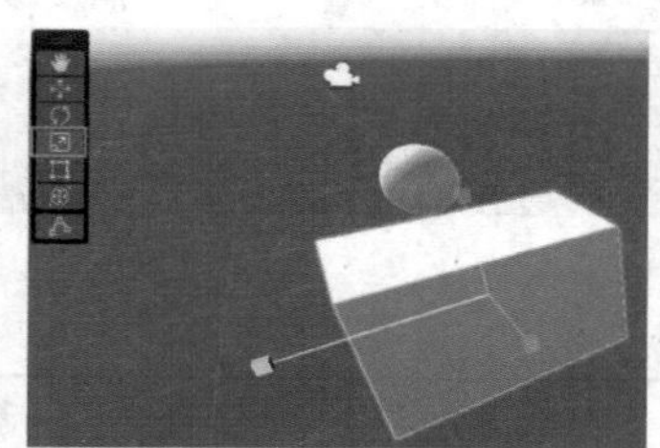

（b）沿*X*轴方向缩放

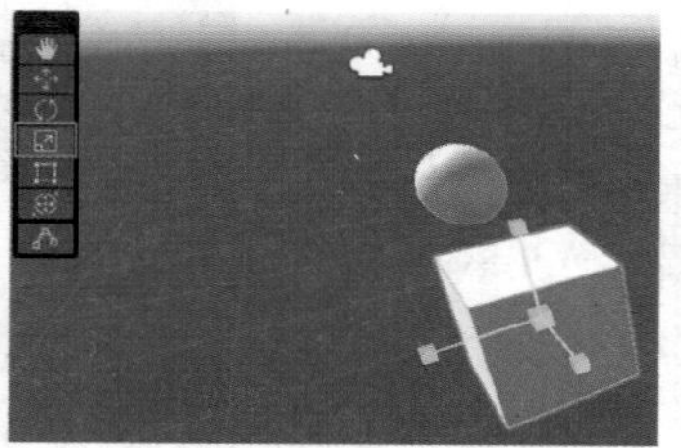

（c）对立方体进行整体缩放

图 1–47　缩放工具的使用

5）矩形工具

快速工具栏中第五个图标为矩形工具，一般用于 2D 场景中对游戏对象进行旋转和缩放。选择该工具后，在 3D 场景中单击立方体，会出现如图 1–48 所示的带有蓝色顶点的矩形框。拖动矩形框边框可以沿着该边框方向缩放立方体，拖动矩形框顶点可以同时沿着该顶点相邻的两个边框方向缩放，拖动矩形框中心点可以移动立方体位置。

6）组合工具

快速工具栏中第六个图标为组合工具，其功能相当于把前面的平移、旋转和缩放工具组合到一起（见图 1–49）。虽然这种工具看似方便，但在实际开发过程中，还是建议将每一种功能分别使用不同的工具。

图 1–48　矩形工具的使用

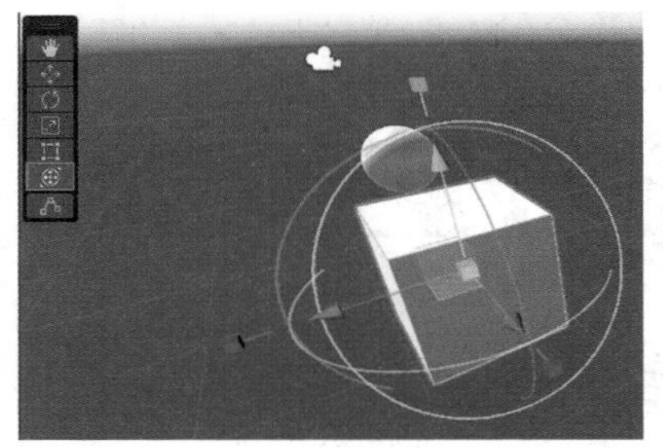

图 1–49　组合工具的使用

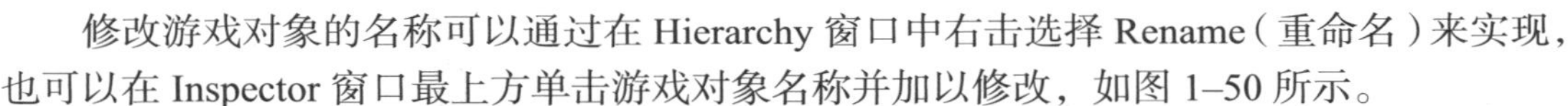

1.2.5　Inspector 窗口常用的操作

Inspector 窗口常用操作

1. 修改游戏对象名称

修改游戏对象的名称可以通过在 Hierarchy 窗口中右击选择 Rename（重命名）来实现，也可以在 Inspector 窗口最上方单击游戏对象名称并加以修改，如图 1–50 所示。

图 1–50　修改游戏对象名称

2. 激活或禁用游戏对象

游戏对象名称前的单选框表示该游戏对象是否被激活，默认是勾选状态，也就是可以在场景中看到这个游戏对象（见图 1–51（a））；否则在场景中就看不到该游戏对象了（见图 1–51（b）），该游戏对象及其上的所有组件在场景运行过程中都不会被执行。

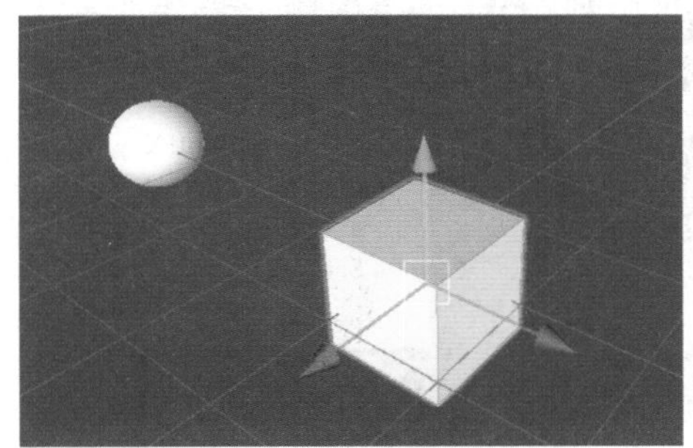

（a）激活Cube对象时的场景图

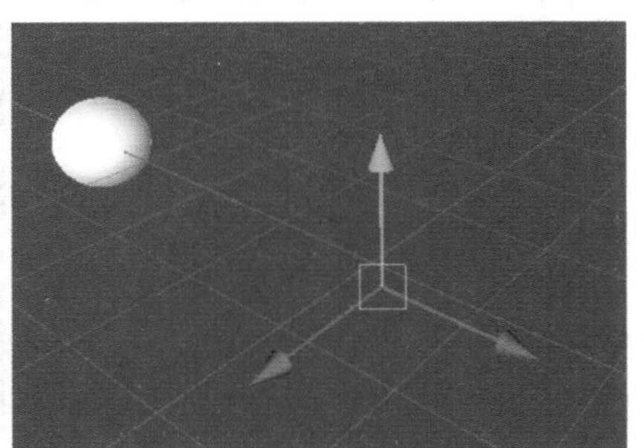

（b）禁用Cube对象时的场景图

图 1–51　激活和禁用游戏对象对比图

也可以使用同样的方法，将某个对象的某个组件禁用。例如禁用 Cube 对象的 Mesh

Renderer（网格渲染器）组件，那么可以看到 Cube 只剩下绿色的边框，贴图和纹理都消失了，如图 1–52 所示。同理，如果把 Box Collider（盒形碰撞体）组件禁用，Cube 对象的碰撞系统就失效了。因此，我们可以使用这种方法临时禁用某个对象的某些组件，对场景模型的运行效果加以灵活调试。

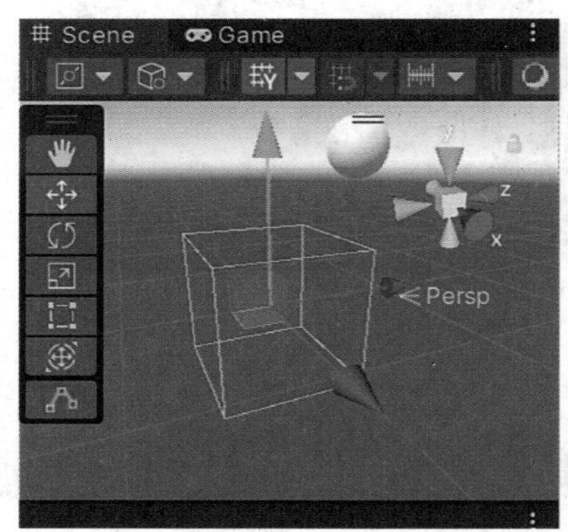

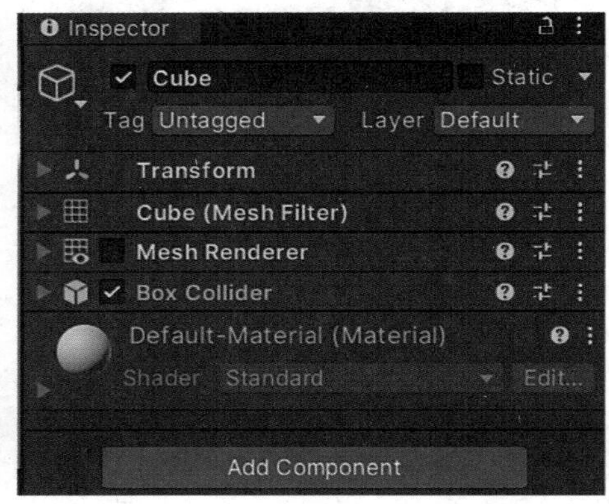

图 1–52　禁用游戏对象组件

3. 添加 Tag 标签分类

可以使用 Tag（标签）菜单对场景中的对象进行快速分类，也可以通过选择该菜单最底部的 Add Tag 为游戏对象添加新的标签，如图 1–53 所示。拥有相同 Tag 标签的对象可以进行统一处理。

4. 设置游戏对象分层

Layer（层）是对游戏物体进行分层，在渲染、设置灯光、烘焙等情况下使用较多。当利用多个摄像机渲染场景时，通常需要把不同摄像机渲染的对象分层渲染和标注，这时可以单击 Layer 后的下拉菜单选择 Add Layer，添加新的层，如图 1–54 所示。

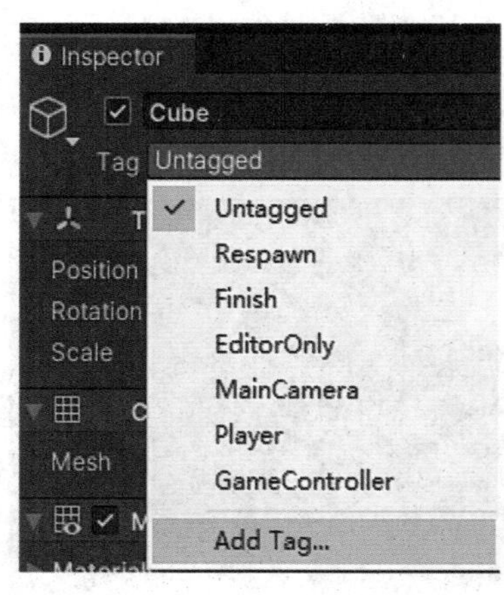

图 1–53　添加 Tag 标签

图 1–54　设置游戏对象分层

5. 使用静态修饰符

在实时演算中，有一些游戏对象不需要移动，开发者往往不希望因实时的光照及着色

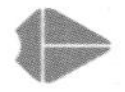

计算而造成资源浪费，就可以在 Inspector 窗口中勾选该对象名称右侧的 Static（静态）复选框，将对象设置为静态属性。针对静态游戏对象，Unity 会采用静态光源进行烘焙，烘焙出来的是一张贴图，而不是实时光源的演算，这会大大减少场景的消耗，所以开发者通常在大的场景中采用这种方法。当运行场景时，被设置为静态的对象在场景运行时不会动，在 Scene 窗口也不能被拖动。如图 1-55（a）所示，立方体被设置为 Static，在运行场景时，可看到立方体上面出现了 Static 字样，无法进行移动操作，而没有设置为静态对象的球体却可以正常进行移动操作，如图 1-55（b）所示。

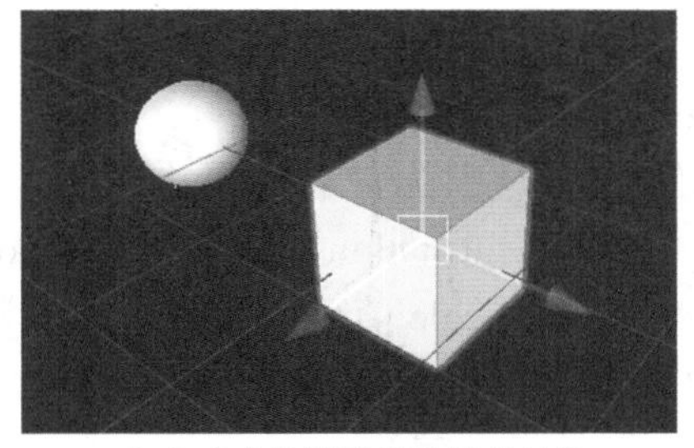
（a）立方体被设置为静态对象

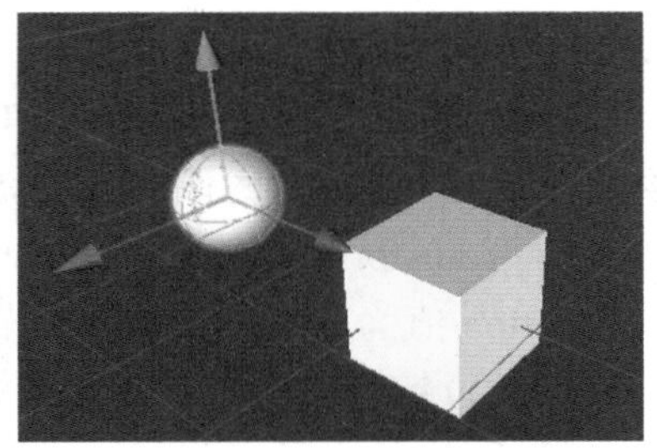
（b）球体没有被设置为静态对象

图 1-55　设置静态游戏对象

1.3　常用的游戏对象与组件

1.3.1　GameObject

Unity 最早是作为游戏引擎出现的，所以所有 Object 都可以被称为游戏对象（GameObject）。GameObject 是场景中的基本单位，一个新创建的场景中会包含两个默认的 GameObject：Main Camera（主摄像机）和 Directional Light（定向光源），用户也可根据需要创建新的游戏对象，例如 Cube 和 Sphere 等。场景视图中的每个游戏对象及层级关系会与 Hierarchy 窗口中的游戏对象名称一一对应，如图 1-56（a）所示，Cube 和 Sphere 是场景中立方体和球体游戏对象的名称，并且 Cube 是 Sphere 的父级对象。场景中的卡通物体、光源、树、音频等也是游戏对象，如图 1-56（b）所示。

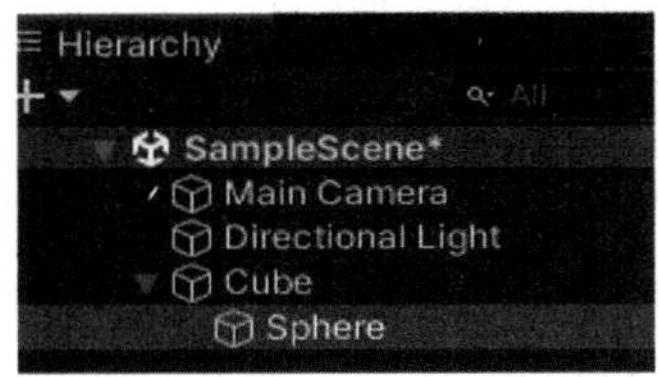

（a）Hierarchy窗口中的游戏对象

（b）Scene视图中的游戏对象

图 1-56　游戏对象

1.3.2 Component

Component 的 Transform、Mesh Renderer 和 Script 组件

游戏对象是场景中的最小独立个体，而每一个个体又是由多个组件（Component）组合而成，组件是最小单位，不可再分。任何一个 GameObject，都至少包含 Name、Tag、Layer 和 Transform 这 4 个组件，一个空的 GameObject 做不了任何事情，必须为其添加相关组件，设置相关属性，才能在场景运行过程中发挥游戏对象预期的作用。GameObject 所实现的各式各样的形态与功能，都是通过一种或者几种组件以及对应的属性来实现的。

1. Transform 组件

每一个 GameObject 上都会有一个 Transform 组件（变换组件），这是 Unity 中的一个默认组件。一个对象之所以被称为游戏对象，是因为它在场景中至少应包含一个 Transform 组件。Transform 组件包括 Position（位置）、Rotation（旋转）和 Scale（缩放）三个属性。Rotation 值为 0 时，代表不旋转任何角度；Scale 值可以为任意正整数或小数；Position 值为 0 时，游戏对象位于世界坐标原点（0，0，0）。Unity 中的物体之所以称为一个三维物体，至少应该有一个三维坐标，哪怕是坐标原点，它也有一个位置。因此，Transform 组件是每个游戏对象上必须要有的组件，要将对象重置为世界坐标原点，那么就将物体的三维坐标 Position 值全都设置为 0 即可，如图 1–57（a）所示。

右击 Transform 组件最右侧的 ⋮ 按钮，选择 Reset（重置）命令，可使游戏对象的坐标重置到世界坐标原点（0，0，0）。也可以选择 Reset Property（重置属性）单独重置 Position、Rotation、Scale 其中某项，如图 1–57（b）所示。

注意：Transform 组件上是没有 Remove（移除）选项的，也就是说其他组件都可以移除，唯有 Transform 组件不能，而且必须是在最前面。

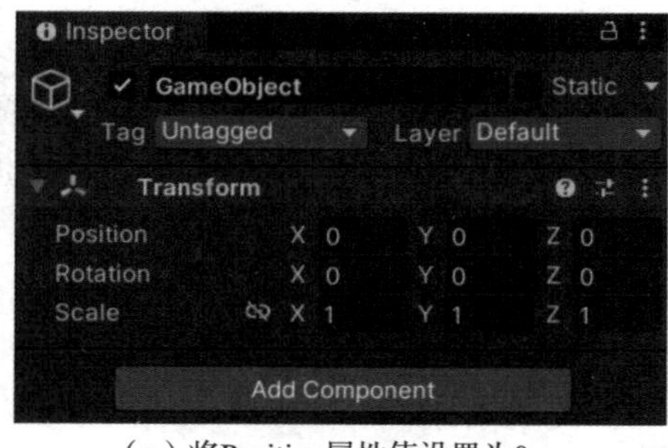

（a）将Position属性值设置为0

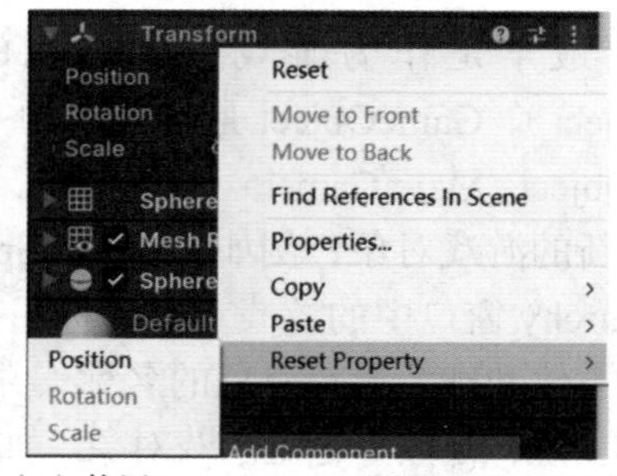

（b）使用Reset Property重置Position属性值

图 1–57 Transform 组件

2. Mesh Renderer 组件

Mesh Renderer 组件可用来控制游戏对象的贴图、纹理等显示外观的网格渲染器组件。在 Mesh Renderer 组件上右击，或单击 Mesh Renderer 最右侧的三个点，就能看到基于该组件可以进行的一些操作，如图 1–58（a）所示。Mesh Renderer 组件的 Move Up 和 Move Down 选项是用来移动组件的，可以在组件列表中将该组件上下移动。Copy Component

是用来复制组件的，Paste Component As New 是指粘贴为新组件，Paste Component Value 是指粘贴组件上的参数，Find References in Scene 是指在场景中寻找参数引用，而 Select Material 则是选择材质。用户也可以选择 Remove Component 命令将该组件移除，后续需要时再单击 Inspector 窗口最下方的 add Component（添加组件）命令，在搜索框中输入组件名称添加即可，如图 1–58（b）所示。移除 Mesh Renderer 组件后，在 Scene 窗口中会发现立方体游戏对象仅剩下一个绿色的边框，如图 1–58（c）所示，并不是说该对象不存在了，而是该对象的材质与贴图不存在了。

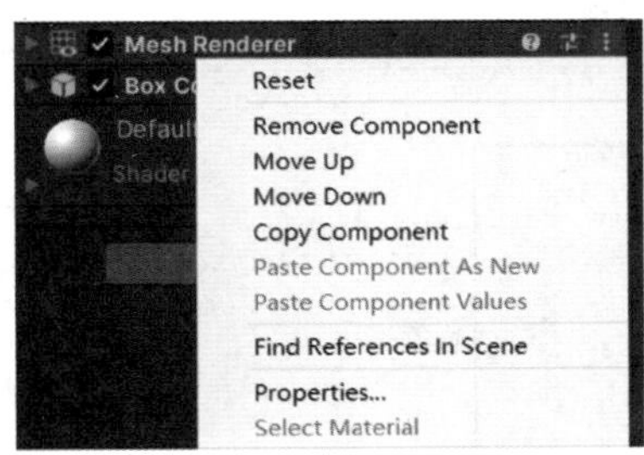

（a）Mesh Renderer菜单选项

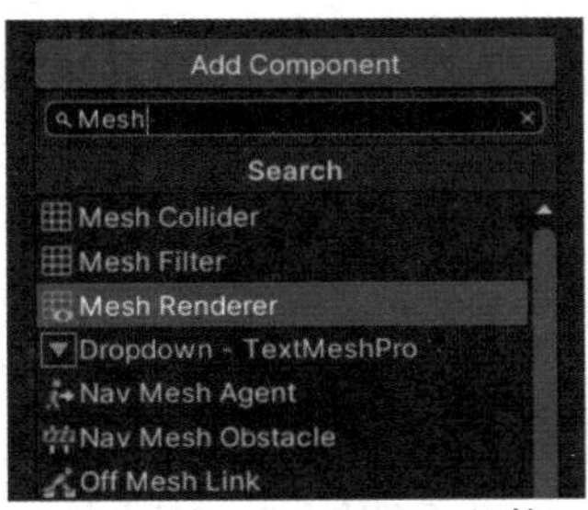

（b）添加Mesh Renderer组件

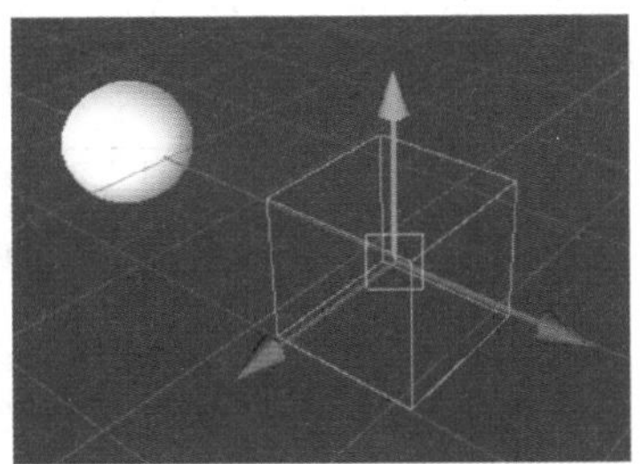
（c）移除Mesh Renderer组件后的对象效果

图 1–58 Mesh Renderer 组件

3. Script 组件

Unity 引擎中的 Script（脚本）组件可以对场景中的对象附加运动、旋转、缩放、绑定动画等指令，让场景更加鲜活。

1）新建脚本文件

Unity 脚本文件是使用 C# 语言编写的一种资源文件，要放在 Project 窗口中进行统一管理。在 Project 窗口中，Assets 文件夹空白处右击，在弹出的菜单中，依次选择 Create → Folder，并将新文件夹重命名为 Scripts，如图 1–59（a）所示。双击进入 Scripts 文件夹，右击，在弹出的菜单中选择 Create → C# Script 命令，可以创建一个默认名为 NewBehavior 的脚本文件。

> **注意：**脚本文件的命名规范为“驼峰命名法”，即每个单词的首字母大写，如图 1–59（b）所示。这里可以直接修改脚本文件名为 Test，也可以单击该脚本文件，右击选择 Rename 命令，对其进行重命名，如图 1–59（c）所示。

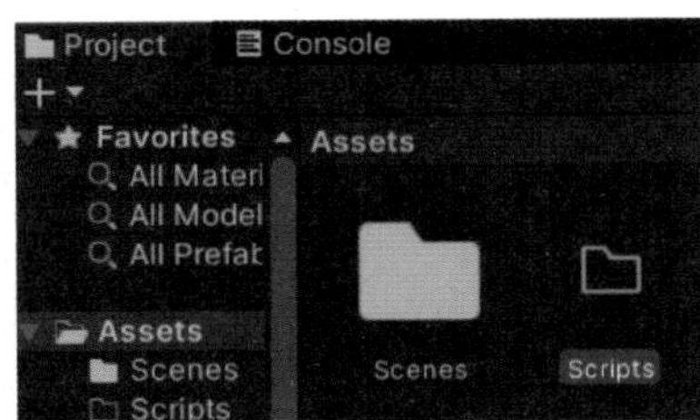

（a）新建脚本管理文件夹

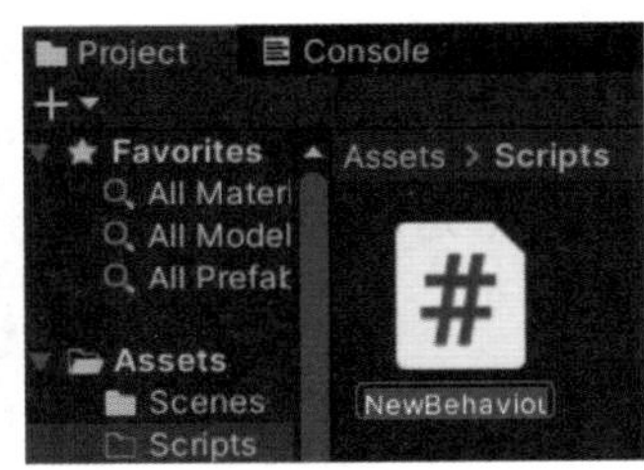

（b）新建脚本文件

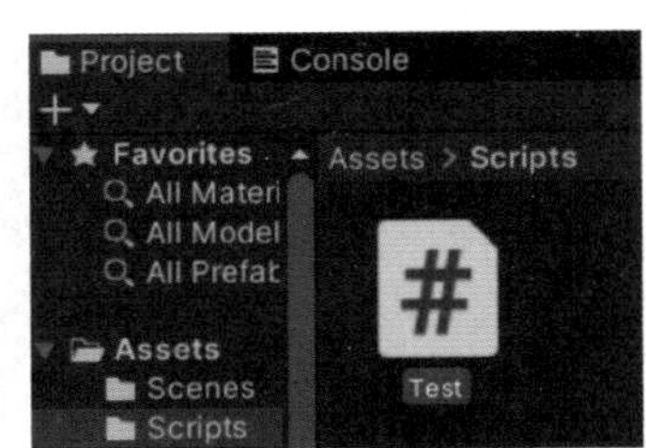

（c）重命名脚本文件

图 1–59 新建一个脚本文件

2）编辑脚本文件

双击脚本文件，系统会使用指定的编辑器加载并打开该脚本。常使用的脚本编辑器为 Visual Studio，如果没有安装和指定脚本编辑器，系统会使用默认的脚本编辑器 Mono 打开脚本文件。建议用户使用 Visual Studio 或 Visual Studio Code 编辑器。

每个新创建的 VS 脚本都具有这样一个结构：命名空间、类及类名、两个函数（方法），以及注释，默认代码如图 1–60 所示。

注意：类名一定要与脚本的文件名相同，否则程序会报错。

```
//引入外部命名空间
using System.Collections;
using System.Collections.Generic;
using UnityEngine;

//类名与文件名相一致
public class Test : MonoBehaviour
{
    // Start is called before the first frame update
    // Start()方法在第一帧更新之前进行调用
    void Start()
    {

    }

    // Update is called once per frame
    // Update()方法每帧都进行调用
    void Update()
    {

    }
}
```

图 1–60　脚本文件默认代码

这里为脚本文件添加了注释语句。注释就是对代码中的语法、算法、变量等进行解释的语句，便于其他用户了解程序设计思想及调用方法。可以通过两个 // 将该行设置为注释语句，也可以先选中该行，单击工具栏中的注释按钮。Start() 会在第一帧刷新前被调用。Unity 引擎中一些对象需要在程序运行之前进行初始化操作，例如确定对象的初始位置，那么这部分就可以写在 Start() 中。还有一些对象需要在程序运行过程中不断地刷新其状态，这种操作就可以写在 Update() 中，程序运行的每一帧，该方法就会被调用一次。

在 Test 脚本文件的 Start() 中添加如图 1–61 所示脚本代码。编辑完成后，可以按 Ctrl+S 组合键保存代码。

```
void Start()
{
    Debug.Log("这是我的第一个Scene场景.");
}
```

图 1–61　编辑脚本代码

3）运行脚本文件

图 1–61 中的代码表示的是，脚本文件 Test 通过调用 UnityEngine 命名空间中的 Debug

类的 Log 方法，可以在日志窗口中打印出相应的文本信息。但目前该脚本只是 Project 中的一个资源，无法在 Unity 场景中运行。想要在场景中进行加载并运行脚本，需要将该脚本挂载在游戏对象上。这里将编辑好的 Test 脚本挂载在 Main Camera 上，具体步骤如下。

（1）添加脚本组件。在 Hierarchy 窗口中选择 Main Camera，这时会在右侧的 Inspector 窗口中出现与 Main Camera 对象相关的组件。默认情况下，Main Camera 存在 Transform、Camera 及 Audio Listener 三个组件。单击最下方的 Add Component 按钮，如图 1–62（a）所示，在出现的搜索框中查找 New script 并将其重命名为 Test 完成添加脚本文件；或者直接将 Project 窗口中的 Test 脚本拖曳到 Inspector 窗口最下方的空白处，就可以在窗口下方看到添加的 Test(Script) 组件，如图 1–62（b）所示。

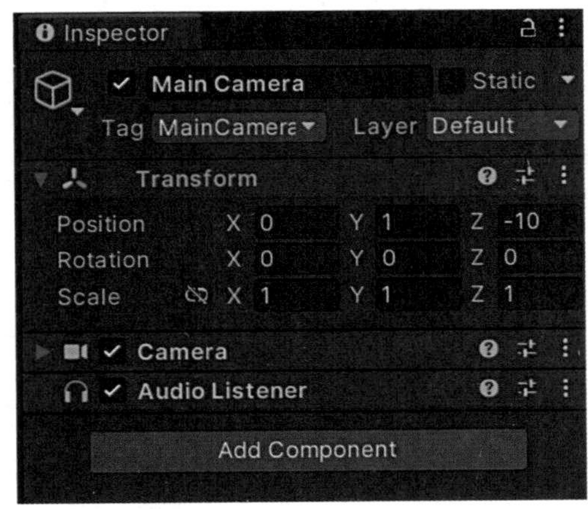

（a）Main Camera默认组件

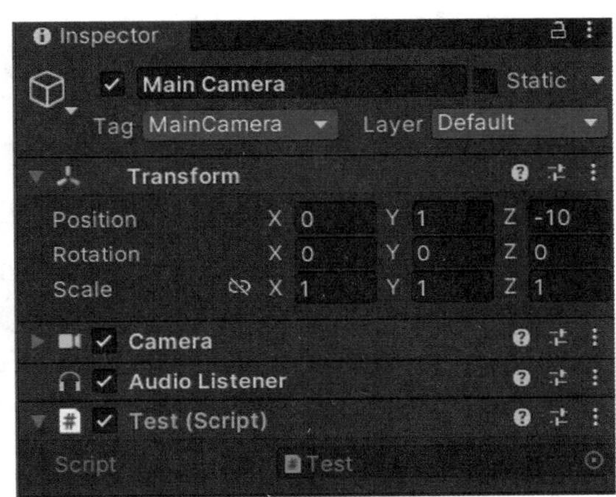

（b）Main Camera添加脚本组件

图 1–62　添加脚本组件

（2）运行脚本文件。现在脚本就挂载在了 Main Camera 游戏对象上了，单击 Scene 窗口中的运行按钮，可以在下方的 Console（控制台）窗口中看到 C# 脚本的执行结果（见图 1–63）。在该脚本代码中，我们要求字符串以 Debug 日志的方式输出，所以输出信息会显示在 Console 窗口中。后续在 Unity 开发过程中，我们会经常在控制台窗口中查看场景运行相关的提示或报错信息。

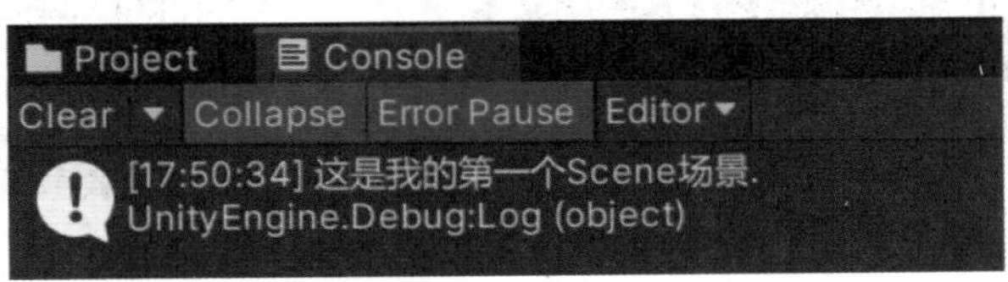

图 1–63　运行脚本文件

再次回到 Test 脚本文件中，把该输出语句放到 Update() 中，如图 1–64（a）所示，再次运行场景查看输出信息（见图 1–64（b））。此时会发现，和刚才不一样的是，随着每一帧的刷新，控制台窗口一直有字符串信息输出。

```
void Update()
{
    Debug.Log("这是我的第一个Scene场景.");
}
```

（a）修改脚本代码

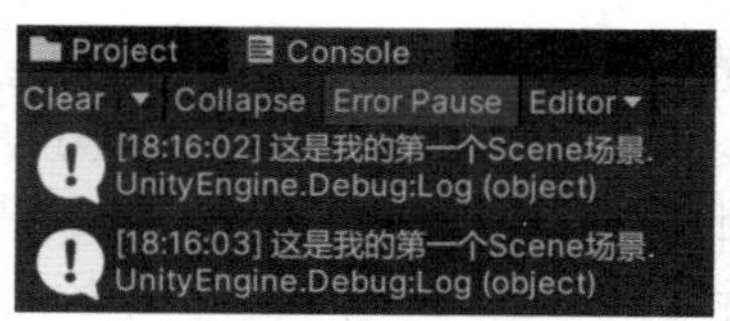

（b）再次运行脚本文件

图 1–64　修改并再次运行脚本文件

相信大家对 Start() 和 Update() 的区别有所理解了，Start() 会将结果输出一次，而 Update() 每一帧都输出一次，会输出很多次。因此 Start() 一般用来初始化数据，第一帧刷新前就要开始执行了，Update() 每一帧都执行一次，所以需要进行持续性的逻辑判断。因此，在开发过程中只要是场景模型动作上的、过程性的东西就要在 Update() 中执行，例如监听鼠标和键盘输入这种持续性事件。

小试牛刀：旋转的立方体

1.4　小试牛刀：旋转的立方体

下面我们要在场景中实现一个沿 X 轴旋转的立方体，要求旋转开始时立方体的初始位置重置为（0，0，0），Scale 缩小至原来的 0.5 倍，并且沿 X 轴旋转 30°。操作步骤如下。

1. 创建立方体

创建立方体的方法见 1.2.4 部分 2）Scene 窗口常见的操作，这里不再赘述。

2. 添加脚本

在 Scripts 文件夹中创建一个名为 CubeControl 的脚本，如图 1–65（a）所示，并将其拖曳到立方体的 Inspector 窗口中（见图 1–65（b））。

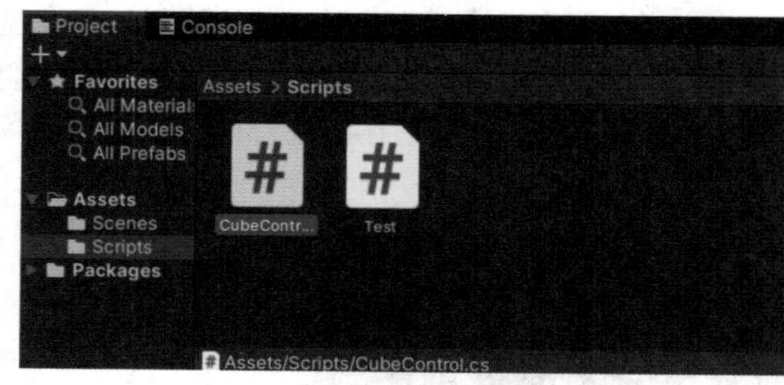

（a）新建脚本文件

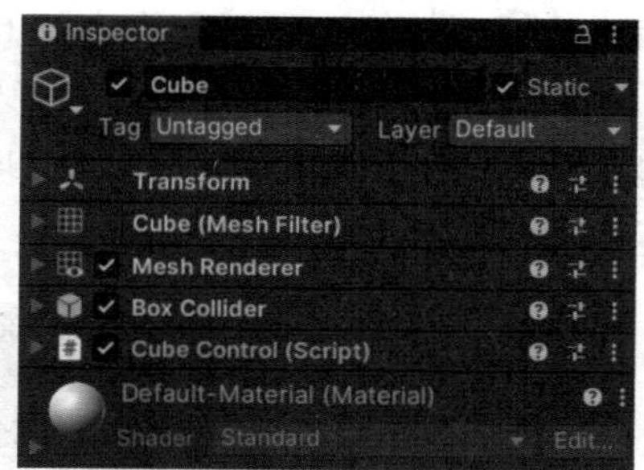

（b）将脚本文件挂载到立方体

图 1–65　为立方体添加脚本文件

3. 编辑脚本，设置立方体初始状态

双击脚本文件，在 Start() 中添加如图 1–66 所示的代码。该代码设置了立方体 Transform 组件的 Position 属性，通过 Vector3 向量指定当前立方体的位置为 X=1，Y=1，Z=1。

```
using System.Collections;
using System.Collections.Generic;
using UnityEngine;

Unity 脚本|0 个引用
public class CubeControl : MonoBehaviour
{
    // Start is called before the first frame update
    Unity 消息|0 个引用
    void Start()
    {
        transform.position = new Vector3(1, 1, 1);
    }

    // Update is called once per frame
    Unity 消息|0 个引用
    void Update()
    {

    }
}
```

图 1–66　设置立方体 Transform 组件的 Position 属性

运行场景前，先在立方体的 Inspector 窗口中查看立方体的默认位置，为（0，0，0），如图 1–67（a）所示，运行场景后发现位置变为（1，1，1），如图 1–67（b）所示。

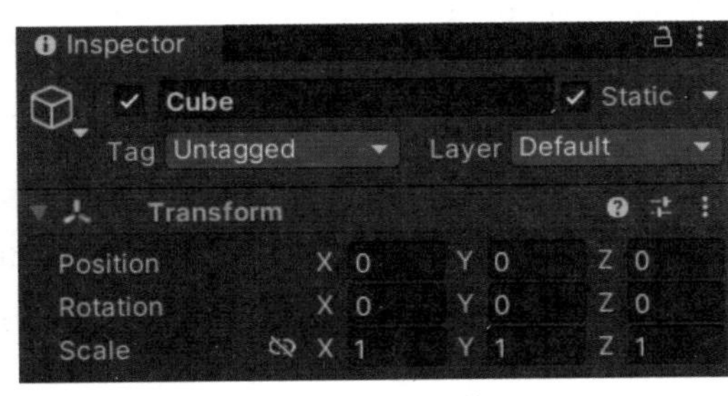

（a）运行场景前

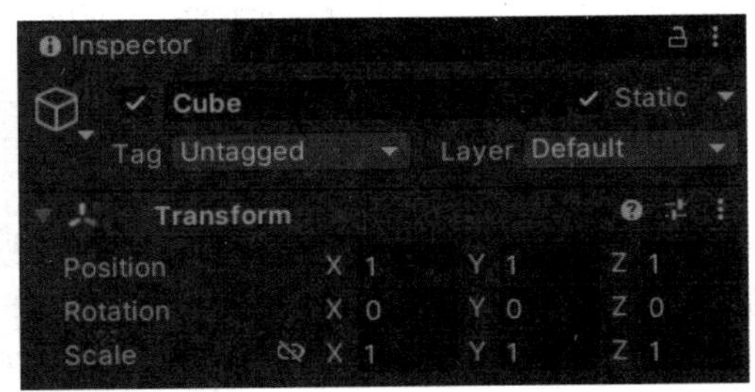

（b）运行场景后

图 1–67　运行场景查看位置设置效果

继续在 Start() 中添加代码，设置立方体通过欧拉角使其绕 X 轴旋转 30°，如图 1–68 所示。

```
void Start()
{
    transform.position = new Vector3(1, 1, 1);
    transform.eulerAngles = new Vector3(30, 0, 0);
}
```

图 1–68　修改代码设置旋转角度

运行场景查看效果（见图 1–69（a）），可以看出立方体确实绕着 X 轴发生了旋转，在 Inspector 窗口中查看 Transform 组件属性，发现此时 Rotation 属性中 X 轴的数值也发生了变化，如图 1–69（b）所示。

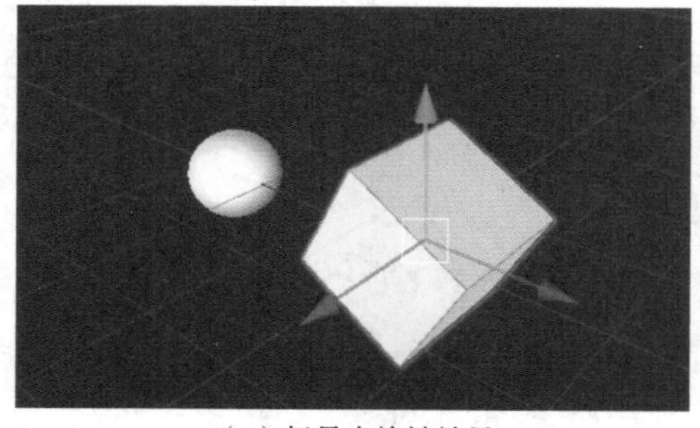

（a）场景中旋转效果

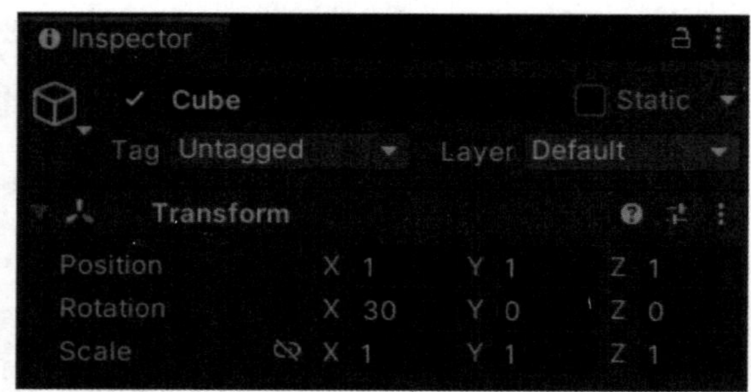

（b）Inspector窗口中Rotation参数发生变化

图 1–69　运行场景查看旋转角度设置效果

继续添加代码（见图 1–70），通过设置 transform 对象的 localScale 属性，将立方体缩小至原来的 0.5 倍。

注意：浮点型数值后面要加 f，表示是单精度浮点数值。

```
void Start()
{
    transform.position = new Vector3(1, 1, 1);
    transform.eulerAngles = new Vector3(30, 0, 0);
    transform.localScale = new Vector3(0.5f, 0.5f, 0.5f);
}
```

图 1–70　修改代码以缩小立方体

运行场景查看效果见图 1–71（a），可以明显看出此时的立方体被缩小了，在 Inspector 窗口中查看 Transform 组件属性，发现此时 Scale 属性中 *X*、*Y*、*Z* 轴的数值均发生了变化，如图 1–71（b）所示。

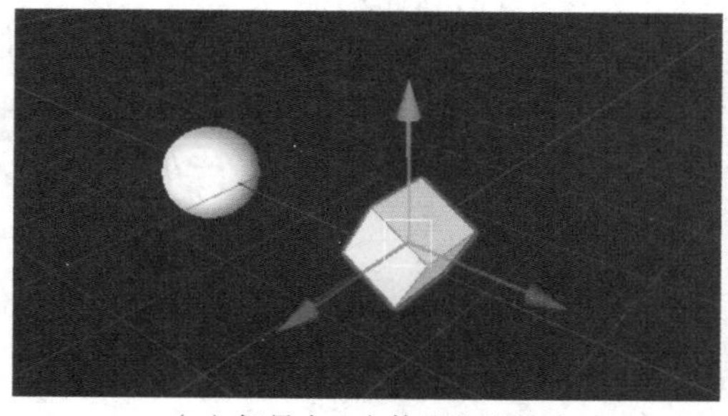

（a）场景中立方体的缩放效果

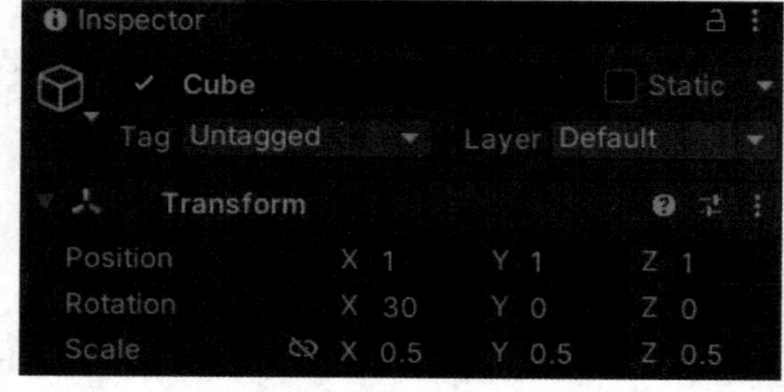

（b）Inspector窗口中Scale值发生变化

图 1–71　运行场景查看 Scale 值设置效果

注意：代码中首字母大写的 Transform 表示对象在 Inspector 窗口中的组件，而首字母小写的 transform 表示 C# 脚本代码中的一个实例或者对象，这个实例就是当前这个脚本 CubeControl 所在的对象，也就是这个脚本所挂载的立方体。这种方法只有 Transform 组件可以使用，其他的组件要使用对应的 API。

4. 编辑脚本设置立方体动态旋转状态

在 Start() 中使用欧拉角可以静态地修改物体旋转角度，但如果要想使物体处于动态的旋转状态，要在 Update() 中实现。通过 Rotate()，设置当前的物体每帧都沿着 *X* 轴旋转 10°，代码如图 1–72 所示。

```
void Update()
{
    transform.Rotate(new Vector3(10, 0, 0));
}
```

图 1–72 修改代码设置立方体动态旋转效果

运行代码查看效果。由于动态效果无法截图，请读者自行运行代码进行观察。

能 力 自 测

一、单选题

1. 以下说法中，不属于 Unity Hub 作用的是（　　）。
   A. 可以注册 Unity 账号
   B. 可以下载 Unity 插件
   C. 可以打开已创建的 Unity 项目
   D. 可以管理 Unity 安装包

2. Unity 官网首页提供的编辑器版本不包括（　　）。
   A. 长期支持版　　B. 补丁程序版
   C. Alpha 版　　D. Beta 版

3. 以下说法中不正确的是（　　）。
   A. 用户可以在项目选项卡中看到当前系统中所有的 Unity 项目及使用的编辑器版本
   B. 在项目开发过程中，根据用户需要可随时切换编辑器版本号
   C. 一般情况下，一个项目只能运行在一个版本的 Unity Editor 中
   D. 多个项目可以同时运行在不同的 Unity Editor 中

4.（　　）窗口用于显示和管理 Unity 中的项目资源。
   A. Hierarchy　　B. Project
   C. Scene　　D. Inspector

5. 以下说法中是 Hierarchy 窗口作用的是（　　）。
   A. 查看和编辑当前所选对象的所有组件及属性
   B. 对 3D 物体进行移动、旋转、缩放等操作
   C. 场景窗口中每个对象的分层文本表示形式
   D. 对不同种类资源文件进行管理

6. 一个新建的场景中包含（　　）两个默认的 GameObject。
   A. Main Camera 和 Light　　B. Light 和 Object
   C. Main Camera 和 Directional Light　　D. Directional Light 和 Object
7. 以下说法中正确的是（　　）。
   A. 组件是场景中的最小独立个体
   B. 每一个游戏对象由多个组件组成
   C. 一个空的游戏对象也可以在场景中运行
   D. 组件又可再分为 Name、Tag、Layer、Transform 等属性
8. 以下关于 Transform 组件的说法不正确的是（　　）。
   A. 每一个 GameObject 上都会有一个 Transform 组件
   B. 不使用 Transform 组件时可以单击该组件最右侧按钮，选择 Remove 命令将其移除
   C. Transform 组件包括 Position（位置）、Rotation（旋转）和 Scale（缩放）三个属性
   D. 要将一个三维物体置于坐标原点，可将其 Position 值全部设置为 0
9. 类名与脚本文件名不一致时（　　）。
   A. 脚本文件将不能被识别，变为乱码　　B. 脚本文件将会丢失
   C. 脚本文件将会发生报错　　D. 系统会默认采用脚本文件名
10. Project 窗口的作用是（　　）。
   A. 用于查看和编辑当前所选对象的所有组件及属性
   B. 用于显示项目中可用的资源库
   C. 对 Windows 默认窗口布局重新排列和分组
   D. 用于编辑场景

二、填空题

1. 选中物体有两种方式，一种是在场景窗口中 ________________，另一种是在 Hierarchy 窗口中 ________________。

2. 修改游戏对象名字有两种方式，一种是在 Hierarchy 窗口中 ________________，另一种是在 Inspector 面板 ________________。

3. 快捷键中，Alt + 鼠标左键的作用是 ____________________，Alt + 鼠标右键的作用是 ________________。

4. 静态修饰符的作用是 ________________。

5. 游戏对象名前的单选框表示 ________________，如果不进行勾选，那么在场景中 ____________________。

三、简答题

1. Alt+ 鼠标左键和 Alt+ 鼠标右键还有什么区别？
2. 快速工具栏位于哪里？其有几种快捷键？分别是哪些？
3. Mesh Renderer 组件的作用是什么？移除 Mesh Renderer 组件后会发生什么？
4. Start() 和 Update() 的区别是什么？两者在使用时怎么选择？

第2章 动画系统

Unity 中制作的 3D 角色、道具、动物等，通常都需要有 3D 动画。3D 动画又被称为三维动画，是利用计算机软件或视频工具简洁清晰地模拟真实物体的运动过程，被广泛应用于医学、教育、军事、娱乐等领域，还可以用于广告和电影电视剧的特效制作（如爆炸、烟雾、下雨、光效等）、特技（撞车、变形、虚幻场景或角色等）、广告产品展示、片头飞字等。

2.1 动画系统功能

Unity 有一个丰富而复杂的动画系统（又称 Mecanim），其功能包括：①为 Unity 所有元素（包括对象、角色和属性）提供简单的工作流程和动画设置；②支持导入的动画剪辑及 Unity 内创建的动画；③为人形动画重定向，即可以将动画从一个角色模型应用到另一角色模型；④简化了对齐动画剪辑的工作流程；⑤方便预览动画剪辑及动画剪辑之间的过渡和交互；⑥提供可视化编程工具来管理动画之间的复杂交互；⑦以不同的逻辑对角色的不同身体部位进行动画；⑧分层和遮罩功能。

2.2 动画系统专业术语

制作动画过程中常用到动画系统的一些专业术语，熟悉和掌握一些重要术语有助于顺利完成动画的编辑和制作。

2.2.1 动画剪辑常用术语

动画剪辑是 Unity 动画系统的核心元素之一。Unity 支持从外部来源导入动画，并允许在编辑器中使用 Animation（动画）窗口从头开始创建动画剪辑。

从外部源导入的动画剪辑包括：①在动作捕捉工作室中捕捉的人形动画；②美术师利用外部 3D 应用程序（如 Autodesk® 3ds Max® 或 Autodesk® Maya®）创建的动画；③来自第三方库（如 Unity 的 Asset Store）的动画集；④从导入的单个时间轴剪切的多个动画剪辑。

在 Unity 的 Animation 窗口中还可以创建和编辑的动画剪辑，这些剪辑可针对以下这些参数或属性设置动画：①游戏对象的位置、旋转和缩放；②组件属性，例如材质颜色、光照强度、声音音量；③自定义脚本中的属性，包括浮点、整数、枚举、矢量和布尔值变量；④自定义脚本中调用函数的时机。

常用的动画剪辑术语及含义如表 2–1 所示。

表 2–1　动画剪辑术语

术　语	含　义
Animation Clip	动画剪辑，用于动画角色或简单动画的动画数据。这是一种简单的单位动作，例如“空闲”“行走”或“奔跑”
Animation Curves	动画曲线，可以附加到动画剪辑中，并由游戏中的各种参数控制
Avatar Mask	Avatar 遮罩，为骨架指定要包含或排除角色的哪些身体部位，在动画层和导入器中使用

2.2.2　Avatar 常用术语

人形骨架是在游戏中普遍采用的一种骨架结构。由于人形骨架在骨骼结构上的相似性，用户可以将动画效果从一个人形骨架映射到另一个人形骨架，从而实现动画重定向功能。Mecanim 动画系统正是利用这一点来简化骨架绑定和动画控制过程的。创建人形角色动画的一个基本步骤就是将 Mecanim 动画系统的简化人形骨架映射到用户实际提供的骨架，这种映射关系称为 Avatar，即虚拟化身系统。只要是人形角色，就会识别并根据角色原本的骨骼及命名，创建对应的 Avatar。Avatar 常用的术语及含义如表 2–2 所示。

表 2–2　Avatar 常用术语及含义

术　语	含　义
Avatar	虚拟化身系统。这是用于将一个骨架重定向到另一个骨架的接口
Retargeting	重定向。将为一个模型创建的动画应用于另一个模型
Rigging	绑定。为网格构建骨关节的骨架层级视图的过程。可使用外部工具（例如 Autodesk® 3ds Max® 或 Autodesk® Maya®）执行
Skinning	蒙皮。将骨关节绑定到角色的网格或者说“皮肤”的过程，可使用外部工具（例如 Autodesk® 3ds Max® 或 Autodesk® Maya®）执行
Muscle definition	肌肉定义。可以更直观地控制角色的骨架。Avatar 就位后，动画系统在肌肉空间内工作，比在骨骼空间内更直观
T Pose	T 形姿势。角色手臂伸向两侧形成一个 T 形，为了形成 Avatar，角色必须摆出该姿势

续表

术　语	含　义
Bind-pose	绑定姿势。这是对角色建模的姿势
Human template	人体模板。预定义的骨骼映射，用于将 FBX 文件中的骨骼与 Avatar 匹配
Translate DoF	移动自由度。与移动相关的三个自由度（*X* 轴、*Y* 轴和 *Z* 轴方向的运动），与旋转相反

2.2.3 Animator 常用术语

Unity 为用户提供了全面的动画设计解决方案，用来完成游戏对象动态效果的控制和创建。创建好一个人物模型后，想让模型动起来，只需在该游戏对象上添加一个 Animator 组件，再创建一个动画控制器（Animator Controller）来控制游戏对象的 Animator 即可。Animator 常用的术语及含义如表 2–3 所示。

表 2–3　Animator 常用术语及含义

术　语	含　义
Animator Component	Animator 组件。作为动画模型上的组件，它所引用的 Animator Controller 资源可以控制动画
Root Motion	根运动。角色根的运动（无论是由动画本身还是由外部控制）
Animator Controller	动画控制器。通过具有动画状态机和动画混合树的动画层（由动画参数控制）来控制动画，同一 Animator Controller 可由具有 Animator 组件的多个模型引用
Animator Window	Animator 窗口。在窗口中可显示和编辑 Animator Controller
Animation Layer	动画层。包含的动画状态机可控制模型或模型某部分的动画
Animation State Machine	动画状态机。这是一种用于控制动画状态交互情况的图，每个状态都引用一个动画混合树或单个动画剪辑
Animation Blend Tree	动画混合树。用于根据浮点动画参数在类似动画剪辑之间进行连续混合
Animation Parameters	动画参数。用于脚本与 Animator Controller 之间的通信。部分参数可在脚本中进行设置并由动画控制器使用，其他参数基于动画剪辑中的自定义曲线，可使用脚本 API 对这些参数进行采样
Inverse Kinematics (IK)	反向动力学。根据世界中各种物体的位置来控制角色身体部位

2.3 初出茅庐：动画制作

动画要依托模型才能展示出其效果。由于默认的 Unity 引擎不包含建模与动画制作功能，所以角色类模型一般先使用 3ds Max、Maya 等三维软件设计制作，绑定好动画导出

.FBX 文件模型，经过美术设计师进一步处理后导出为 Unity package 包。然后，该资源包就可以导入 Unity 中，进行项目资源的整合及脚本逻辑开发。

新建动画项目、下载并导入资源包

2.3.1 新建动画项目

在 Unity 编辑器中新建一个 3D 动画项目，将其命名为 My Animator，如图 2–1 所示。

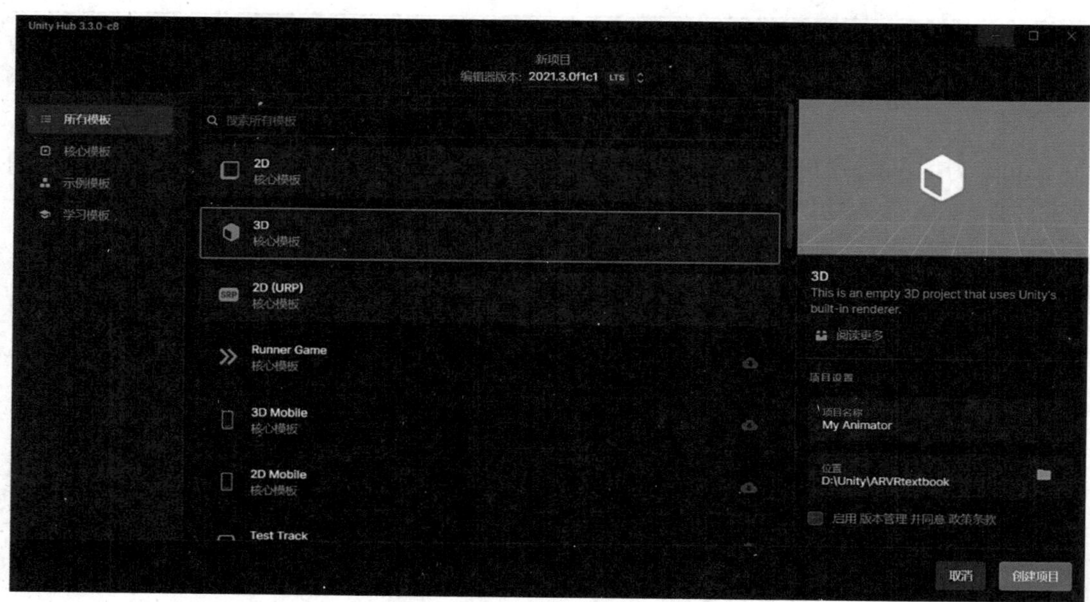

图 2–1　新建一个 3D 动画项目

2.3.2 下载并导入资源包

在 Unity 编辑器中，单击 Assets Store 选项，进入 Unity 资源商店，搜索一个名为 Rin New 的动漫人物模型资源包。若之前下载过该资源包，可以单击资源商店右上角第一个按钮："我的资源"，如图 2–2 所示。

从"我的资源"下载历史记录列表中找到该资源，在 Package Manager 资源包管理器的列表中看到该资源包支持 Unity Editor 2018.4.20 及以上版本。单击右下角的 Download 按钮重新下载，如图 2–3 所示。

下载完成之后，在弹出界面勾选 All 复选框，单击右下角的 Import 按钮将所有资源导入。由于该资源包没有更新，在资源商店中无法检索到该资源，用户也可以通过选择 Assets → Import Package → Custom Package 命令，将随书资源中的 Rin New 人物模型资源包进行离线导入，如图 2–4 所示。

图 2–2　Unity 资源商店中的"我的资源"按钮

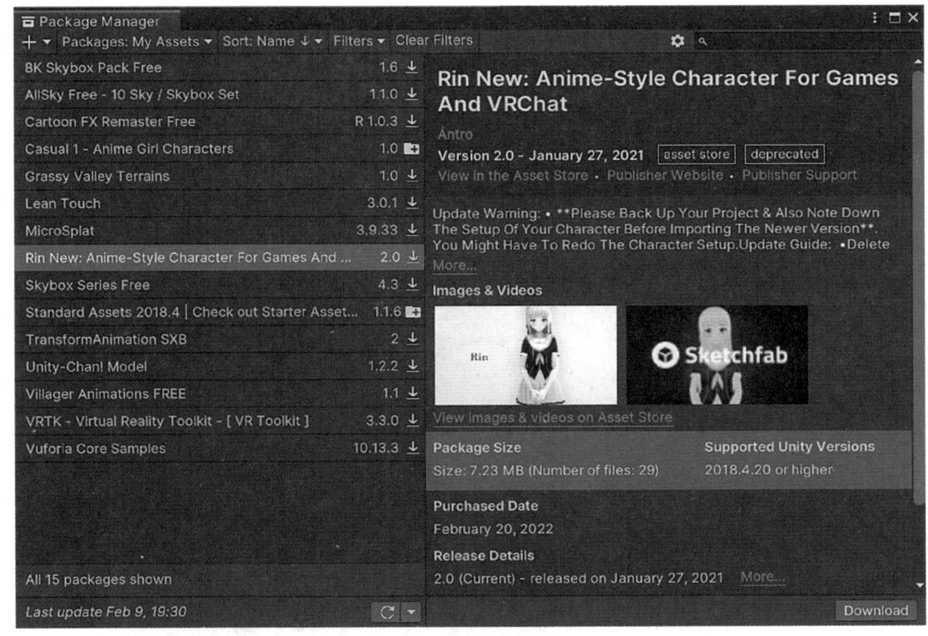

图 2-3　在下载记录列表中下载该资源

资源包导入成功后，在 Project 窗口中可看到 Assets 目录及其子目录结构，如图 2-5 所示。Unlit Shader 是一个着色器；Demo 是一个场景案例，用户双击 Demo Scene 打开场景进行体验；人物角色的所有动画分别在 Emotions 和 Female Animations 两个子文件夹中；Rin Character 中存放的是人物角色模型文件，包含 Materials（贴图）、Textures（纹理）和 FBX 模型。

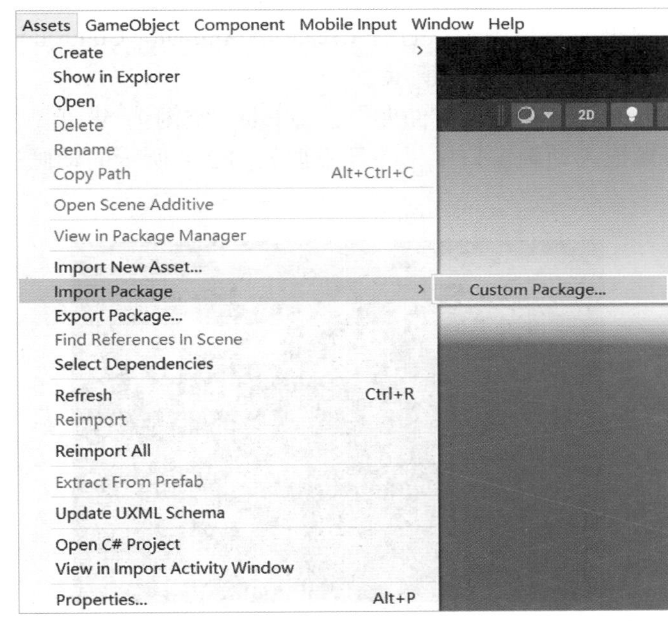

图 2-4　离线导入资源包

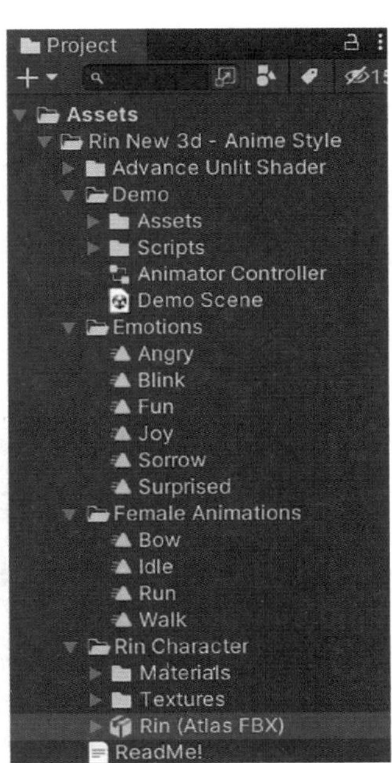

图 2-5　Assets 文件夹资源

2.3.3 添加人物模型

添加人物模型与添加动画控制器

将 Rin Character 目录中的人物模型 Rin（Atlas FBX）直接拖入 Scene（场景）中，可看到场景中增加了一个名为 Rin 的人物模型对象，如图 2–6 所示。

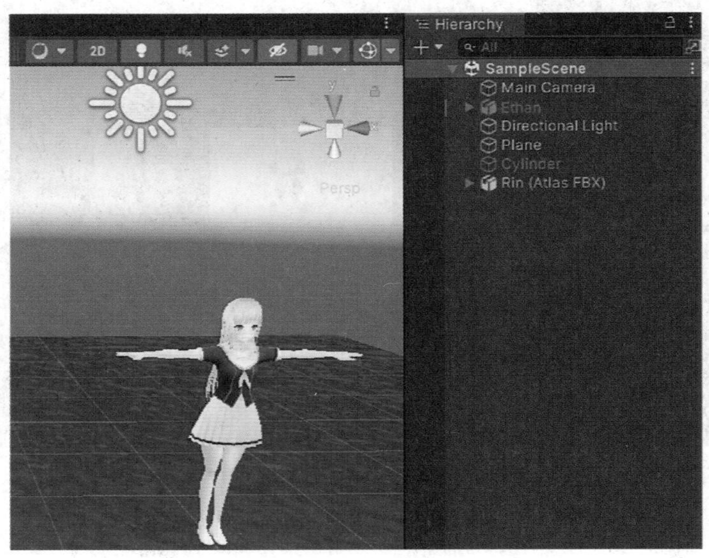

图 2–6 场景中的人物模型对象 Rin

2.3.4 添加动画控制器

在 Rin 的一级目录上右击，在弹出的菜单中依次选择 Create → Animator Controller，新建一个名为 Rin Controller 的动画控制器，如图 2–7 所示。

双击打开该动画控制器，从 Female Animations 文件夹中，将 Idle（空闲）、Walk（行走）和 Run（奔跑）这三个动画剪辑拖入动画窗口中，并且添加如图 2–8 所示的动画过渡线。

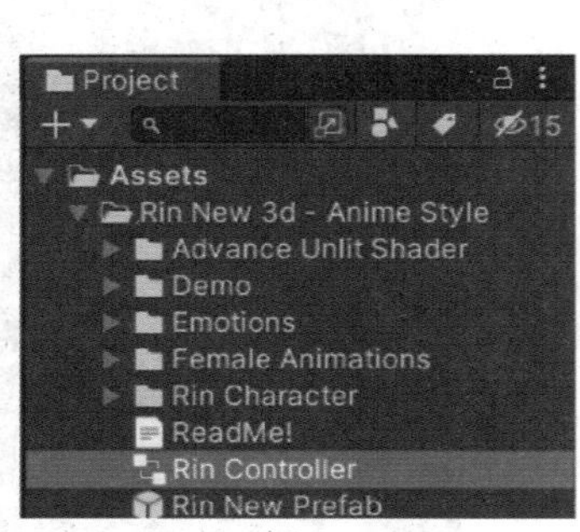

图 2–7 新建动画控制器

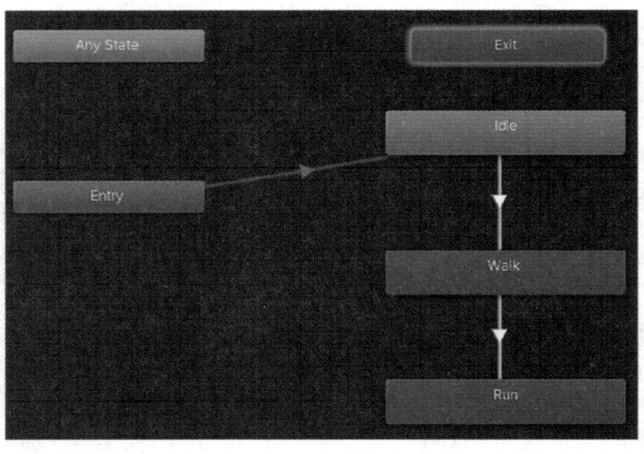

图 2–8 添加动画过渡线

选择 Rin 对象，在 Inspector 窗口的 Animator 组件中，设置 Controller 为新建的 Rin Controller（见图 2–9（a）），运行场景进行测试，可以看到动画从 Entry 状态到 Run 状态过渡的整个过程（见图 2–9（b）~ 图 2–9（d）），说明此时人物模型、动画及 Avatar 都可以正常工作。也可以通过添加参数，再设置脚本参数来操作不同状态节点之间的条件过渡。

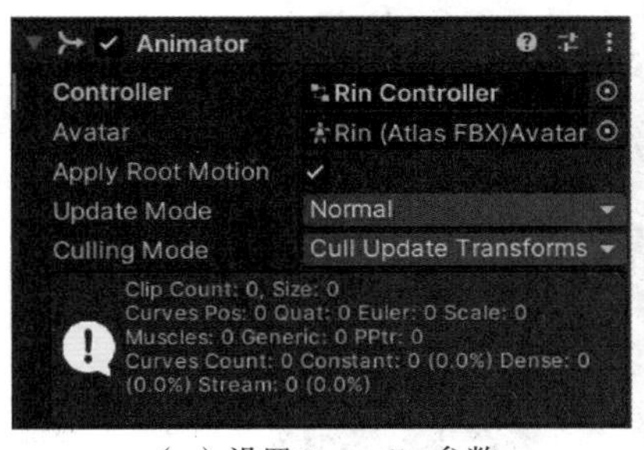

（a）设置Controller参数

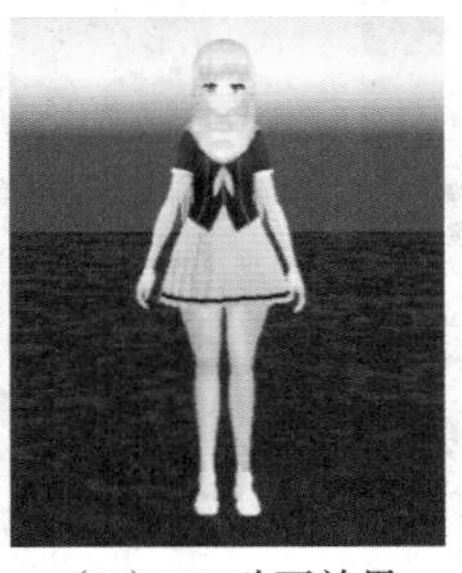

（b）Idle动画效果

（c）Walk动画效果

（d）Run动画效果

图 2–9　设置 Controller 参数并查看动画效果

2.3.5　模型替换与 Avatar 骨骼复用

模型替换与 Avatar 骨骼复用

Avatar Mask（骨骼遮罩），是状态机中的一个资源，Avatar Mask 加上分层动画可以基于人物已有动作复合成新的动作。只要模型符合 T 型标准，同一个 Avatar 骨骼可以应用到多个同类型模型中。

1. 下载并导入模型资源文件

单击 window → Assets Store，在资源商店中搜索 Third Person 资源包（见图 2–10），订阅并将其导入 Unity。

图 2–10　Unity 资源商店中的 Third Person 资源包

2. 添加人物模型

在 ThirdPersonController → Prefabs 目录中找到 PlayerArmature 人物模型文件（见图 2–11

（a）），将其拖曳至 Scene 视图中。此时会发现场景中人物显示的颜色是粉红色（见图 2–11（b）），原因是渲染管线没有正确识别，无法采用对应的着色器对材质进行渲染。

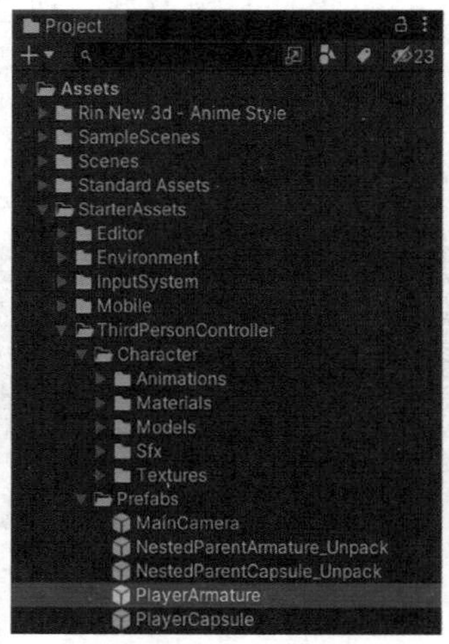

（a）人物模型文件

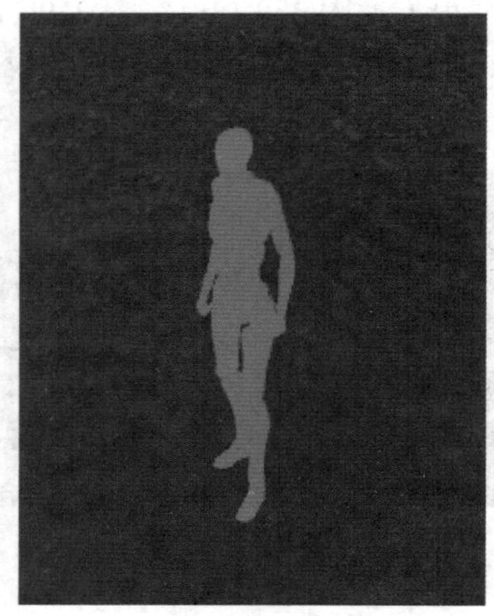

（b）人物模型效果

图 2–11　PlayerArmature 人物模型

3. 设置渲染管线

依次选择 Edit → Project Settings → Graphics，在参数界面中可看到提示信息显示没有设置默认的渲染管线，单击 Scriptable Render Pipeline Settings（脚本化渲染管线设置）下面参数位置后面的◙按钮，选择渲染管线为 StarterAssetsURPAsset（Universal Render Pipeline Asset），如图 2–12 所示。

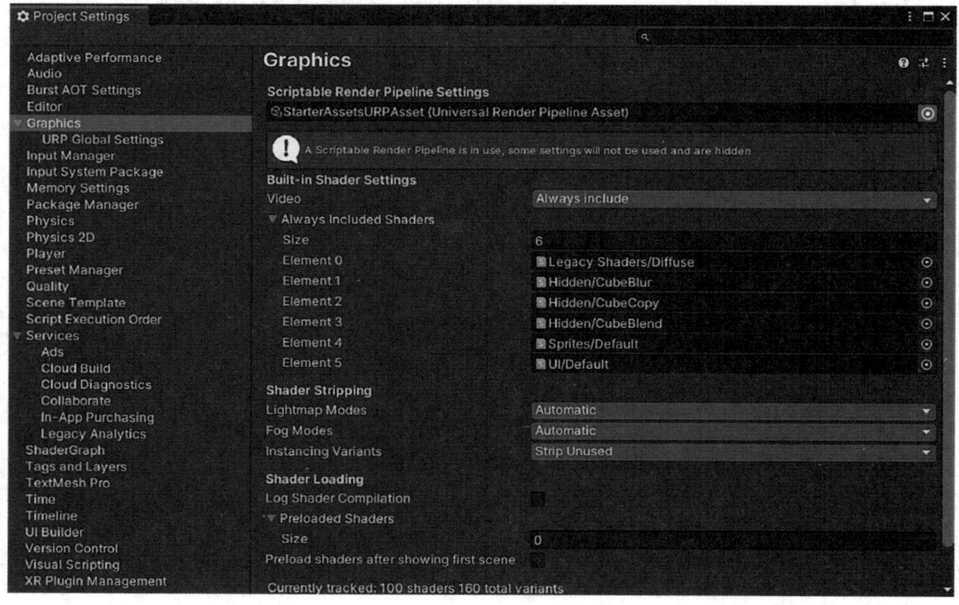

图 2–12　设置默认的渲染管线

关闭参数设置界面后，在 Scene 场景中可看到人物的材质和纹理已经恢复正常，如图 2–13 所示。运行场景，就可以通过键盘上的 W、A、S、D+ 方向键，操纵人物分别向前、左、后、右方向移动，按下空格键人物会进行跳跃。

4. 替换人物模型

使用 Rin 模型替换默认的 PlayAmature 模型。首先在层级窗口中右击 PlayAmature，在弹出的菜单中依次选择 Prefab → Unpack Completely（见图 2–14），将场景中的预制体和模型进行分离。

图 2–13 设置渲染管线后效果

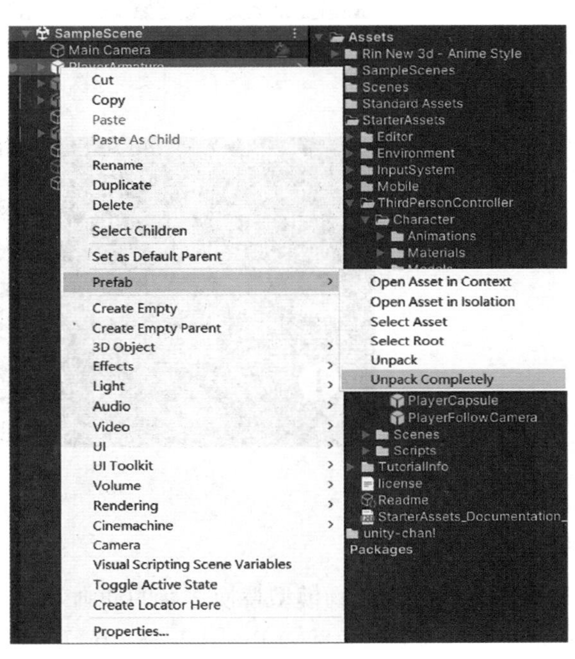

图 2–14 分离预制体与模型

将 Rin Character 目录中的 Rin 模型拖曳到层级窗口的 PlayerArmature 对象上，使之成为 PlayerArmature 对象的子对象存在，如图 2–15 所示。

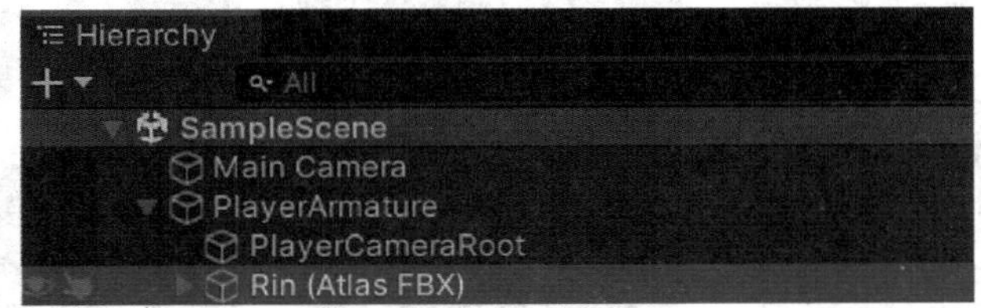

图 2–15 PlayerArmature 对象与 Rin 对象的父子化设置

这时在场景中可看到两个人物模型，如图 2–16（a）所示。删除 PlayerArmature 对象下的原人物模型 Geometry 及骨架 Skeleton，仅保留 Rin 模型，如图 2–16（b）所示。

单击层级窗口父级对象 PlayerArmature，在对应的 Inspector 窗口中将 Avatar 选项设置为 Rin 的 Avatar，如图 2–17 所示。

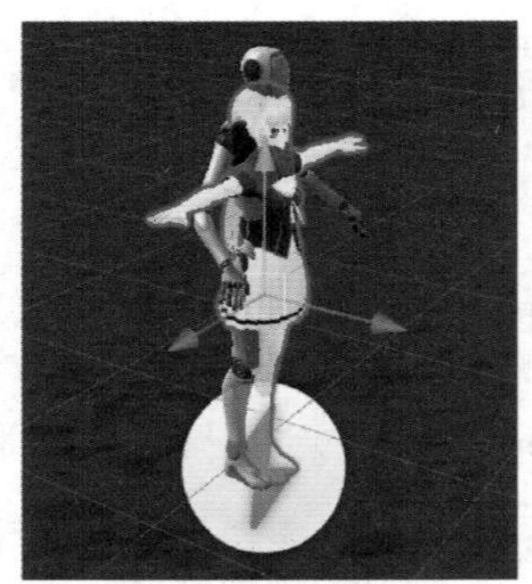

（a）删除原人物模型前

（b）删除原人物模型后

图 2–16　删除原人物模型

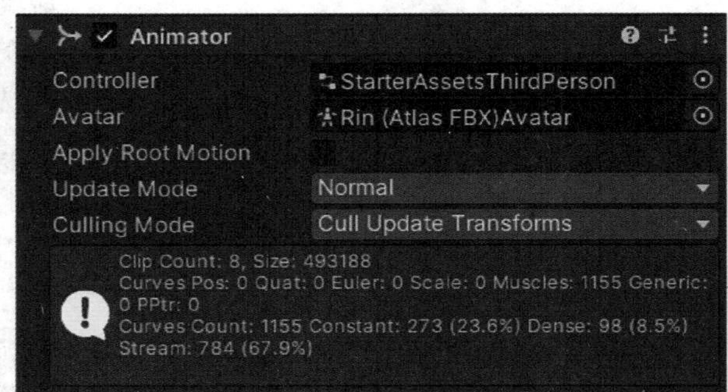

图 2–17　设置 Avatar 参数

5. 查看动画效果

运行场景，测试人物模型替换之后的动画效果。可以看出此时的模型不仅复用了默认模型中的动作（见图 2–18（a）~ 图 2–18（b）），还能做出原 Rin 模型没有的跳跃动作（见图 2–18（c）），这都归功于 PlayerArmature 模型自带的动画。

（a）走路

（b）跑步

（c）跳跃

图 2–18　模型替换后的效果

要预览更多的动画效果，可将层级窗口 PlayerArmature 下的 Rin 对象拖曳到 Project 窗口下 ThirdPersonController → Character → Animations 目录下任何一个动画的预览窗口中，单击预览窗口右上角的 Avatar 按钮，选择使用 Rin Avatar，再单击预览窗口中的播放按钮，就可以预览这个新模型不同的动画效果了，如图 2–19 所示。

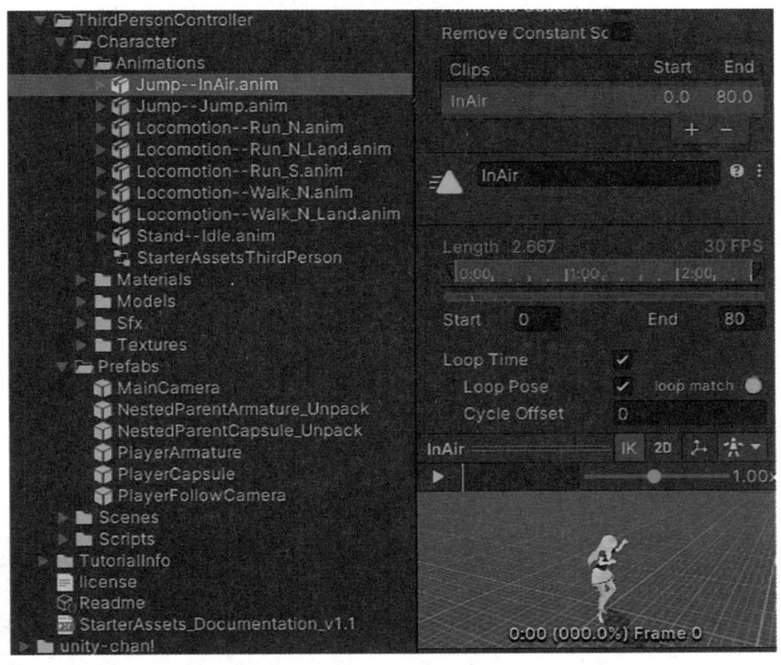

图 2–19　在模型动画预览窗口下预览更多动画效果

2.3.6　添加组件

添加组件、安装 Input System、添加角色控制脚本

Character Controller（角色控制器）是 Unity 中专门用来控制游戏角色的组件（主要与运动相关），拥有 RigidBody（刚体）的一些重要特性，但又去掉了很多物理效果，可以避免穿模、滑步、被撞飞或将其他物体撞出位移等情况，比直接用 Transform 或 RigidBody 具有更好的效果。选择人物角色对象，在 Inspector 面板中新增一个 Character Controller（角色控制器）组件，其参数包括 Slope Limit（斜度限制）、Step Offset（每步偏移量）、Skin Width（蒙皮宽度）、Min Move Distance（最小移动距离）、Center（中心坐标）、Radius（半径）和 Height（高度），其中后三项参数与角色的胶囊碰撞体相关，如图 2–20 所示。

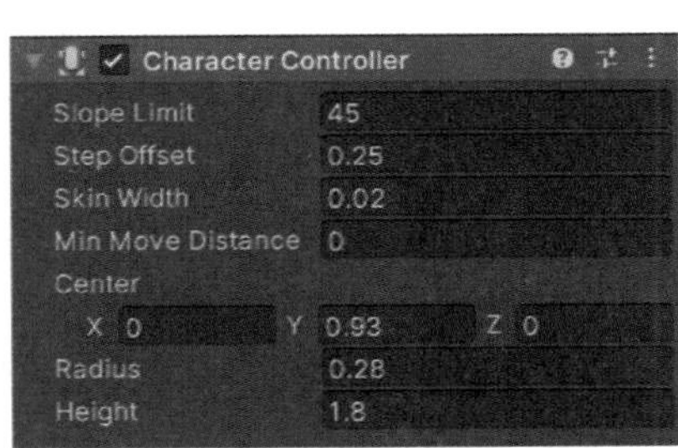

图 2–20　Character Controller 参数

添加 Character Controller 组件后，可以看到场景窗口中的角色对象周围包裹了一个胶囊形状的碰撞体检测框（Capsule）。通过设置碰撞体检测框参数，就可以避免角色在运动中发生穿模现象而影响体验。修改碰撞体检测框的位置、半径和高度，将角色尽可能完整地包裹起来，如图 2–21 所示，当人物靠近障碍物时就可以触发一个碰撞反作用力事件使人物远离障碍物。

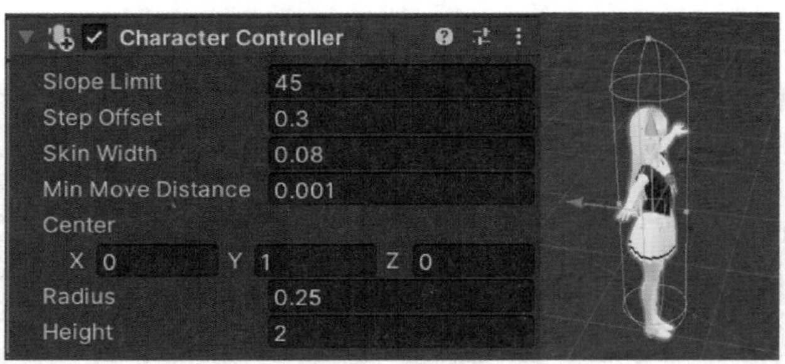

图 2–21　修改胶囊形状的碰撞体参数

2.3.7　安装 Input System 资源包

在 Package Manager 中搜索 Input System 资源包并安装（见图 2–22），这是一个常用到的控制输入插件。

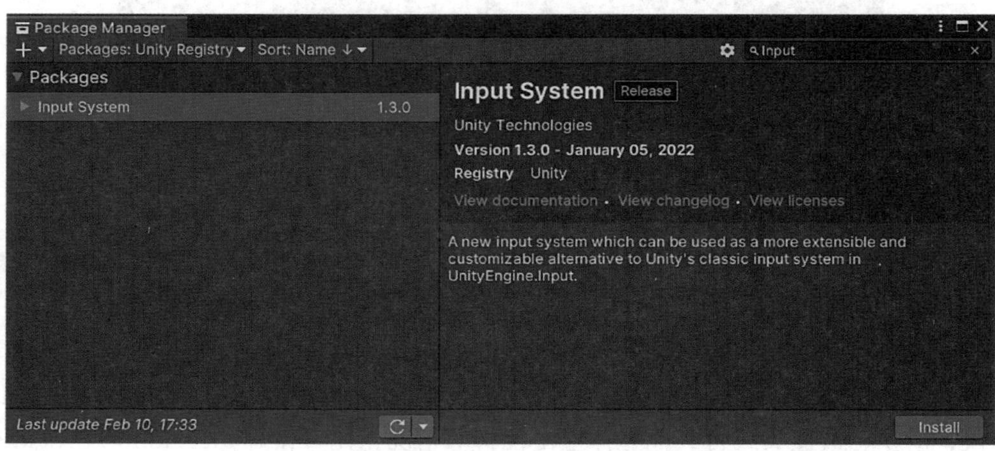

图 2–22　Input System 资源包

2.3.8　添加角色控制脚本

为 PlayAmature 添加角色控制脚本文件 ThirdPersonControl.cs 并双击打开该脚本文件。首先需要在命名空间引用 UnityEngine.InputSystem（前提条件是已安装 InputSystem 资源包，否则会报错），如图 2–23 所示。

```
using UnityEngine;
#if ENABLE_INPUT_SYSTEM && STARTER_ASSETS_PACKAGES_CHECKED
using UnityEngine.InputSystem;
#endif
```

图 2–23　添加命名空间引用

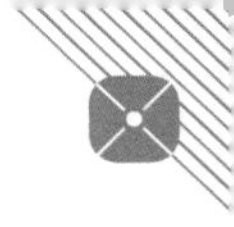

系统检测到 Character Controller 组件后，会增加一个用来控制手工输入参数的 Player Input 组件。脚本中自定义了 ThirdPersonControl 中使用的一些公共参数、选项和一些 Public 属性变量及初始值，如图 2–24 所示。其中 Header 是所有选项的标题，Tooltip 是对当前选项作用的解释和说明。

```
public class ThirdPersonController : MonoBehaviour
{
    [Header("Player")]
    [Tooltip("Move speed of the character in m/s")]
    public float MoveSpeed = 2.0f;

    [Tooltip("Sprint speed of the character in m/s")]
    public float SprintSpeed = 5.335f;

    [Tooltip("How fast the character turns to face movement direction")]
    [Range(0.0f, 0.3f)]
    public float RotationSmoothTime = 0.12f;

    [Tooltip("Acceleration and deceleration")]
    public float SpeedChangeRate = 10.0f;

    public AudioClip LandingAudioClip;
    public AudioClip[] FootstepAudioClips;
    [Range(0, 1)] public float FootstepAudioVolume = 0.5f;

    [Space(10)]
    [Tooltip("The height the player can jump")]
    public float JumpHeight = 1.2f;

    [Tooltip("The character uses its own gravity value. The engine default is -9.81f")]
    public float Gravity = -15.0f;

    [Space(10)]
    [Tooltip("Time required to pass before being able to jump again. Set to 0f to instantly jump again")]
    public float JumpTimeout = 0.50f;

    [Tooltip("Time required to pass before entering the fall state. Useful for walking down stairs")]
```

图 2–24 ThirdPersonControl.cs 脚本代码

```
    public float FallTimeout = 0.15f;

    [Header("Player Grounded")]
    [Tooltip("If the character is grounded or not. Not part of the CharacterController built in grounded check")]
    public bool Grounded = true;

    [Tooltip("Useful for rough ground")]
    public float GroundedOffset = -0.14f;

    [Tooltip("The radius of the grounded check. Should match the radius of the CharacterController")]
    public float GroundedRadius = 0.28f;

    [Tooltip("What layers the character uses as ground")]
    public LayerMask GroundLayers;

    [Header("Cinemachine")]
    [Tooltip("The follow target set in the Cinemachine Virtual Camera that the camera will follow")]
    public GameObject CinemachineCameraTarget;

    [Tooltip("How far in degrees can you move the camera up")]
    public float TopClamp = 70.0f;

    [Tooltip("How far in degrees can you move the camera down")]
    public float BottomClamp = -30.0f;

    [Tooltip("Additional degress to override the camera. Useful for fine tuning camera position when locked")]
    public float CameraAngleOverride = 0.0f;

    [Tooltip("For locking the camera position on all axis")]
    public bool LockCameraPosition = false;
```

图　2–24（续）

由于脚本中的变量都是 Public 类型，所以 Inspector 窗口中可以看到对应的变量及参数值，如图 2–25 所示，这样便于用户对其进行调整和操作，而不必去修改脚本中的代码。

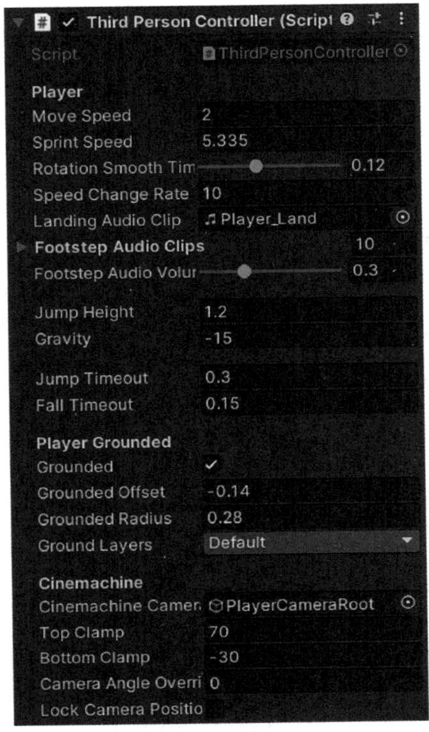

图 2–25 Inspector 窗口中对应的变量和参数

同理，在 StarterAssetsInputs.cs 脚本文件中也定义了很多 Public 变量，如图 2–26 所示，为用户提供输入接口。

对应的 Inspector 窗口中设置项如图 2–27 所示。

```
public class StarterAssetsInputs : MonoBehaviour
{
[Header("Character Input Values")]
public Vector2 move;
public Vector2 look;
public bool jump;
public bool sprint;

[Header("Movement Settings")]
public bool analogMovement;

[Header("Mouse Cursor Settings")]
public bool cursorLocked = true;
public bool cursorInputForLook = true;
```

图 2–26 StarterAssetsInputs.cs 脚本代码

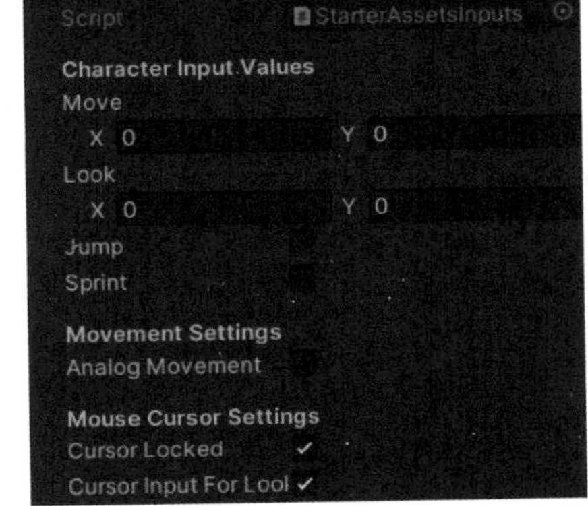

图 2–27 Inspector 窗口中对应的变量和参数

如果 InputSystem 被启用了，那么就接收用户的输入，代码如图 2–28 所示。

```
#if ENABLE_INPUT_SYSTEM && STARTER_ASSETS_PACKAGES_CHECKED
 public void OnMove(InputValue value)
 {
  MoveInput(value.Get<Vector2>());
 }

 public void OnLook(InputValue value)
 {
    if(cursorInputForLook)
    {
     LookInput(value.Get<Vector2>());
    }
 }

 public void OnJump(InputValue value)
 {
  JumpInput(value.isPressed);
 }

 public void OnSprint(InputValue value)
 {
  SprintInput(value.isPressed);
 }
#endif


 public void MoveInput(Vector2 newMoveDirection)
 {
  move = newMoveDirection;
 }

 public void LookInput(Vector2 newLookDirection)
 {
  look = newLookDirection;
 }

 public void JumpInput(bool newJumpState)
 {
  jump = newJumpState;
 }

 public void SprintInput(bool newSprintState)
```

图 2-28　接收用户输入的脚本代码

```
{
  sprint = newSprintState;
}

private void OnApplicationFocus(bool hasFocus)
{
  SetCursorState(cursorLocked);
}

private void SetCursorState(bool newState)
{
  Cursor.lockState = newState ? CursorLockMode.Locked : CursorLockMode.None;
}
```

图 2-28（续）

2.3.9 添加刚体设置参数

添加刚体设置参数

刚体（Rigidbody）是实现游戏对象物理行为的主要组件。添加该组件后，物体对象的运动将符合物理学重力定律，如果再添加碰撞体（Collider）组件，游戏对象则会因发生碰撞而移动。因此，添加了 Rigidbody 组件的游戏对象就不能通过更改脚本的位置或旋转等属性移动对象，但可以通过施加力（Force）的作用推动游戏对象并让物理引擎计算移动结果。刚体组件中有一个名为 Is Kinematic 的属性可以让刚体摆脱物理引擎的控制，并允许通过脚本以运动学方式来移动刚体。

本案例中通过 BasicRigidBodyPush.cs 脚本文件为人物模型添加基本的刚体设置参数，如图 2-29 所示。这部分代码主要用来检测游戏对象是否为刚体，并添加一个推力。之前添加的 CharacterController 组件仅用来控制人物模型的运动，而人物模型不受力的影响。即使加上 Rigidbody 组件并启用 Use Gravity（启用重力）选项，人物模型也不会受重力影响，在脚本中通过 Rigidbody 组件施加力（body.AddForce）也是无效的。也就是说 CharacterController 屏蔽了 Rigidbody 的所有属性和方法。要控制 CharacterController 移动，可以通过在脚本中调用 Move 方法使其移动。

```
public class BasicRigidBodyPush : MonoBehaviour
{
  public LayerMask pushLayers;
  public bool canPush;
  [Range(0.5f, 5f)] public float strength = 1.1f;

  private void OnControllerColliderHit(ControllerColliderHit hit)
  {
```

图 2-29 控制移动的脚本代码

```
9.   if (canPush) PushRigidBodies(hit);
10. }
11.
12. private void PushRigidBodies(ControllerColliderHit hit)
13. {
14.  // https://docs.unity3d.com/ScriptReference/CharacterController.OnControllerColliderHit.html
15.
16.  // make sure we hit a non kinematic rigidbody
17.  Rigidbody body = hit.collider.attachedRigidbody;
18.  if (body == null || body.isKinematic) return;
19.
20.  // make sure we only push desired layer(s)
21.  var bodyLayerMask = 1 << body.gameObject.layer;
22.  if ((bodyLayerMask & pushLayers.value) == 0) return;
23.
24.  // We dont want to push objects below us
25.  if (hit.moveDirection.y < -0.3f) return;
26.
27.  // Calculate push direction from move direction, horizontal motion only
28.  Vector3 pushDir = new Vector3(hit.moveDirection.x, 0.0f, hit.moveDirection.z);
29.
30.  // Apply the push and take strength into account
31.  body.AddForce(pushDir * strength, ForceMode.Impulse);
32. }
33. }
```

图 2-29（续）

虽然 CharacterController 不受力，但它受碰撞的影响。一般情况下，碰撞发生条件是：碰撞的两个物体必须都有 Collider 组件，并且其中一个必须有 Rigidbody 组件。但是如果一方有 CharacterController，则不需要 Rigidbody 组件。这时碰撞发生的条件就会变为：一方有 CharacterController，另一方有 Collider。CharacterController 本身就继承 Collider 的属性。当碰撞发生时，CharacterController 不会推动其他物体移动。也就是说，CharacterController 不会对它所碰撞的物体施加物理作用，除非在脚本中添加了 OnControllerColliderHit()，在该函数中使用被碰撞物体的 Rigidbody 对被碰撞物体施加力。如果用户在图 2–29 所示代码对应的控制面板参数中，勾选 Can Push 复选框（见图 2–30），当与非 Kinematic 刚体发生碰撞后，就会为被碰撞物体施加一个 Force（力），如图 2–29 所示的第 31 行代码。Force 是一个 Vector3 类型变量，有判断碰撞后 pushDir（移动方向）及 Strength（强度）的作用，Strength 值可在图 2–30 所示的控制面板参数中调整，Strength 值越大，施加的 Force 也就越大。

再次回到 ThirdPersonControl.cs 脚本文件查看，脚本代码中首先定义了动画 ID 相关的几个 Private 变量，如图 2–31 所示，这些变量仅用于在当前脚本中进行调用和显示，并不

能展示在 Unity 编辑器的 Inspector 窗口中，也不能在其他的脚本文件中进行调用。

图 2-30　脚本代码对应的控制面板参数

```
// animation IDs
private int _animIDSpeed;
private int _animIDGrounded;
private int _animIDJump;
private int _animIDFreeFall;
private int _animIDMotionSpeed;
```

图 2-31　定义动画 ID 相关 Private 变量的脚本代码

在 Start() 方法中，除了获取上述提到的所有组件之外，还调用了 AssignAnimationIDs()，如图 2–32 所示，该函数可为动画分配 ID。

```
private void Start()
{
    _cinemachineTargetYaw = CinemachineCameraTarget.transform.rotation.eulerAngles.y;

    _hasAnimator = TryGetComponent(out _animator);
    _controller = GetComponent<CharacterController>();
    _input = GetComponent<StarterAssetsInputs>();
#if ENABLE_INPUT_SYSTEM && STARTER_ASSETS_PACKAGES_CHECKED
    _playerInput = GetComponent<PlayerInput>();
#else
  Debug.LogError( "Starter Assets package is missing dependencies. Please use Tools/Starter Assets/Reinstall Dependencies to fix it");
#endif

    AssignAnimationIDs();

    // reset our timeouts on start
    _jumpTimeoutDelta = JumpTimeout;
    _fallTimeoutDelta = FallTimeout;
}
```

图 2-32　为动画分配 ID 的脚本代码

从 AssignAnimationIDs() 的代码（见图 2–33）可以看出，分别定义的几个私有变量获取了 Animator 组件中各个参数的值，并将其转换为 Hash 值。为什么这么做呢？原因是在用户使用 Unity 的 Animator Controller 时，遇到对状态机参数的设置时，一般会直接使用 SetBool()、SetFloat() 等形式来对参数值进行赋值。但当参数名称过多时，会通过使用 HashID 的形式代替字符串类型的参数名，进而提高索引的效率。其作用就是为 Animator Controller 中的参数名起一个能够在 C# 脚本中方便识别和调用的新名称，而变量或者参数的值并未受到影响。

```
private void AssignAnimationIDs()
    {
        _animIDSpeed = Animator.StringToHash("Speed");
        _animIDGrounded = Animator.StringToHash("Grounded");
        _animIDJump = Animator.StringToHash("Jump");
        _animIDFreeFall = Animator.StringToHash("FreeFall");
        _animIDMotionSpeed = Animator.StringToHash("MotionSpeed");
    }
```

图 2-33　用 HashID 代替字符串类型参数名的脚本代码

这些参数已在 Animator 窗口中进行了定义，如图 2-34 所示。

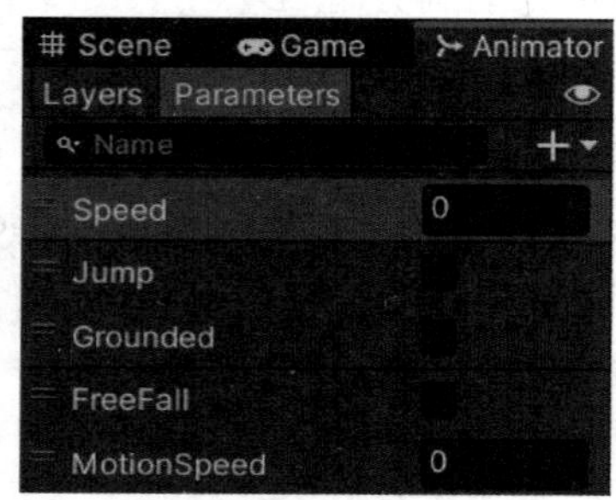

图 2-34　Animator 窗口中的参数

GroundCheck() 用来检测人物模型是否处于地面，如图 2-35 所示。直接的使用场景就是人物跳起到空中之后，由于重力的作用会下落，此时检测如果下落后 Character Controller 与地面发生碰撞，返回值为 True，这是通过 Physics.CheckSphere() 方法进行实现的。

```
private void GroundedCheck()
    {
        // set sphere position, with offset
        Vector3 spherePosition = new Vector3(transform.position.x, transform.position.y -
GroundedOffset,
            transform.position.z);
        Grounded = Physics.CheckSphere(spherePosition, GroundedRadius, GroundLayers,

            QueryTriggerInteraction.Ignore);

        // update animator if using character
        if (_hasAnimator)
        {
            _animator.SetBool(_animIDGrounded, Grounded);
        }
    }
```

图 2-35　检测人物模型是否处于地面的脚本代码

这些自定义的函数需要在 Update() 中进行调用，如图 2–36 所示，需要注意方法调用的顺序：首先调用 JumpAndGravity()，判断人物模型发生的跳跃并产生了重力；然后调用 GroundCheck() 检测人物模型是否已经落到了地面，落到地面之后通过图 2–35 代码中的 Animator.SetBool() 将 Animator Controller 中的 bool 类型参数 Grounded 设置为 True；最后调用 Move() 实现人物模型在地面上的运动过程。

```
private void Update()
{
    _hasAnimator = TryGetComponent(out _animator);

    JumpAndGravity();
    GroundedCheck();
    Move();
}
```

图 2–36　人物模型在地面上运动的脚本代码

如果 Grounded 参数的值为 True，就能够在 Animator Controller 中产生如图 2–37 所示的动画过渡。

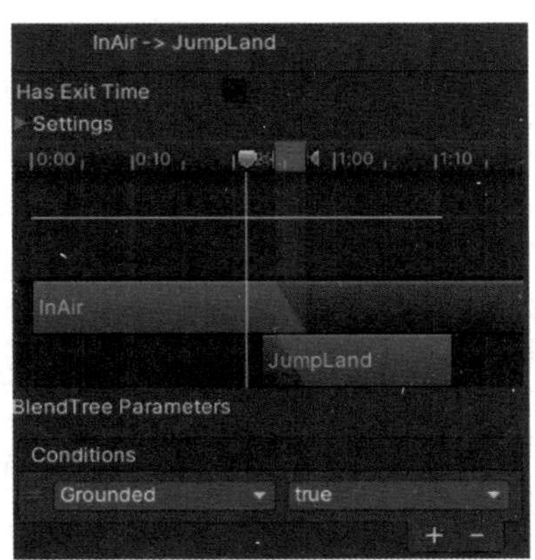

图 2–37　动画过渡

对 JumpAndGravity() 来讲，如果人物模型已经落到了地面上，用户可以自定义下落的时间延迟，Animator 会自动将 Jump 和 FreeFall 参数的值设置为 False，如图 2–38 所示。

```
private void JumpAndGravity()
    {
        if (Grounded)
        {
            // reset the fall timeout timer
            _fallTimeoutDelta = FallTimeout;

            // update animator if using character
```

图 2–38　自定义下落时间延迟的代码

```
    if (_hasAnimator)
    {
        _animator.SetBool(_animIDJump, false);
        _animator.SetBool(_animIDFreeFall, false);
    }

    // stop our velocity dropping infinitely when grounded
    if (_verticalVelocity < 0.0f)
    {
        _verticalVelocity = -2f;
    }

    // Jump
    if (_input.jump && _jumpTimeoutDelta <= 0.0f)
    {
        // the square root of H * -2 * G = how much velocity needed to reach desired height
        _verticalVelocity = Mathf.Sqrt(JumpHeight * -2f * Gravity);

        // update animator if using character
        if (_hasAnimator)
        {
            _animator.SetBool(_animIDJump, true);
        }
    }

    // jump timeout
    if (_jumpTimeoutDelta >= 0.0f)
    {
        _jumpTimeoutDelta -= Time.deltaTime;
    }
}
else
{
    // reset the jump timeout timer
    _jumpTimeoutDelta = JumpTimeout;

    // fall timeout
    if (_fallTimeoutDelta >= 0.0f)
    {
        _fallTimeoutDelta -= Time.deltaTime;
    }
    else
    {
        // update animator if using character
```

图 2-38（续）

```
            if (_hasAnimator)
            {
                _animator.SetBool(_animIDFreeFall, true);
            }
        }

        // if we are not grounded, do not jump
        _input.jump = false;
    }

    // apply gravity over time if under terminal (multiply by delta time twice to linea
y speed up over time)
    if (_verticalVelocity < _terminalVelocity)
    {
        _verticalVelocity += Gravity * Time.deltaTime;
    }
}
```

图 2-38（续）

这样就使得图 2–39 中红色圆圈所在的过渡无法实现，也就是说当人物模型落在地面上时，停止起跳准备和处于空中的动画播放。

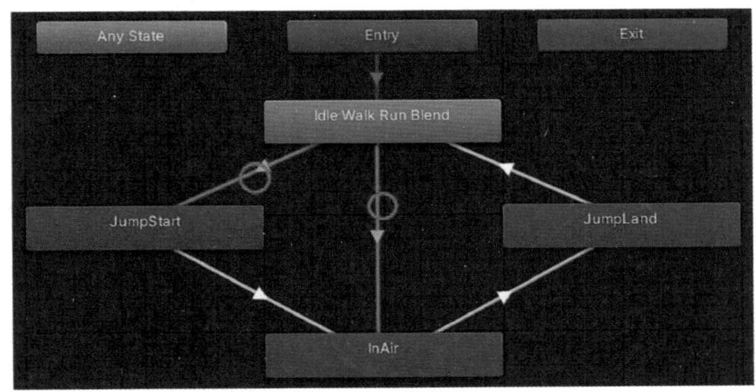

图 2–39　动作状态机

最后就是比较关键的 Move() 了。首先初始化目标速度 targetSpeed，如果在 Inspector 窗口的 StarterAssetsInputs 中将 Sprint 选项勾选，说明角色将会进入冲刺状态，如图 2–40（a）所示。这个时候如果输入了冲刺速度 Sprint Speed，那么 targetSpeed 的值就是该值；否则如果没有输入 Sprint Speed，那么 targetSpeed 的值就是 Move Speed 的值，二者只能取一个，如图 2–40（b）所示。

如果通过 StarterAssetsInputs 输入的 Move 参数为（0，0），说明人形角色并没有发生任何移动，这个时候目标速度就是 0，继续保持 Idle（空闲）状态。Vector3.magnitude 是一个表示向量长度的单维值（因此它会丢失方向信息），如果目标速度 targetSpeed 减去偏移量 speedOffset 的值比当前水平速度大，或者二者的和比当前的速度要小，那么就计算出参数 Speed 的具体值，但是该值是有范围的。在冲刺模式下，Speed 参数的最大值其实就是 Sprint Speed 的值；取消冲刺模式，那么其实 Speed 参数的最大值是 Move Speed 的值，如图 2–41 所示。然后判断只要 StarterAssetsInputs 输入的 Move 参数不是（0，0），根据 controller.Move() 的代码，人物模型就会产生运动。如果 Animator 存在，那么通过 Animator.SetFloat 设置 Speed 参数的值。

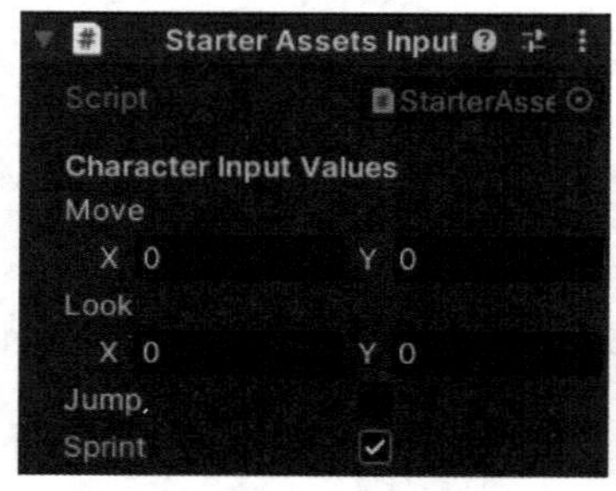

（a）勾选Sprint复选框

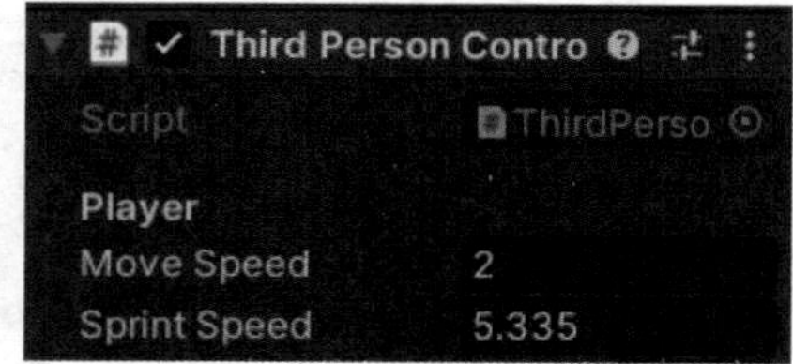

（b）输入Sprint Speed参数值

图 2–40　Move() 参数值

```
private void Move()
{
  // set target speed based on move speed, sprint speed and if sprint is pressed
  float targetSpeed = _input.sprint ? SprintSpeed : MoveSpeed;

  // a simplistic acceleration and deceleration designed to be easy to remove, replace, or iterate upon

  // note: Vector2's == operator uses approximation so is not floating point error prone, and is cheaper than magnitude
  // if there is no input, set the target speed to 0
  if (_input.move == Vector2.zero) targetSpeed = 0.0f;

  // a reference to the players current horizontal velocity
  float currentHorizontalSpeed = new Vector3(_controller.velocity.x, 0.0f, _controller.velocity.z).magnitude;

  float speedOffset = 0.1f;
  float inputMagnitude = _input.analogMovement ? _input.move.magnitude : 1f;

  // accelerate or decelerate to target speed
  if (currentHorizontalSpeed < targetSpeed - speedOffset ||
      currentHorizontalSpeed > targetSpeed + speedOffset)
  {
    // creates curved result rather than a linear one giving a more organic speed change
    // note T in Lerp is clamped, so we don't need to clamp our speed
```

图 2–41　计算人物模型移动速度的脚本代码

```
        _speed = Mathf.Lerp(currentHorizontalSpeed, targetSpeed * inputMagnitude,Time.deltaTime * SpeedChangeRate);
        // round speed to 3 decimal places
        _speed = Mathf.Round(_speed * 1000f) / 1000f;
    }
    else
    {
        _speed = targetSpeed;
    }

    _animationBlend = Mathf.Lerp(_animationBlend, targetSpeed, Time.deltaTime * SpeedChangeRate);
    if (_animationBlend < 0.01f) _animationBlend = 0f;

    // normalise input direction
    Vector3 inputDirection = new Vector3(_input.move.x, 0.0f, _input.move.y).normalized;

    // note: Vector2's != operator uses approximation so is not floating point error prone, and is cheaper than magnitude
    // if there is a move input rotate player when the player is moving
    if (_input.move != Vector2.zero)
    {
        _targetRotation = Mathf.Atan2(inputDirection.x, inputDirection.z) * Mathf.Rad2Deg + _mainCamera.transform.eulerAngles.y;
        float rotation = Mathf.SmoothDampAngle(transform.eulerAngles.y, _targetRotation, ref _rotationVelocity,RotationSmoothTime);
        // rotate to face input direction relative to camera position
        transform.rotation = Quaternion.Euler(0.0f, rotation, 0.0f);
    }
Vector3 targetDirection=Quaternion.Euler(0.0f, _targetRotation, 0.0f) * Vector3.forward;

    // move the player
    _controller.Move(targetDirection.normalized * (_speed * Time.deltaTime) + new Vector3(0.0f, _verticalVelocity, 0.0f) * Time.deltaTime);

    // update animator if using character
    if (_hasAnimator)
    {
        _animator.SetFloat(_animIDSpeed, _animationBlend);
        _animator.SetFloat(_animIDMotionSpeed, inputMagnitude);
    }
}
```

图 2-41（续）

动画演示

2.3.10 动画演示

最后演示相关效果。首先在不选择冲刺模式的情况下，人物运动是发生 Walk 的状态，并且可以看到 Animator Controller 中 Speed 参数的值是不断变化的，最大值为 2，如图 2–42 所示。

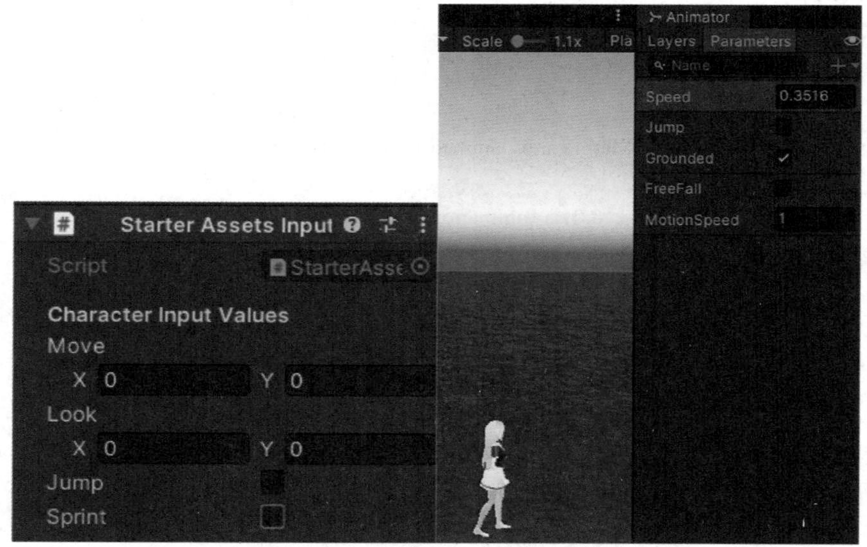

图 2–42　walk 效果演示

然后勾选 Starter Assets Inputs 中的 Sprint 模式，再次运行场景，可以看到此时人物就会处于 Run 状态，Speed 参数的最大值此时为 5.335，如图 2–43 所示。

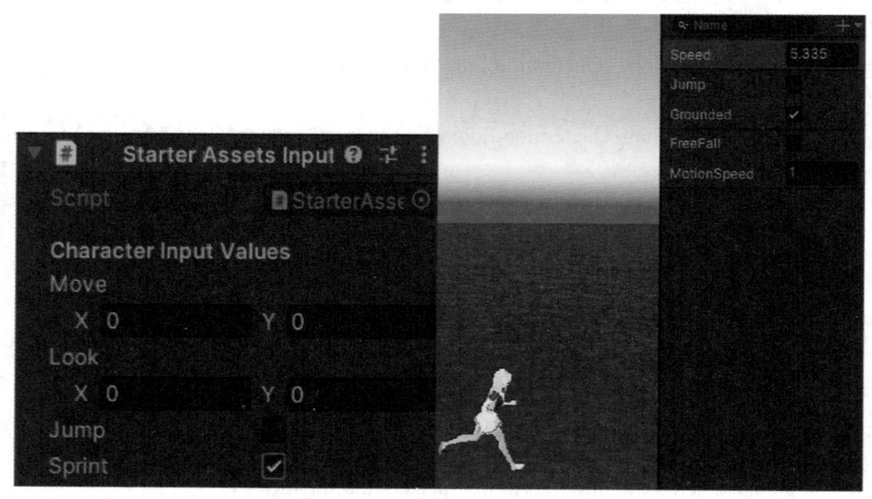

图 2–43　run 效果演示

后续章节将继续采用该动画案例进行进一步的设计和开发。

能 力 自 测

一、单选题

1. 以下说法，不属于 Unity 动画系统的功能的是（　　）。
   A. 支持导入的动画剪辑
   B. 可以将动画从一个角色模型应用到另一角色模型
   C. Unity 暂不支持管理动画之间的复杂交互
   D. 能以不同逻辑对不同身体部位进行动画化
2. 以下关于 Avatar 的说法不正确的是（　　）。
   A. Avatar 就是替身系统
   B. 是一种映射关系
   C. 只有人形骨架才能建立简化的骨架映射关系
   D. 任何角色都能被识别并自动创建对应的 Avatar
3. 以下说法中不正确的是（　　）。
   A. 动画要依托模型才能展示出其效果
   B. 默认的 Unity 引擎不包含动画制作功能
   C. 角色类模型一般先使用 3ds Max、Maya 等三维软件设计制作
   D. 导出 .FBX 格式后就可以导入 Unity 引擎进行资源的整合和脚本逻辑开发
4. 以下关于 Avatar Mask 的说法不正确的是（　　）。
   A. Avatar Mask 是替身刚体系统
   B. Avatar Mask 是骨骼遮罩
   C. Avatar Mask 是状态机中的一个资源
   D. Avatar Mask 加上分层动画可基于已有动作复合成新动作
5. 场景窗口中添加人物模型后，发现人物显示的是粉红色的，原因可能是（　　）。
   A. 模型骨骼没绑定好　　B. 渲染管线没被正确识别
   C. 还没有进行脚本处理　　D. 模型不符合 T 型标准
6. 以下关于 Character Controller 的说法不正确的是（　　）。
   A. Character Controller 是 Unity 中专门用来控制游戏角色的组件
   B. 拥有 RigidBody 的一些重要特性
   C. 在避免穿模、被撞飞等情况下没有直接用 RigidBody 的效果好
   D. 比直接用 Transform 效果好
7. 以下关于碰撞体框架的说法不正确的是（　　）。
   A. 添加 Character Controller 组件后，就会在角色对象周围产生一个碰撞体框
   B. 碰撞体框呈现矩形
   C. 可通过碰撞体框参数的设置，避免人物运动中的角色穿模现象
   D. 修改碰撞体检测框的位置、半径和高度，可使人物远离障碍物

8. 以下关于 Rigidbody 的说法不正确的是（　　）。

A. Rigidbody 是实现游戏对象物理行为的主要组件

B. 添加 Rigidbody 组件后，物体对象的运动将符合物理学重力定律

C. 添加 Collider 组件后 Rigidbody 组件将会失效

D. 添加了 Rigidbody 的游戏对象不能通过更改脚本位置或旋转等属性移动物体

9. 以下关于碰撞发生条件的说法不正确的是（　　）。

A. 碰撞的两个物体都有 Collider 组件，并且其中一个必须有 Rigidbody 组件

B. 一方有 CharacterController，另一方必须有 Collider

C. 一方有 CharacterController，另一方必须有 Rigidbody

D. 碰撞的两个物体都有 Rigidbody 组件，并且其中一个必须有 Collider 组件

10. 以下（　　）参数与角色碰撞体无关。

A. 半径　　　　B. 最小移动距离

C. 中心坐标　　D. 高度

二、填空题

1. 3D 动画又被称作 ________________，是利用计算机软件或视频工具简洁清晰地模拟真实物体的 ________________。

2. Unity 支持从 ________________ 导入动画，并允许在 ________________ 中使用 ________________ 从头开始创建动画剪辑。

3. Animation Clip 是指 ________________，用于 ________________ 或 ________________ 的动画数据。

4. 建立一个从 Mecanim 动画系统的简化人形骨架到用户实际提供骨架的映射关系称为 ________________。

5. 创建一个人物模型后，想让模型动起来，只需在人物游戏对象上添加一个 ________________ 组件，再创建一个 ________________ 来控制游戏对象的 Animator 即可。

三、简答题

1. Unity 的动画系统主要包括哪些功能？

2. 从外部源导入的动画剪辑包括哪些？

3. 在 Unity 的 Animation 窗口中创建和编辑的动画剪辑包括哪些？

4. 简述角色类动画模型制作的流程。

5. 使用 Character Controller 组件与直接使用 Transform 或 RigidBody 组件控制游戏角色相比，效果如何？

6. 如何避免游戏人物在运动过程中发生角色穿模现象？

第3章 天空盒的制作与使用

在3D世界中，近处场景的细节是通过精细的模型来展现的，但对于远距离场景，比如天空、高山、日月星辰等“遥不可及”的对象，则使用高质量的贴图环绕组合成一个封闭的场景，给玩家以始终身临其境的感觉。以贴图来渲染远景的常用技术是天空盒。

3.1 天空盒设计思想

天空盒设计的思想非常简单，将远景渲染成6张纹理贴图，将每张纹理应用到立方体的一个面，同时确保摄像机始终位于立方体的中心。渲染时，映射到天空盒各个面上的图像将拼接在一起，从而在视觉上形成一个完整的天空。组成天空盒的6张纹理贴图，分别对应立方体的6个面，如图3–1（a）所示，这就是天空盒的一种贴图布局方案，文件名后缀

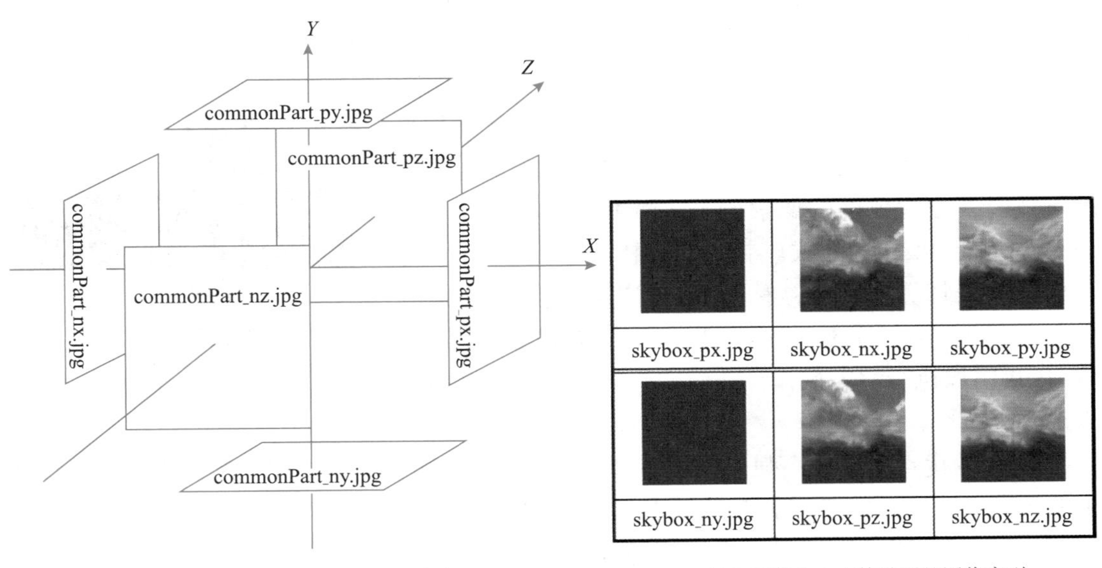

（a）天空盒立方体贴图布局方案

（b）天空盒立方体贴图的图像序列

图3–1 天空盒立方体贴图设置

为 _px.jpg、_nx.jpg、_py.jpg、_ny.jpg、_pz.jpg 和 _nz.jpg 的图片分别用来作为 +*X*、–*X*、+*Y*、–*Y*、+*Z* 和 –*Z* 轴向立方体的侧面（后缀名可以自定义），各侧面贴图的图像序列如图 3–1（b）所示。

使用时，将 6 张纹理贴图拼接起来组合成一个立方体，并在渲染时将观察摄像机放置于立方体内部中心位置，这样无论摄像机怎样旋转观察，用户都会感觉到始终是处在天空盒中，从而在视觉上营造出一种无限远的感觉。

3.2 天空盒类型

Unity 主要支持 4 种类型的天空盒着色器，分别是 6 Sided（六面）、Cubemap（立方体贴图）、Panoramic（全景）和 Procedural（程序化）。每种类型的实现方式有所区别，简要介绍如下。

3.2.1 六面天空盒

该天空盒着色器需要 6 个单独纹理贴图创建一个六面天空盒，每个纹理贴图代表立方体的一个内表面，也是沿特定世界轴的一个天空视图，6 个纹理组合在一起形成如图 3–2 所示的布局方式。

为生成最佳环境光照，纹理应使用高动态范围（HDR）技术，它能产生比标准动态范围（SDR）图像质量更高的亮度动态范围图像，从而对颜色和亮度进行逼真的描绘。在标准渲染中，像素的红色、绿色和蓝色值均使用一个 0~1 的 8 位值进行存储，其中 0 表示零强度，1 表示最大强度。这一有限的数值范围无法准确反映现实生活中人们对光的感知方式，并且当存在非常亮或非常暗的元素时，会导致图像不真实。这种情况下就需要更大范围的像素值，从而可以更准确表示人眼感知颜色和亮度方式。在 Unity 中，将 HDR 图像用于内部渲染计算的功能被称为 HDR 渲染。启用 HDR 渲染后，Unity 会将场景渲染到 HDR 图像缓冲区，并使用该 HDR 图像执行渲染操作，从而产生一种更逼真的场景效果。

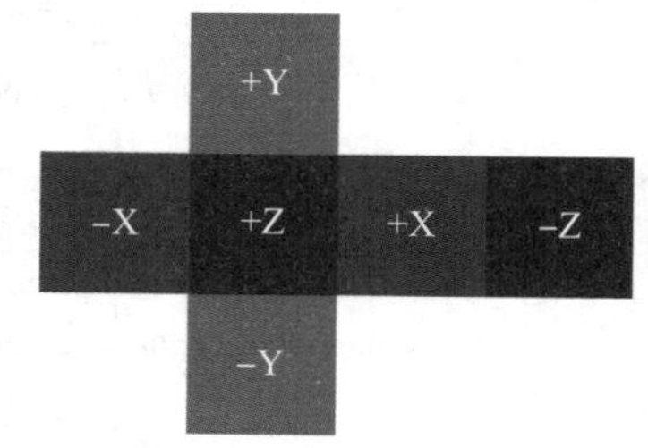

图 3–2　六面天空盒纹理贴图布局

HDR 的优点：①在高强度区域不会丢失颜色；②更好地支持泛光和发光效果；③减少低频光照区域的条带。HDR 的缺点：①对 VRAM 存储器的使用量增加；②如果使用了色调映射，会产生额外的计算开销；③与硬件抗锯齿不兼容。

六面天空盒的属性及含义如表 3–1 所示。

表 3–1　六面天空盒的属性及含义

属　　性	含　　义
Tint Color	要将天空盒着色成的颜色。Unity 会将这种颜色添加到纹理贴图以更改纹理贴图外观，而无须更改基础纹理贴图文件
Exposure	天空盒曝光值。较大的值曝光强，看起来更亮；较小的值曝光弱，看起来更暗
Rotation	天空盒围绕 *Y* 轴正向旋转。该选项会更改天空盒的方向。若希望天空盒特定部分位于场景特定部分后方，则启用该设置
Front [+Z] (HDR)	此纹理贴图代表天空盒在世界坐标 *Z* 轴正方向上的一面。在新的 Unity 场景中，它位于默认摄像机的正面
Back [-Z] (HDR)	此纹理贴图代表天空盒在世界坐标 *Z* 轴负方向上的一面。在新的 Unity 场景中，它位于默认摄像机的背面
Left [+X] (HDR)	此纹理贴图代表天空盒在世界坐标 *X* 轴正方向上的一面。在新的 Unity 场景中，它位于默认摄像机的左侧
Right [-X] (HDR)	此纹理贴图代表天空盒在世界坐标 *X* 轴负方向上的一面。在新的 Unity 场景中，它位于默认摄像机的右侧
Up [+Y] (HDR)	此纹理贴图代表天空盒在世界坐标 *Y* 轴正方向上的一面。在新的 Unity 场景中，它位于默认摄像机的上面
Down [-Y] (HDR)	此纹理贴图代表天空盒在世坐标 *Y* 轴负方向上的一面。在新的 Unity 场景中，它位于默认摄像机的下面
Render Queue	确定 Unity 绘制游戏对象的顺序
Double Sided Global Illumination	指定光照贴图是否在计算全局光照时考虑几何体的两面。设置为 true 时，如果使用渐进光照贴图，则背面将使用与正面相同的发射和反照率来反射光

3.2.2　立方体贴图天空盒

该天空盒着色器是从单个立方体贴图资源生成一个天空盒。此立方体贴图由 6 个正方形纹理贴图组成一个包围场景对象的虚构立方体，立方体的每个面代表沿着世界轴 6 个不同方向（上、下、左、右、前、后）的视图。系统支持几种常用的立方体贴图布局方式，如图 3–3 所示，包括垂直和水平交叉布局、立方体贴图面的列和行布局。

在 Unity 中，可以从纹理贴图创建立方体贴图。最快的方法是导入专门布局的纹理贴图：在 Project 窗口中单击选择纹理，在 Inspector 窗口中将 Import Settings 的 Texture Type（纹理贴图类型）设置为默认值 Default，并将 Texture Shape（纹理贴图外形）设置为 Cube，Unity 会自动将纹理贴图设置为立方体贴图，如图 3–4 所示。

立方体贴图天空盒的属性及描述如表 3–2 所示。

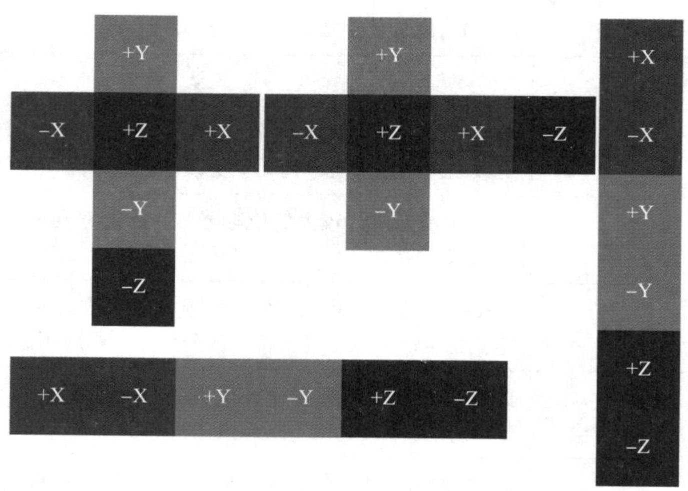

图 3–3　立方体贴图天空盒纹理贴图常用的布局

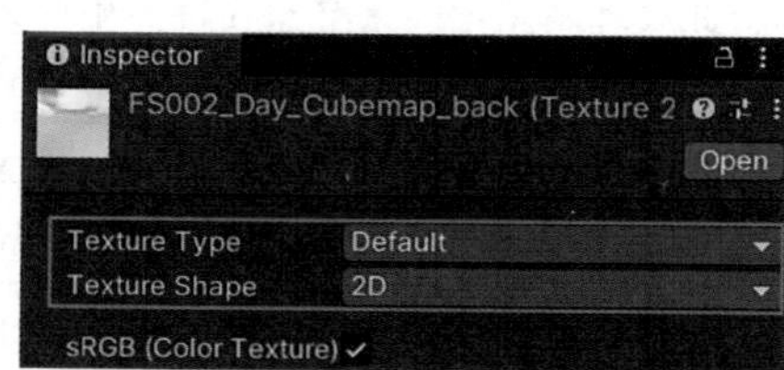

图 3–4　立方体贴图天空盒设置参数示例

表 3–2　立方体贴图天空盒属性

属　性	含　义
Tint Color	要将天空盒着色成的颜色。Unity 会将这种颜色添加到纹理贴图以更改纹理贴图外观，而无须更改基础纹理贴图文件
Exposure	天空盒曝光值。较大的值曝光强，看起来更亮；较小的值曝光弱，看起来更暗
Rotation	天空盒围绕 Y 轴正向旋转。该选项会更改天空盒的方向，若希望天空盒特定部分位于场景特定部分后方，则启用该设置
Cubemap (HDR)	天空盒立方体贴图资源材质
Render Queue	确定 Unity 绘制游戏对象的顺序
Double Sided Global Illumination	指定光照贴图是否在计算全局光照时考虑几何体的两面。设置为 true 时，如果使用渐进光照贴图，则背面将使用与正面相同的发射和反照率来反射光

3.2.3　全景贴图天空盒

全景着色器（Panoramic Shader）是将单个纹理贴图以球形包裹住场景，因此要想创建全景贴图天空盒，需要使用一个能够经度 / 纬度映射的圆柱形的 2D 纹理贴图，如图 3–5

所示。为确保纹理为 2D 纹理贴图，需要执行以下操作：①在 Project 窗口中，选择纹理贴图；②在 Inspector 视图中，将 Texture Shape 设置为 2D；③为生成最佳环境光照，纹理应使用 HDR。

图 3–5　全景贴图天空盒设置示例

全景天空盒的属性及含义如表 3–3 所示。

表 3–3　全景天空盒属性

属　性	含　义
Tint Color	要将天空盒着色成的颜色。Unity 会将这种颜色添加到纹理贴图以更改纹理贴图外观，而无须更改基础纹理贴图文件
Exposure	天空盒曝光值。较大的值曝光强，看起来更亮；较小的值曝光弱，看起来更暗
Rotation	天空盒围绕 Y 轴正向旋转。该选项会更改天空盒的方向，若希望天空盒特定部分位于场景特定部分后方，则启用该设置
Spherical (HDR)	以圆形包裹场景表示天空的纹理材质
Mapping	用于投影纹理贴图以创建天空盒材质的方法，6 Sided，即使用一种网状格式将纹理映射到天空盒；Latitude Longitude Layout，即使用圆柱体包裹方法将纹理映射到天空盒
Image Type	将天空盒投影到的角度（围绕 Y 轴）材质，180 是指将球形纹理绘制为半球，尖端沿 Z 轴正方向，若要更改该材质将纹理贴图绘制到场景的某一侧，需要修改其对应的 Rotation 属性。默认情况下，天空盒的背面为黑色，此材质在启用 Mirror on Back 属性下可在背面绘制球形纹理贴图的副本。360 是将纹理贴图绘制为包裹整个场景的完整球体表示形式
Mirror on Back	指定材质是否应复制天空盒背面的球形纹理贴图，而不是绘制为黑色，仅当 Image Type 设置为 180 时，此选项才会出现
Render Queue	绘制游戏对象的顺序
Double Sided Global Illumination	指定光照贴图是否在计算全局光照时考虑几何体的两面。设置为 True 时，如果使用渐进光照贴图，则背面将使用与正面相同的发射和反照率来反射光

3.2.4　程序化天空盒

程序化天空盒着色器不需要任何输入纹理，仅需要在 Material Inspector（材质检视器）中设置属性就可生成天空盒。程序化天空盒的属性及含义如表 3–4 所示。

表 3-4　程序化天空盒属性

属　性	含　义
Sun	Unity 在天空盒中生成太阳圆盘所使用的方法，其中，①None，即在天空盒中禁用太阳圆盘；②Simple，即在天空盒中绘制简化的太阳圆盘；③High Quality，即在天空盒中绘制太阳圆盘，该模式下，可使用 Sun Size Convergence 进一步自定义太阳圆盘的外观
Sun Size	太阳圆盘的大小修改器。较大值会使太阳圆盘看起来更大，将此值设置为 0 会使太阳圆盘消失
Sun Size Convergence	太阳大小收敛值。较小的值会使太阳圆盘看起来更大，仅当 Sun 设置为 High Quality 情况下，才显示该属性
Atmosphere Thickness	大气密度。较高密度大气吸收更多光线，Unity 使用 Rayleigh 散射法来吸收光线

天空盒基本操作

3.3　天空盒基本操作

3.3.1　创建天空盒材质

以六面天空盒为例，说明具体的创建步骤。

1. 新建材质球

在 Assets 文件夹中新建子文件夹名为 Materials，专门存储项目相关的所有材质；然后依次选择 Assets → Create → Material 命令新建一个材质球，默认文件名为 New Material，如图 3-6 所示。

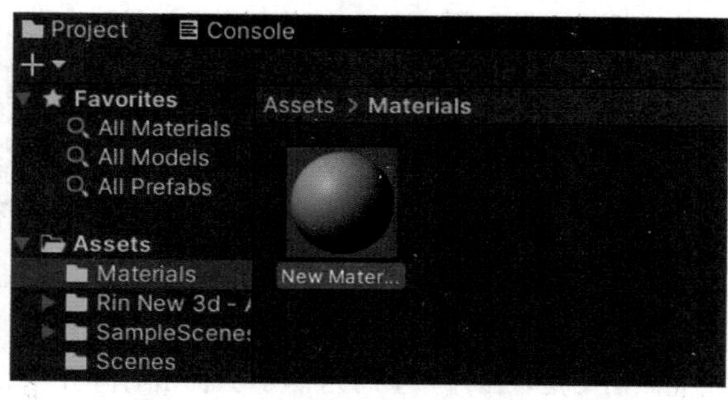

图 3-6　新建材质球

2. 选择着色器类型

单击新建的材质球，在 Inspector 窗口的 Shader（着色器）属性下拉菜单中选择 Skybox，如图 3-7（a）所示，然后单击要使用的天空盒着色器类型，选择 6 Sided 类型，如图 3-7（b）所示。

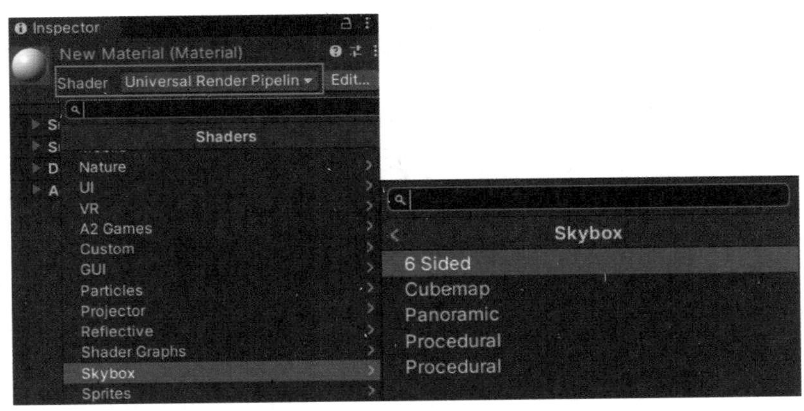

图 3–7 选择着色器类型

3. 设置材质属性

选择好着色器类型后，就可以设置材质属性。材质的可用属性取决于材质使用的天空盒着色器，例如选择了 6 Sided 类型后，就要设置 6 个侧面所使用的 HDR 纹理贴图，需上传每个侧面的纹理贴图并选择才会生效，如图 3–8 所示。

4. 渲染材质

创建天空盒材质后就可以在场景中渲染该材质。在 Unity 菜单栏中依次选择 Window → Rendering → Lighting，在弹出窗口中单击 Environment（环境）选项卡，将天空盒材质分配给 Skybox Material（天空盒材质）属性，默认情况下采用 Unity 系统自带的天空盒，如图 3–9 所示。

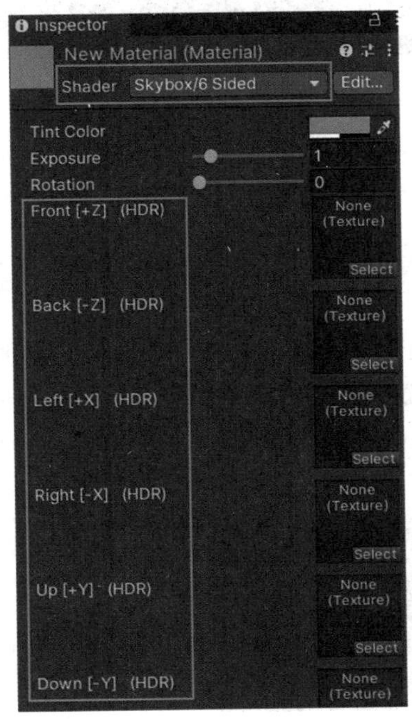

图 3–8 六面着色器材质属性设置

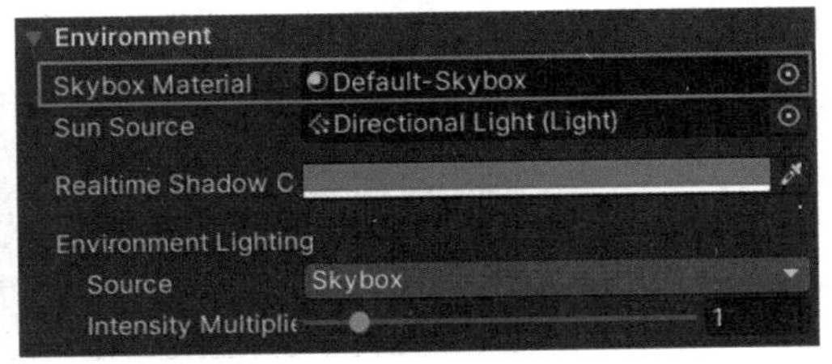

图 3–9 Environment 选项卡

3.3.2 环境光照设置

创建天空盒材质后，就可以在场景中设置环境光源了。在依次选择 Unity 菜单栏的 Window → Rendering → Lighting 命令，在打开的 Environment Lighting 窗口中单击 Source 下拉菜单，从列表中选择 Skybox 类型，如图 3–10 所示。

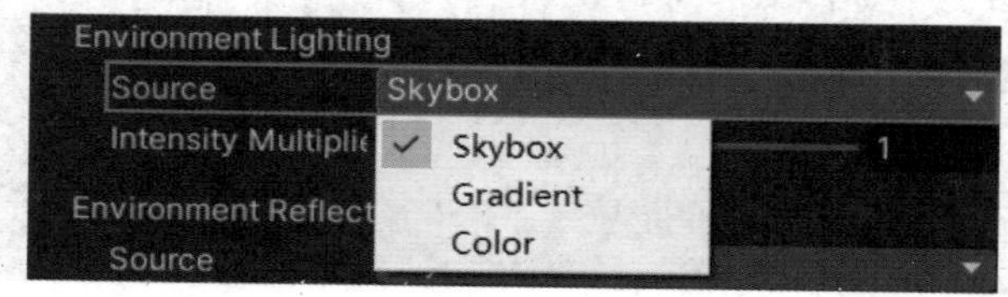

图 3–10　设置环境光源

还可以指定更新环境光照的时间，需要更改 Ambient Mode（环境光模式）。Ambient Mode 有以下两种类型。第一种类型是 Realtime Lightmaps（实时生成光照贴图）。若在场景运行时需不断改变天空盒，则要采用该模式，该模式的缺点是会大量消耗设备的 CPU 与内存等资源。第二种类型是 Baked Lightmaps（烘焙光照贴图）。仅当在 Environment 窗口底部单击 Generate Lighting（生成光照）按钮时，Unity 才为场景生成环境光照数据，如图 3–11（a）所示，这是一种按需的光照设置，默认情况下为 LightingData，如图 3–11（b）所示。若天空盒在场景运行过程中不发生变化，可采用该类型，它可以节省计算资源。

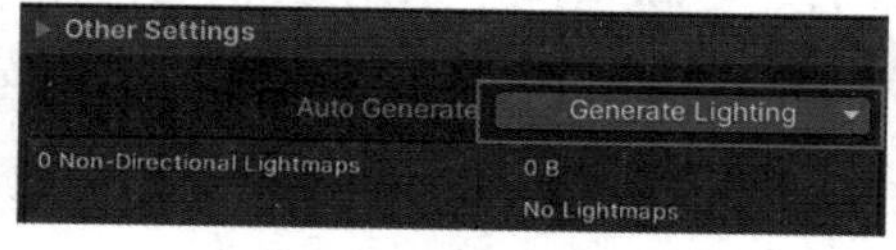

（a）生成光照

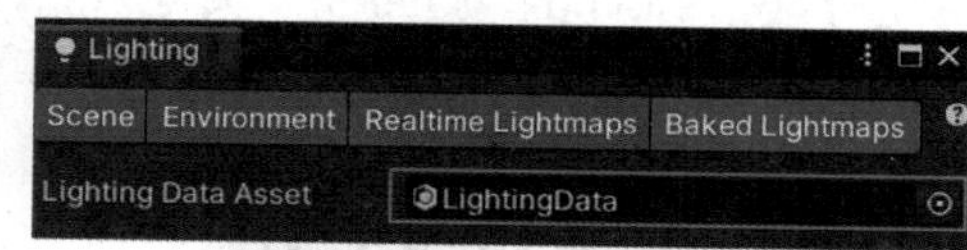

（b）设置环境光模式

图 3–11　指定环境光的更新模式

3.3.3 绘制天空盒

若要为特定摄像机的背景绘制天空盒，需要为该摄像机添加一个 Skybox 组件，步骤为：①选择场景中的摄像机，然后在 Inspector 窗口中依次选择 Add Component → Rendering → Skybox，即可完成 Skybox 组件的添加；②在 Skybox 组件中，将天空盒材质分配给 Custom Skybox 属性，如图 3–12 所示。

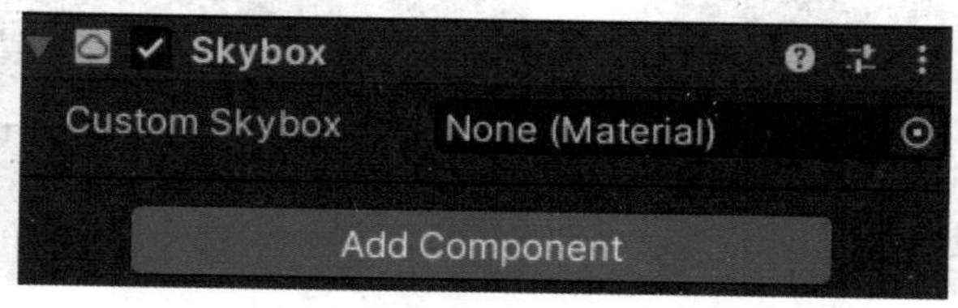

图 3–12　为 Custom Skybox 属性分配天空盒材质

3.3.4 方向光和场景颜色设置

如果天空盒中包含太阳、月亮等多个方向光，可以选择天空盒使用的方向光，操作步骤为：①Unity 菜单栏中依次选择 Window → Rendering → Lighting，单击 Environment 选项卡；②将需要使用的方向光分配给 Sun Source 属性，如图 3–13 所示。

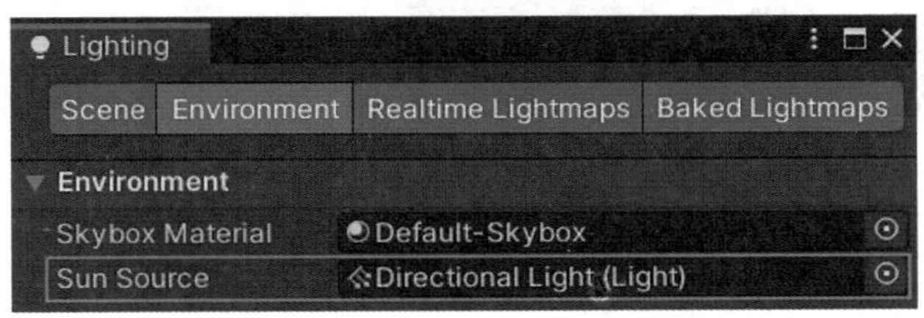

图 3–13 指定天空盒的方向光

如果希望场景中有雾，需将雾的颜色与天空盒颜色混合，操作步骤为：①在 Unity 菜单栏中，依次选择 Window → Rendering → Lighting，单击 Environment 选项卡；②在 Other Settings 属性中，勾选 Fog 复选框，如图 3–14（a）所示；③将 Color 属性设置为适合天空盒的颜色，可以使用墨水滴管工具从场景中为实时阴影选择一种颜色，如图 3–14（b）所示。

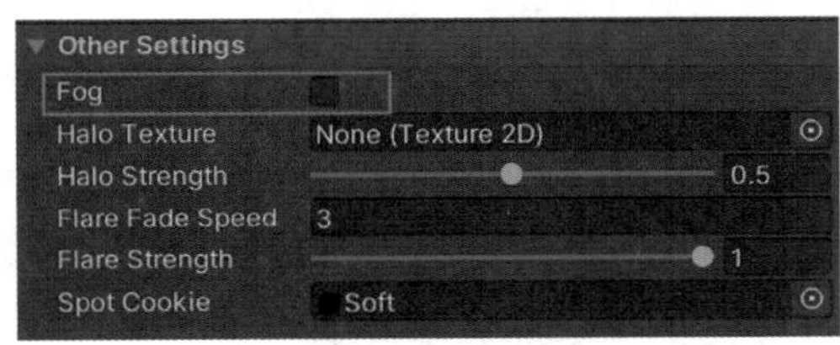

（a）设置Fog来为场景添加雾效

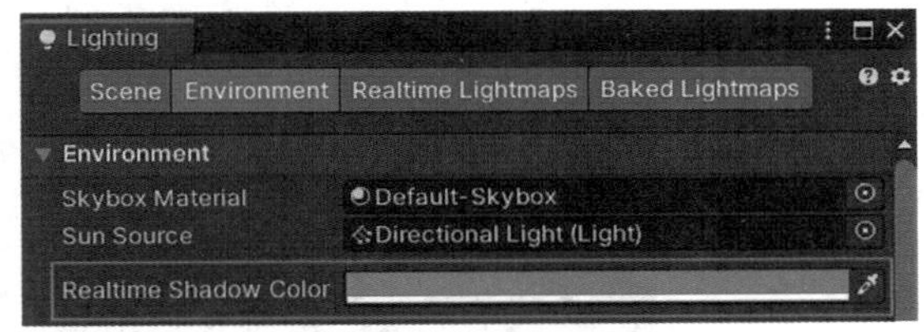

（b）实时阴影颜色的设置

图 3–14 指定天空盒的颜色

3.4 别有洞天：天空盒制作

加载动画资源

3.4.1 加载动画资源

我们直接从 Unity 官方免费资源包中加载预设场景，然后重新设置内容，从而提高开发效率。在 Project 窗口中，依次访问 Assets→StarterAssets→ThirdPersonController→Scenes 目录，可以看到一个名为 Playground 的场景文件，如图 3–15 所示。

双击该文件，直接打开该场景文件并运行，可看到该场景中主要存在地形（Terrain）、方块形的建筑、第三人称人物模型以及天空盒等元素，如图 3–16 所示。

图 3–15　Playground 场景文件

图 3–16　预览场景

在 Hierarchy 窗口中选择人物模型 PlayArmature，可以看到其下有三个子物体：一个是名为 PlayCameraRoot 跟随摄像机的根节点，有特定的 Tag 标签（CinemachineTarget），方便在脚本中对其进行调用操作；其余两个是 Geometry 和 Skeleton，这两个对象是当前模型自带的网格信息及人物模型骨骼框架，即场景默认的人物模型，如图 3–17 所示，需要将其替换为我们自己的 3D 人物模型。

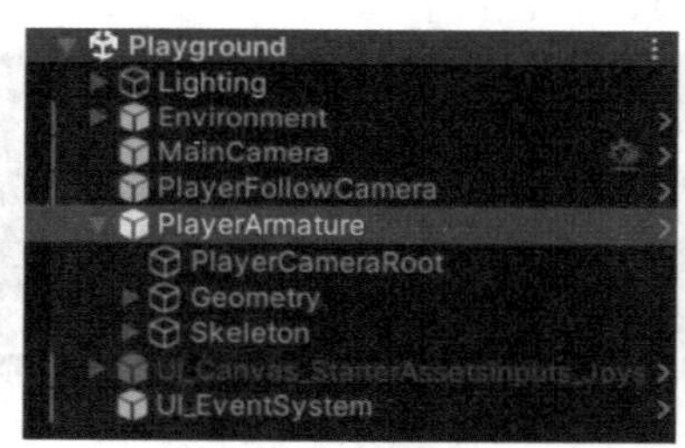

（a）PlayArmature子物体

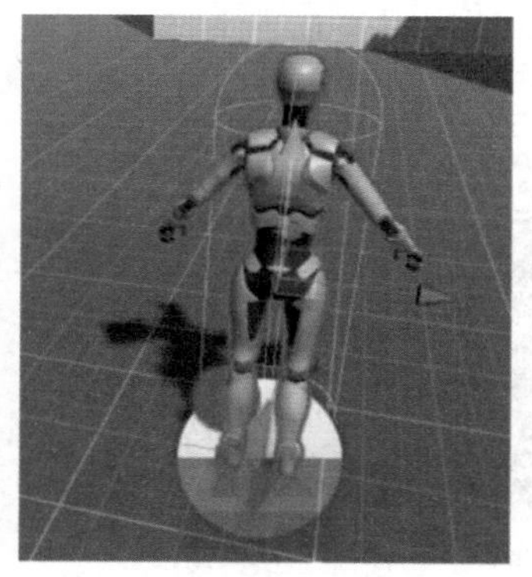

（b）场景默认的人物模型

图 3–17　场景中的人物模型

但是，从父级对象 PlayArmature 名称前面的实心图标可以看出，这是一个预制体，因此接下来要对预制体进行解包。右击该对象名称，依次选择 Prefab → Unpack Completely 命令，如图 3–18 所示，此时就能看到父级对象不再是预制体，而是普通对象。

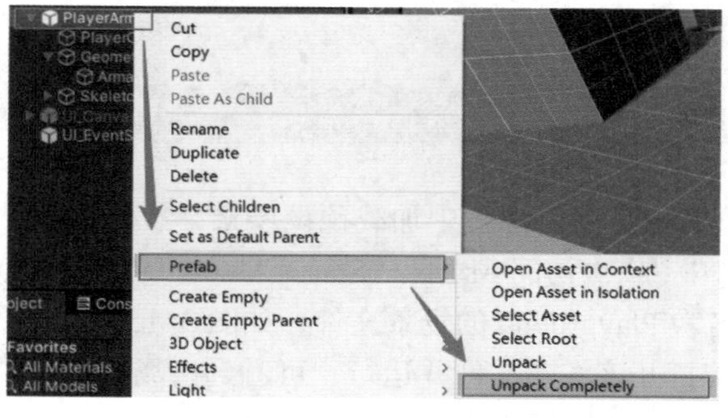

图 3–18　解包预制体

在 Assets 资源文件夹中找到在第 2 章中设计好的人物模型 Rin，如图 3–19 所示，直接拖曳到上述父级对象 PlayArmature 上，将 Rin 作为其子对象。

图 3–19 找到人物模型 Rin

松开鼠标后，在场景中就能看到加载好的人物模型和默认人物模型同时存在，如图 3–20 所示，需要将子对象 Geometry 和 Skeleton 进行删除或禁用。

图 3–20 将人物模型加载到场景中

在层级窗口单击选择父级对象 PlayArmature，然后在其对应的 Inspector 窗口的 Animator 组件中设置 Avatar 为 Rin 角色自带的替身，同时保持原来默认的人物模型 Controller 不变，如图 3–21 所示。

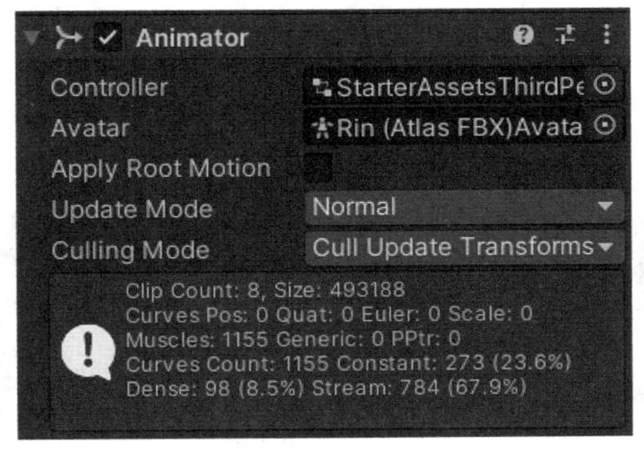

图 3–21 重新设置人物替身

添加到 PlayArmature 下的子对象 Rin 仅提供了模型，需要再进一步优化：将默认的预制体类型解包，然后将其 Inspector 窗口中的 Animator 组件直接删除，如图 3–22 所示。

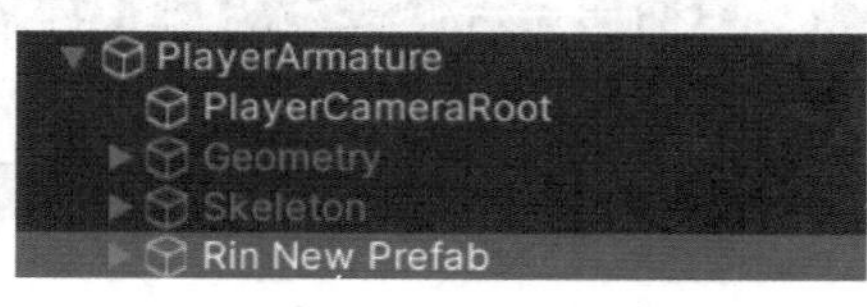

（a）

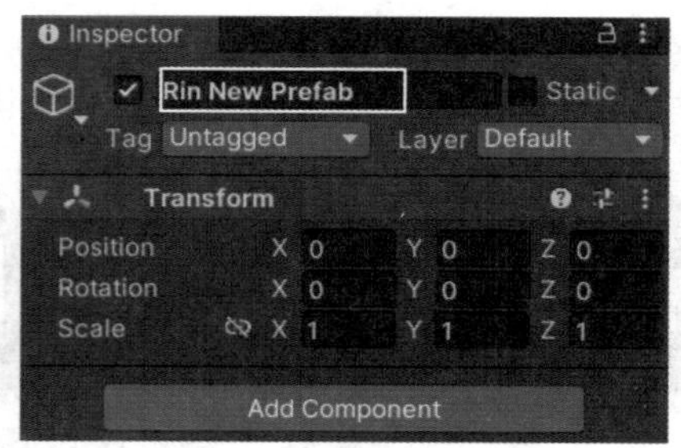

（b）

图 3–22　将人物模型不需要的组件进行删除

想要使角色处于奔跑的状态，可以选择父级对象 PlayArmature，然后在 Starter AssetsInputs 脚本组件中勾选 Sprint（冲刺）选项，详细的脚本代码在前文中已经进行了深入分析，这里不再赘述。重新运行场景就能够看到以下效果，如图 3–23 所示。

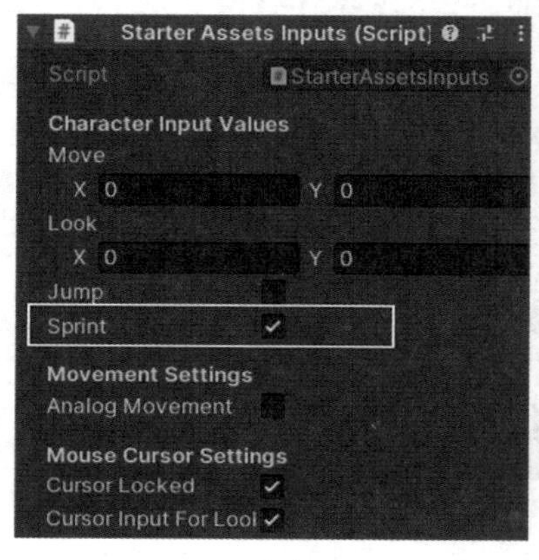

（a）

（b）

图 3–23　运行场景测试效果

导入天空盒资源

3.4.2　导入天空盒资源

打开 Assets 资源商店，在搜索框中输入 Skybox，找到如图 3–24 所示的名为 Fantasy Skybox 的免费资源包，下载它并导入 Unity。

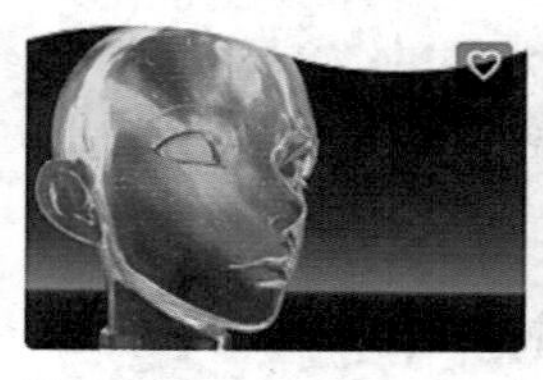

图 3–24　检索天空盒资源包

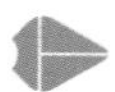

导入成功后，可看到资源包所在文件夹中存在三个子文件夹，分别是存储立方体天空盒的 Cubemaps、存储全景天空盒的 Panoramics 以及存储测试场景的 Scenes，如图 3–25 所示。

图 3–25　天空盒资源包中的文件目录

打开 Cubemaps 文件夹，在 Classic 文件夹中可以看到每一个 Skybox/Cube 天空盒及其对应的单个立方体纹理贴图，如图 3–26 所示。

图 3–26　立方体纹理贴图天空盒资源预览

选择第一组天空盒，分别在 Inspector 窗口中查看天空盒和纹理信息，如图 3–27 所示，这里注意纹理贴图的外形（Texture Shape）是 Cube。

FS002 文件夹是一个包含六面贴图的天空盒，选择其中一张贴图，在 Inspector 窗口 Shader 属性中可看到其着色器类型为 Mobile/Skybox，如图 3–28 所示，该类型与 Skybox/6 Sided 都是属于六面天空盒，只不过该种类型可用于移动端，若项目场景将来要发布在移动端运行，推荐使用该类型着色器。

FS002 中的 Images 文件夹中则存储了属于当前天空盒的六面纹理贴图，如图 3–29 所示。

Panoramics 文件夹中可以看到全景天空盒及其所对应的 HDR 全景贴图素材，如图 3–30 所示。

选择第一组天空盒，在 Inspector 窗口中可以看到其天空盒着色器类型是 Panoramic（见图 3–31（a）），贴图素材外形为 2D（见图 3–31（b））。

依次选择 Unity 菜单栏中的 Windows→Rendering→Lighting 命令，在打开的 Lighting 中的 Scene 选项卡中，将天空盒直接拖曳至 Skybox Material 属性中（见图 3–32（a）），松开鼠标后就会发现 Skybox 加载成功（见图 3–32（b））。

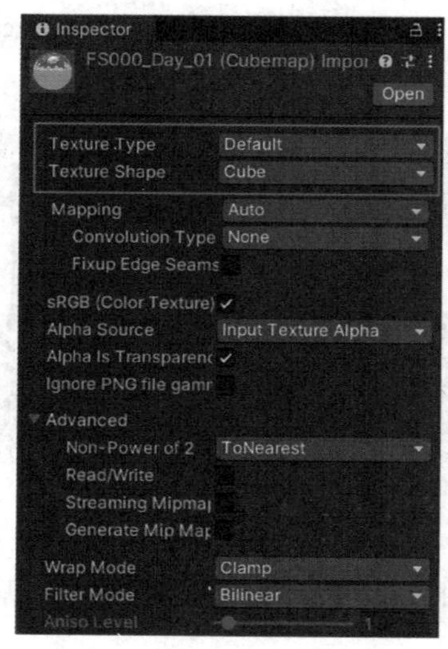

图 3-27　立方体纹理贴图天空盒详细设置

图 3-28　六面天空盒详细设置

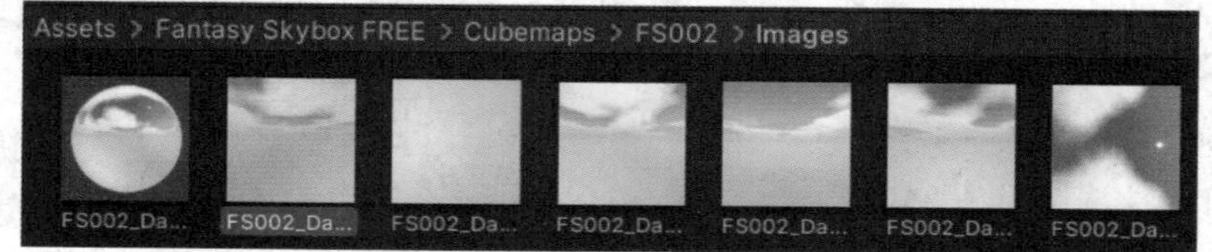

图 3-29　六面纹理贴图

图 3-30　全景贴图天空盒及其素材

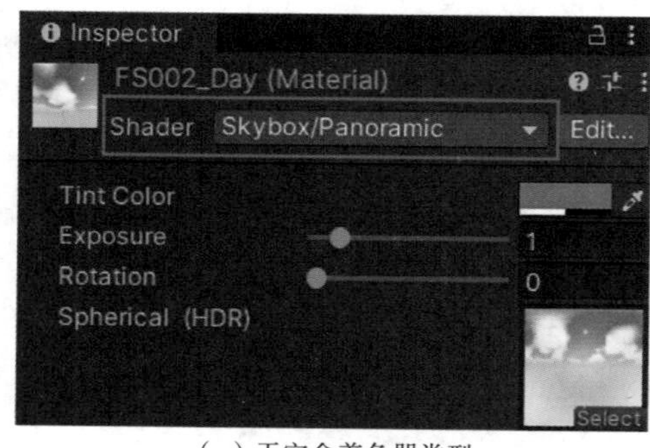

（a）天空盒着色器类型

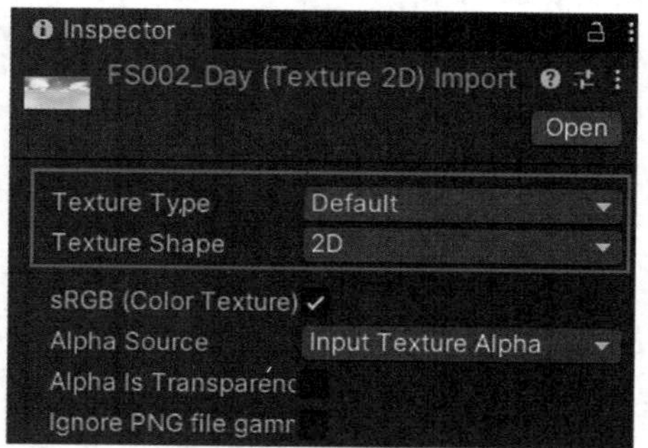

（b）贴图素材外形

图 3-31　全景贴图天空盒设置参数

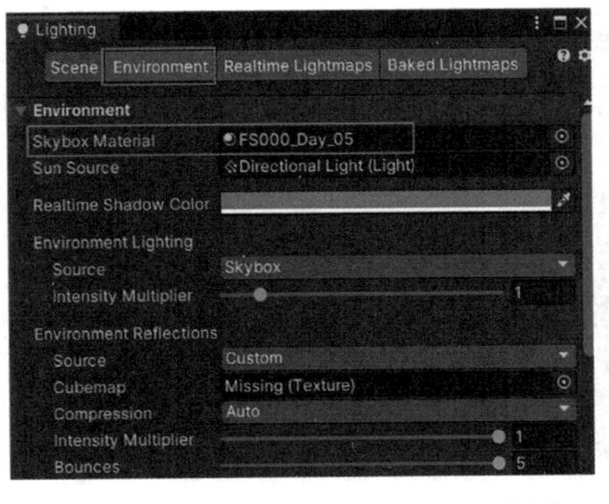

（a）将天空盒拖曳至Skybox Material属性中

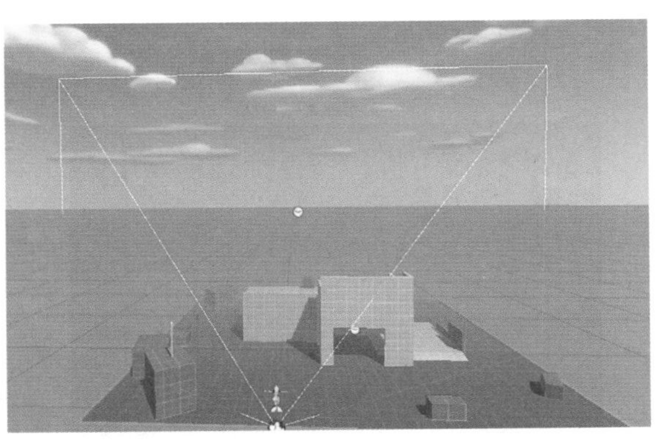

（b）加载天空盒后的效果

图 3–32　全景贴图天空盒加载

3.4.3　立方体贴图天空盒制作案例

立方体贴图天空盒制作案例

本书使用到的案例偏向卡通风格，因此天空盒也选择了同类风格使之与场景匹配。但是很多情况下，天空盒可以根据项目实际需求自定义制作。下面就详细说明下立方体贴图天空盒的制作思路。

打开本书配套资源包，在天空盒纹理的 PNG 文件夹中可看到用来制作立方体天空盒的 PNG 图片资源，如图 3–33（a）所示。在 Assets 目录中新建 Skybox 文件夹，并在其中右击选择 Create → Material 命令新建一个材质球，将其命名为 Skybox1，同时将图 3–33（a）所示 PNG 图片资源拖入该目录，如图 3–33（b）所示。

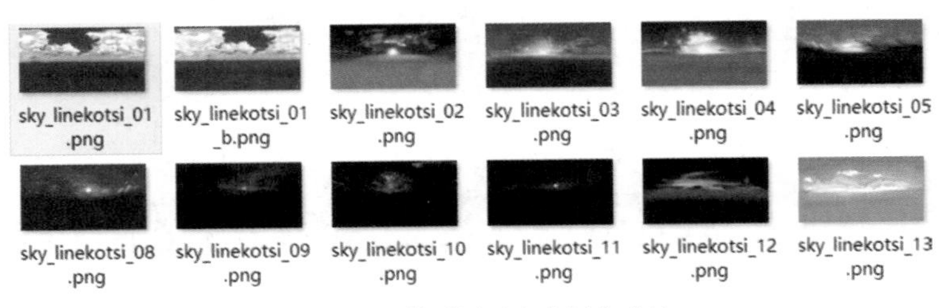

（a）立方体贴图天空盒制作素材

（b）新建材质球并上传贴图资源

图 3–33　新建材质球并准备贴图资源

选中该贴图，然后在 Inspector 窗口中将纹理贴图外形（Texture Shape）设置为 Cube，然后单击右下角的 Apply 按钮，如图 3–34 所示。

单击选中 Skybox1 材质球，在 Inspector 窗口中进行参数设置：①着色器类型选择 Cubemap；②将曝光度设置为 0.79，保持天空盒的亮度；③在 Cubemap 属性中选择刚才设置好的 Cube 类型的纹理素材；④设置 Unity 渲染顺序从着色器开始，如图 3–35 所示。

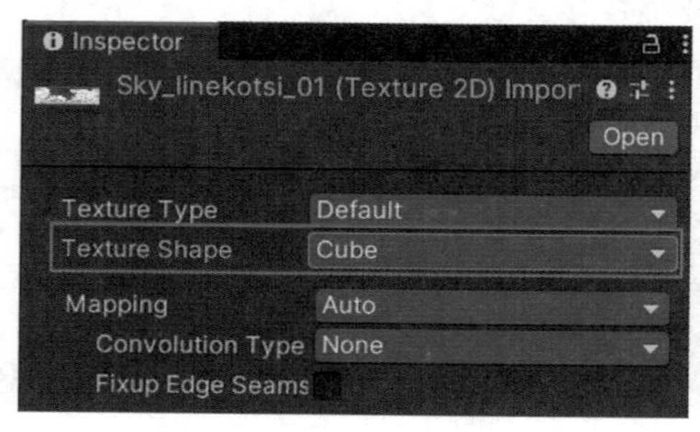

图 3–34　设置材质的外形为 Cube

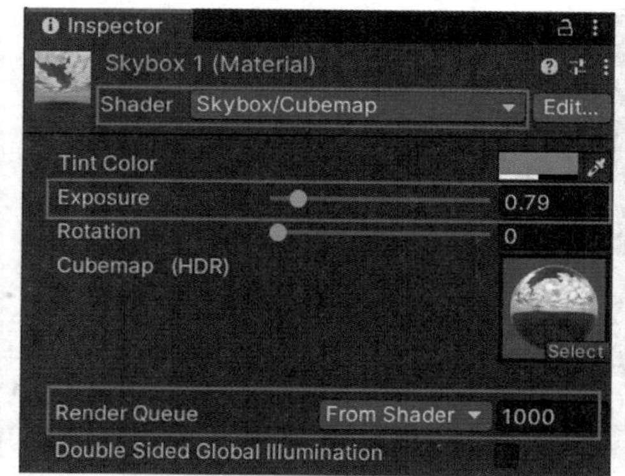

图 3–35　Skybox1 材质球详细设置

最后就可以将制作好的天空盒 Skybox1 添加至场景中运行，效果如图 3–36 所示。

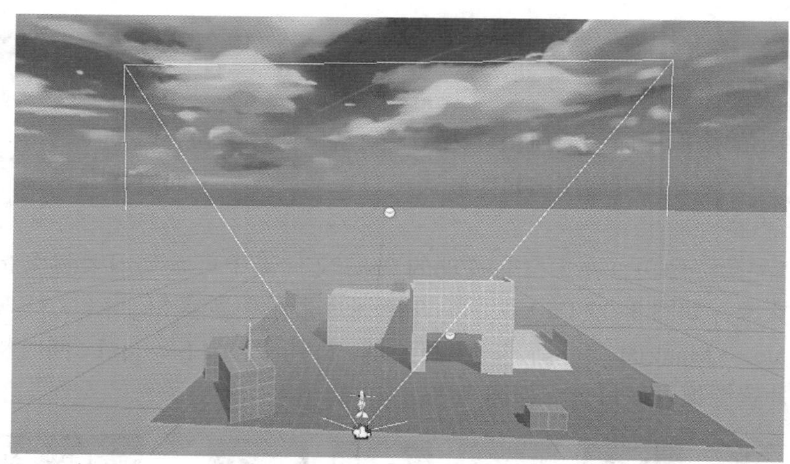

图 3–36　加载立方体材质天空盒

全景天空盒制作

3.4.4　全景天空盒制作案例

在素材资源包中找到名为 sky_linekotsi_13 的 HDR 图片素材（见图 3–37（a）），并将其拖曳到 Assets/Skybox 文件夹中（见图 3–37（b））。

sky_linekotsi_14_b_HDRI.hdr　sky_linekotsi_14_c_HDRI.hdr　sky_linekotsi_14_HDRI.hdr　sky_linekotsi_15_b_HDRI.hdr

（a）全景天空盒制作素材

（b）上传全景天空盒贴图资源

图 3–37　加载全景天空盒制作素材

新建一个名为 Skybox2 的材质球，单击选择该材质球，在 Inspector 窗口中选择着色

器类型为 Panoramic，并将图 3–37（b）所示 HDR 全景贴图添加至 Spherical 选项中（见图 3–38（a））完成天空盒 Skybox2 的参数设置。需要注意确保该全景贴图的外形为 2D，如图 3–38（b）所示。

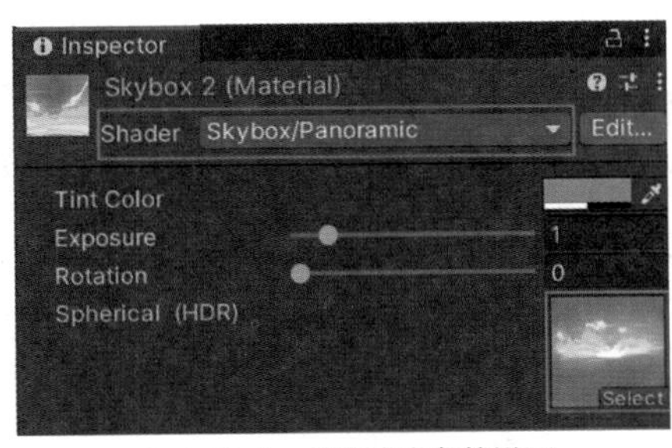

（a）Skybox2材质球参数设置

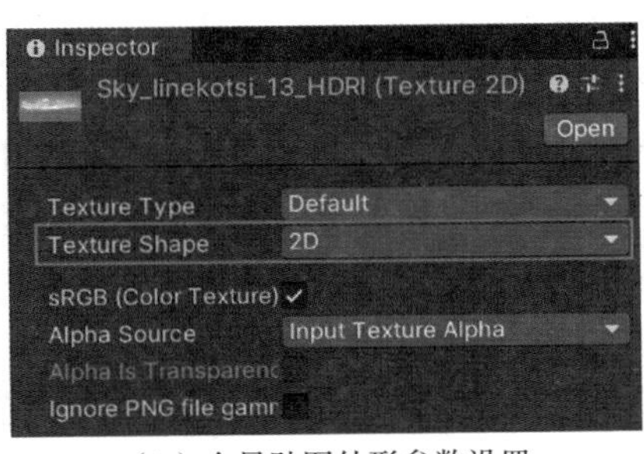

（b）全景贴图外形参数设置

图 3–38　全景贴图天空盒的详细设置

将制作好的天空盒 Skybox2 添加至场景中运行，效果如图 3–39 所示。

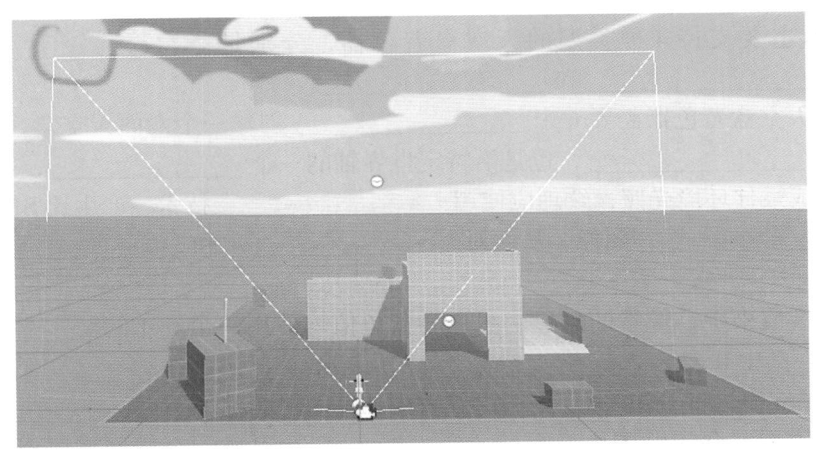

图 3–39　加载全景贴图天空盒

能 力 自 测

一、单选题

1. 使用 HDR 的优点不包括（　　）。

   A. 在高强度区域不会丢失颜色
   B. 更好地支持泛光和发光效果
   C. 减少低频光照区域的条带
   D. 色调映射不会产生额外的计算开销

2. 程序化天空盒（　　）。

   A. 需要单独纹理贴图
   B. 需要正方形纹理贴图

C. 需要圆柱形 2D 纹理贴图　　D. 不需要任何纹理贴图

3. 在 Assets 文件夹中通常新建一个名为（　　）的子文件夹专门存储项目相关的所有材质。

A. Textures　　B. Materials　　C. Shaders　　D. Prefabs

4. 若要为特定摄像机的背景绘制天空盒，需要为该摄像机添加一个（　　）组件。

A. Rendering　　B. direction light　　C. Skybox　　D. Lighting

5. 可以使 A 成为 B 的父对象的操作是（　　）。

A. 将 B 直接拖曳到 A 上

B. 将 A 直接拖曳到 B 上

C. 右击 A 对象，从菜单中选择新建 B 对象

D. 右击 B 对象，从菜单中选择新建 A 对象

二、填空题

1. 对远距离的 3D 场景，通常使用 ________________ 环绕组合成一个 ________________ 的场景，给玩家以始终处在场景内部的感觉。

2. Unity 主要支持 4 种类型的天空盒着色器，分别是 ________________、________________、________________ 和 ________________。

3. 六面天空盒着色器需要 6 个 ________________ 创建一个六面天空盒，每个代表立方体的一个 ________________，也是沿特定世界轴的一个 ________________。

4. 为生成最佳环境光照，纹理应使用 ________________ 技术，产生比 SDR 图像质量更高的 ________________ 图像，从而对 ________________ 和 ________________ 进行逼真的描绘。

5. 在标准渲染中，像素的红色、绿色和蓝色值均使用一个 0~1 的 ________________ 值进行存储，其中 0 表示 ________________，1 表示 ________________。

6. 在 Unity 中，将 HDR 图像用于内部渲染计算的功能称为 ________________。

7. 立方体天空盒的贴图由 6 个 ________________ 组成一个包围场景对象的虚构立方体，立方体的每个面代表沿着世界轴 6 个不同方向（上、下、左、右、前、后）的 ________________。

8. 全景着色器是将 ________________ 以 ________________ 包裹住场景，因此，需要使用一个 ________________ 形经度 / 纬度贴图的 2D 纹理创建全景天空盒。

三、简答题

1. Unity 主要支持哪些类型的天空盒着色器？

2. 为什么标准渲染中的图像会感觉不真实？

3. 为什么启用 HDR 渲染后会产生一种逼真的场景效果？

第4章

地形的制作与使用

地形是游戏中基本的元素之一，也是游戏设计中不可或缺的一部分，它直接影响到玩家游戏体验的真实感，可以增添游戏的趣味性与挑战性。Terrain（地形）是 Unity3D 提供的用于绘制地形的游戏对象，开发者可以在 Terrain 上绘制山地、沙漠、江河湖海，以及花草树木等。

4.1 地形工具

4.1.1 创建和编辑地形

创建和编辑地形

在 Hierarchy 窗口中依次选择 GameObject → 3D Object → Terrain 命令（见图 4–1（a）），就可以创建一个地形对象（见图 4–1（b）），Project 窗口中也会添加相应的地形资源。为便于更清楚地学习编辑 Terrain 游戏对象，最初创建的 Terrain 是一个大型平坦的平面（见图 4–1（c））。

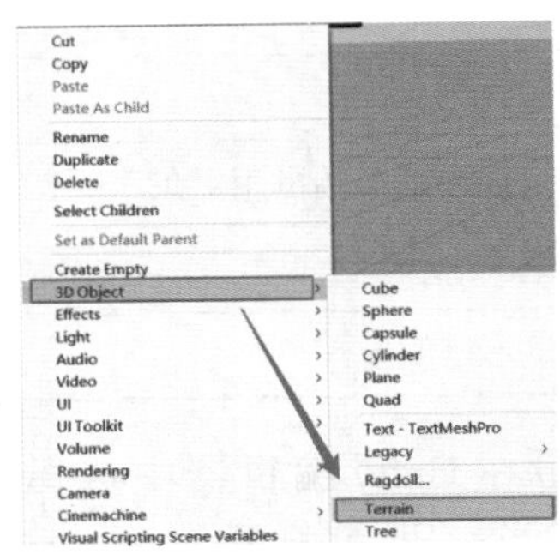

（a）在层级窗口中创建地形对象

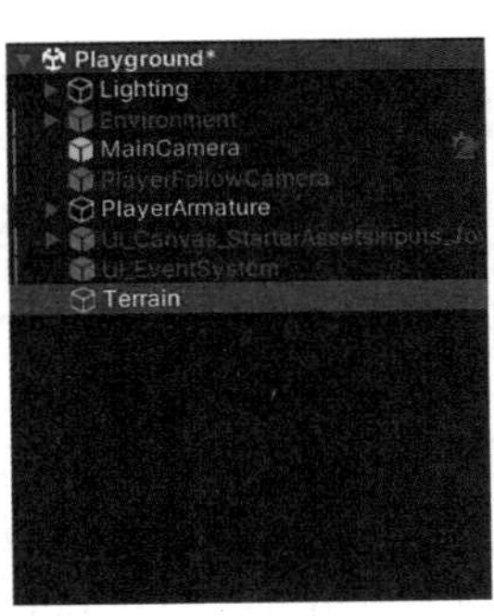

（b）地形游戏对象

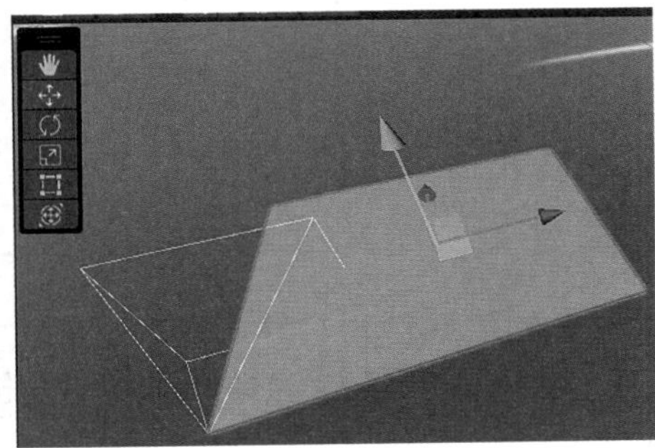

（c）场景中的地形

图 4–1　创建地形对象

在 Terrain 对应的 Inspector 窗口中，可以看到地形对象的默认名称为 Terrain，并且默认存在 Terrain 和 Terrain Collider 两个组件，如图 4–2 所示。Terrain 组件用于绘制复杂地形，Terrain Collider 则提供地形相关的碰撞检测。Terrain 组件提供了五个调整地形的工具（见图 4–2），从左至右分别是：①创建相邻地形；②绘制地形；③绘制树木；④绘制细节；⑤地形设置。

图 4–2　Terrain 相关的组件与 Terrain Collider 组件

4.1.2　地形操作快捷键

地形操作快捷键

默认情况下 Terrain 的 Inspector 窗口会启用如表 4–1 所示键盘快捷键。

表 4–1　地形相关键盘快捷键

快　捷　键	功　　能
半角逗号（,）和句点（.）	循环浏览可用的画笔
Shift+ 逗号（<）和 Shift+ 句点（>）	循环浏览树、纹理和细节的可用对象
左中括号（[）和右中括号（]）	减小或增大画笔大小
减号（–）和等号（=）	减小或增大画笔不透明度

用户也可以自定义快捷键。Windows 和 Linux 系统用户可在 Unity 编辑器中选择 Edit → Shortcuts 命令，Mac OS 用户可选择 Unity → Shortcuts 命令，即可打开 Shortcuts Manager（快捷键管理器）窗口，如图 4–3 所示。以 Windows 10 系统为例，用户在 Shortcuts Manager 窗口 Category（类别）选项下选择 Terrain，在 Command 和 Shortcut 选项卡中就可以看到与地形相关的默认快捷键信息，用户可以根据自己的喜好进行重新设置。

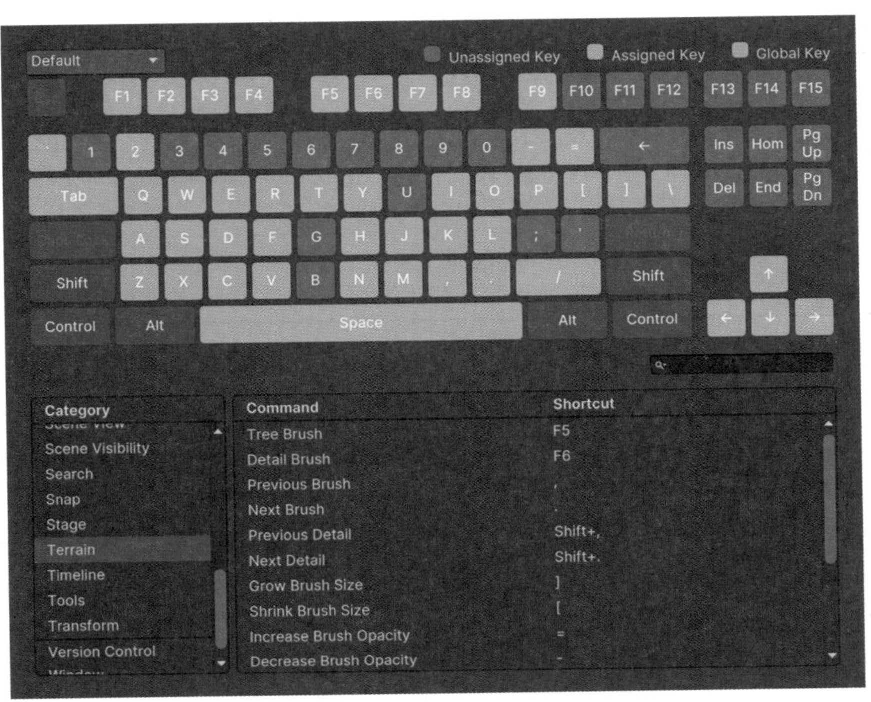

图 4–3 Shortcuts Manager 窗口

4.1.3 使用基本地形工具绘制简单地形

使用基本地形工具绘制简单地形

1. 创建相邻地形

Create Neighbor Terrains 工具用于快速创建自动连接的相邻地形瓦片（tile）。在 Terrain Inspector 中，单击 Create Neighbor Terrains 按钮，如图 4–4（a）所示。

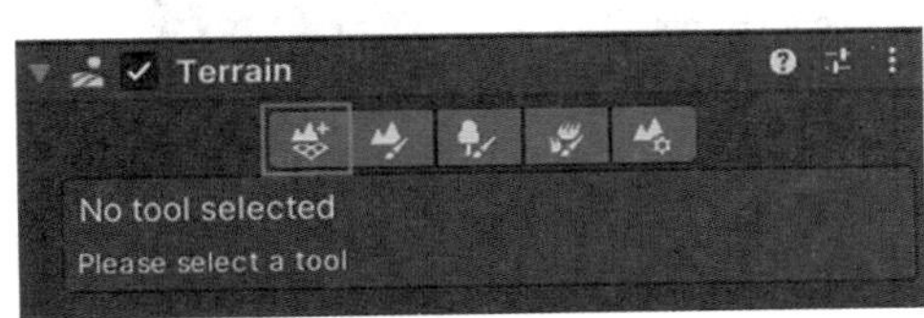

（a）创建相邻地形按钮

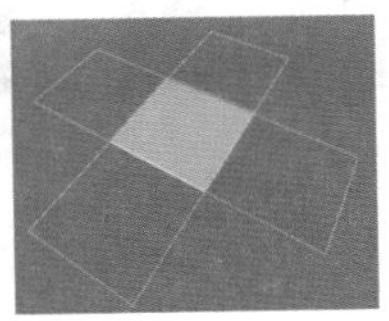

（b）新建的地形瓦片

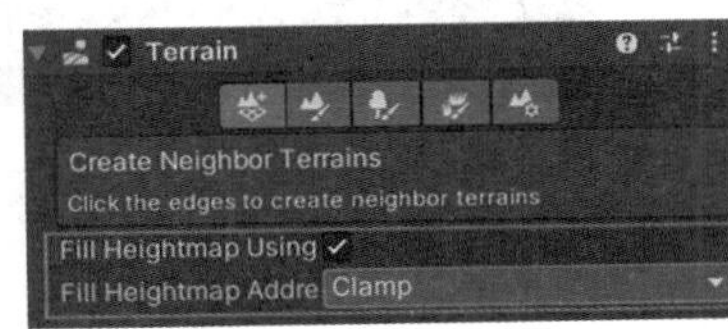

（c）新增参数选项

图 4–4 创建相邻地形

在场景窗口中可以看到，Unity 会突出显示所选地形瓦片周围的区域（见图 4–4（b）），指示可以在哪些空间内放置新连接的瓦片。并且此时在 Inspector 窗口中会产生 Fill Heightmap Using Neighbors 和 Fill Heightmap Address Mode 两个参数选项（见图 4–4（c））。前者可使用相邻地形瓦片高度贴图的交叉混合来填充新地形瓦片，使新图块边缘高度与相邻瓦片匹配；后者可以从下拉菜单中进一步选择交叉混合的模式，具体模式及描述如表 4–2 所示。

表 4–2 Fill Heightmap Address Mode 选项参数及描述

属性	描 述
Clamp	Unity 在相邻地形瓦片（与新瓦片共享边框）边缘上的高度之间执行交叉混合。每个地形瓦片最多包含四个相邻瓦片：顶部、底部、左侧和右侧。如果四个相邻空间都没有瓦片，则沿着该相应边框的高度将设为零
Mirror	Unity 会为每个相邻地形瓦片生成镜像，并对这些瓦片的高度贴图进行交叉混合以生成新瓦片的高度贴图。如果四个相邻空间都没有瓦片，则该特定瓦片位置的高度将设为零

单击现有瓦片旁的任何可用空间，即可创建一个与所选地形相同的新地形瓦片，并连接到之前的瓦片。默认情况下，Unity 在地形区块的 Terrain Settings 中会启用 Basic Terrain 下的 Auto connect（自动连接），系统会自动管理并连接到具有相同 Grouping ID 的所有相邻地形块。如果更改 Grouping ID，或者为一个或多个瓦片禁用 Auto Connect 复选框设置，则可能会丢失瓦片之间的连接。这时单击如图 4–5 所示的 Reconnect（重新连接）按钮，系统可在具有相同 Grouping ID 且均启用 Auto Connect 属性的两个相邻瓦片之间重新建立连接。

2. 地形绘制工具

单击 Hierarchy 窗口中的 Terrain 对象，在其 Inspector 窗口中单击 Paint Terrain（绘制地形）图标，然后在 Raise or Lower Terrain 属性栏下拉列表中可看到六种不同的地形绘制工具，如图 4–6 所示。下面我们分别介绍一下这些工具。

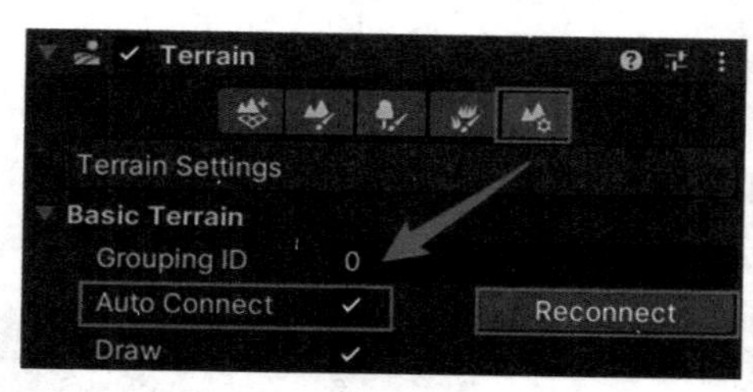

图 4–5 地形区块的自动连接功能

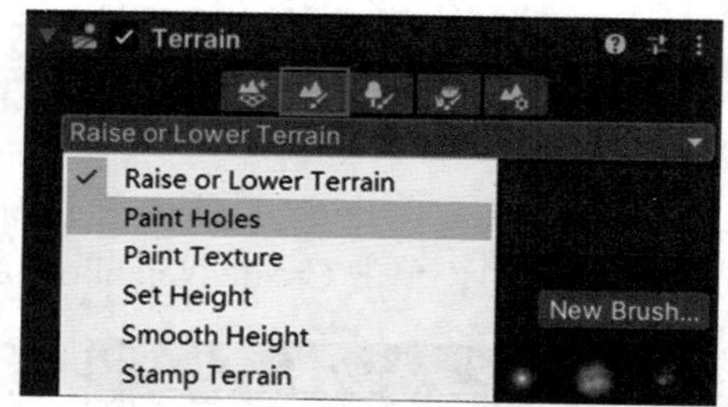

图 4–6 地形绘制工具列表

1）Raise or Lower Terrain

提高或降低地形图块工具，在图 4–6 所示下拉菜单中选择 Raise or Lower Terrain，就可看到如图 4–7（a）所示的工具属性栏。从 Brushes 面板中单击选择画笔，然后在地形对象上拖动光标可提高地形高度，按住 Shift 键的同时拖动光标可降低地形高度；使用 Brush Size 滑动条可以控制画笔的大小，从而可以创建从高山到微小细节的不同效果；Opacity（不透明度）滑动条用于调整画笔应用于地形时的强度，Opacity 值为 100 表示全强度。使用不同强度的画笔可创建不同的地形效果：使用软边画笔增加高度，可以创建连绵起伏的山丘；使用硬边画笔降低某些区域高度，则可以切割出陡峭的悬崖和山谷，如图 4–7（b）所示。

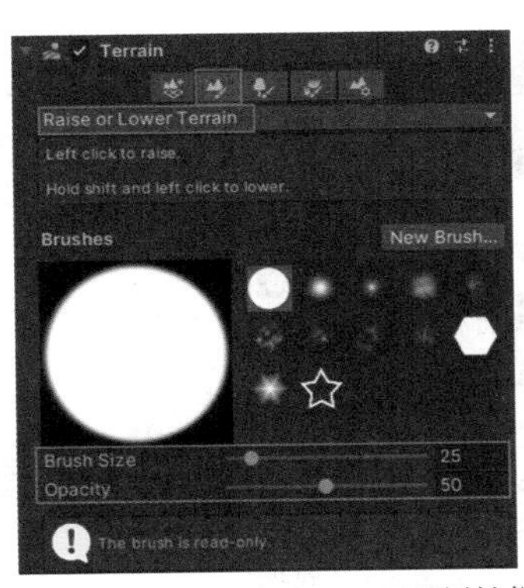

（a）Raise or Lower Terrain 工具属性栏

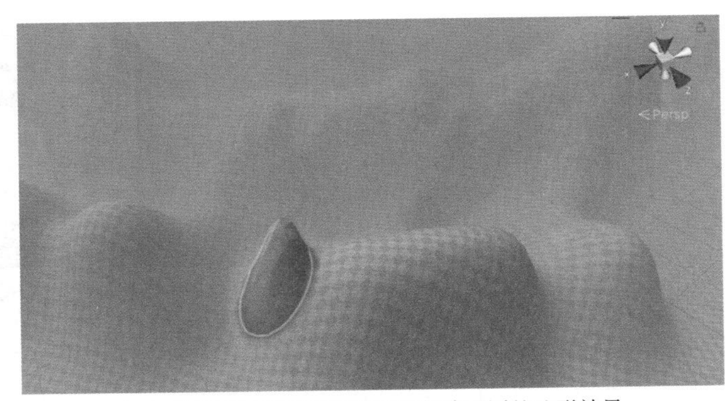

（b）使用不同硬度的画笔可以创建不同的地形效果

图 4–7　Raise or Lower Terrain 地形工具

2）Paint Holes

画洞工具，用于在地形中绘制洞穴或悬崖开口。在图 4–6 所示下拉菜单中选择 Paint Holes，其工具属性栏如图 4–8（a）所示。从 Brushes 面板中单击选择画笔，在地形上单击并拖动光标可在地形中添加空洞，而按住 Shift 键的同时拖动光标，则可从地形中抹去孔洞；使用 Brush Size 滑动条可以控制画笔工具的大小以创建从大到小的空洞效果；Opacity 滑动条用于调整画笔应用于地形时的强度。Unity 在内部使用纹理来定义地形表面的不透明度遮罩。使用 Paint Holes 工具在地形上进行绘制时会修改此纹理。因此，仅当使用的地形材质根据该遮罩来裁剪或者丢弃素材时，绘制的任何孔洞才可见。因此使用此工具时可能会在绘制的孔洞周围看到锯齿状边缘（见图 4–8（b）），通常可以选择使用其他几何体（如岩石网格）来隐藏该孔洞的锯齿边缘。

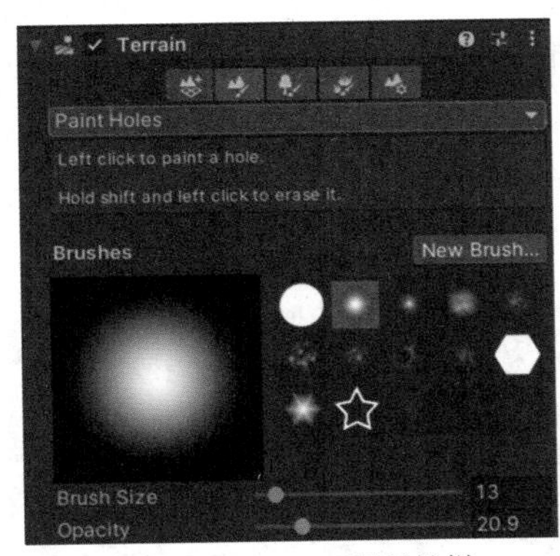

（a）Paint Holes 工具属性栏

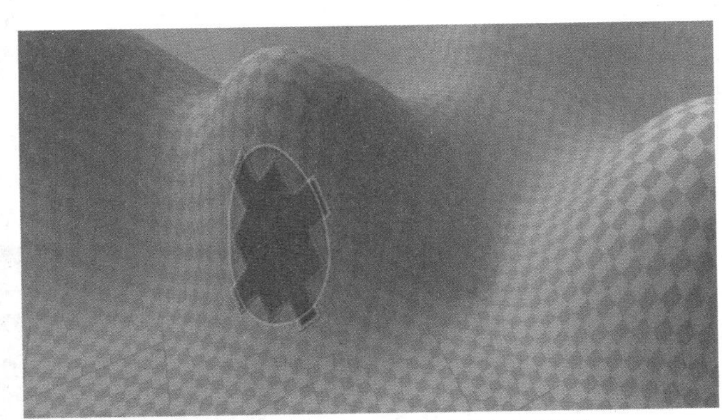

（b）使用不同硬度画笔创建不同的地形效果

图 4–8　Paint Holes 地形工具

3）Paint Texture

绘制纹理工具主要用于为地形添加草、雪、沙等纹理。在图 4–6 所示下拉菜单中选择 Paint Texture，可看到如图 4–9（a）所示工具属性栏，然后单击 Terrain Layers（地形图层）属性栏后的 Edit Terrain Layers...（编辑地形图层）按钮（见图 4–9（b））。

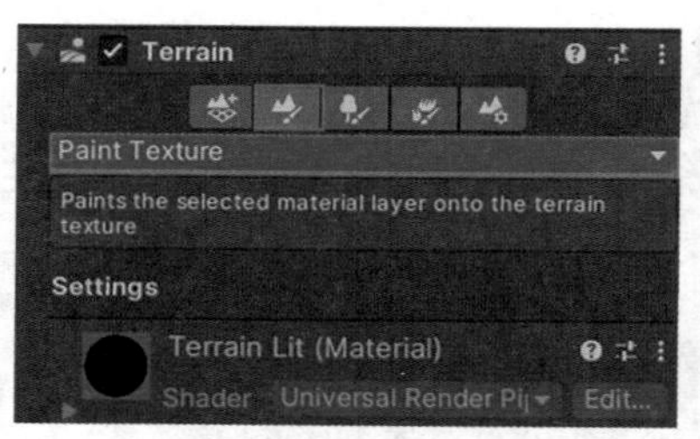

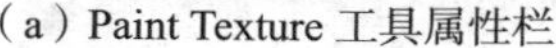
（a）Paint Texture 工具属性栏

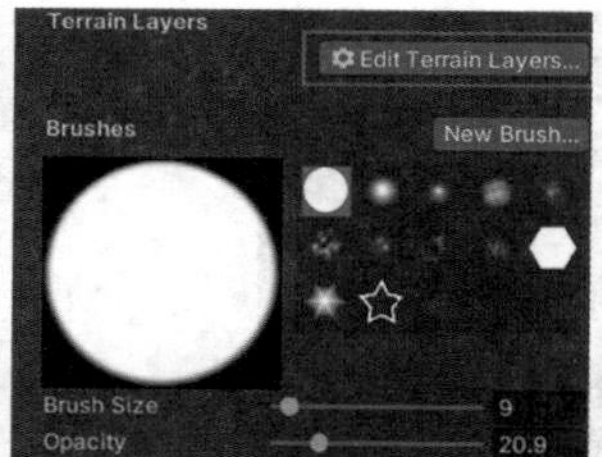

（b）编辑地形图层按钮

图 4–9　Paint Texture 工具

在弹出的菜单中选择 Create Layer（创建图层）命令，即可打开地形图层纹理搜索页面（见图 4–10（a）），在页面中搜索并选择一款 Grass（草地）纹理，双击后即可创建一个新的地形图层（见图 4–10（b））。在弹出菜单中选择 Add Layer 命令（见图 4–10（c）），可为地形添加多个图层，但每个瓦片支持的地形图层数取决于具体渲染管线。

（a）地形图层纹理搜索页面

（b）新建的地形图层纹理

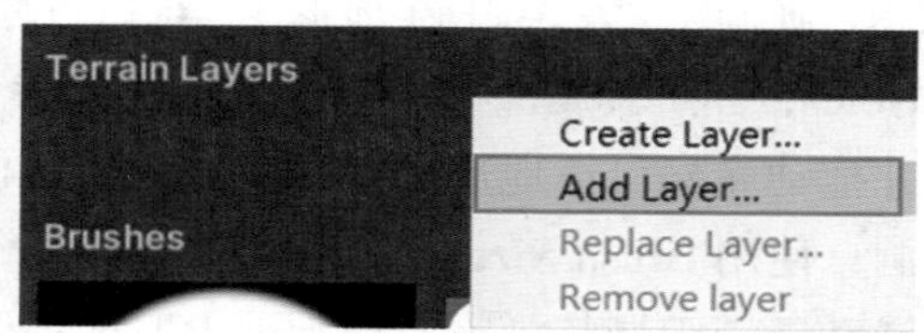

（c）添加地形图层

图 4–10　Paint Texture 工具

添加的第一个地形图层将使用配置的纹理填充地形，之后可在 Inspector 窗口中选择其他的图层纹理，并通过调整画笔的 Brush Size 和 Opacity，将场景中的地形局部放大，拖动光标修改局部地形纹理，使其与相邻区域混合并具有自然逼真的外观显示效果（见图 4–11（a））。还可以在 Hierarchy 窗口中启用 Lighting、MainCamera、PlayerFollowCamera、PlayerArmarue 和 UI_EventSystem 对象（见图 4–11（b）），操作人物模型在场景中漫游，进一步观察场景运行后的效果（见图 4–11（c））。

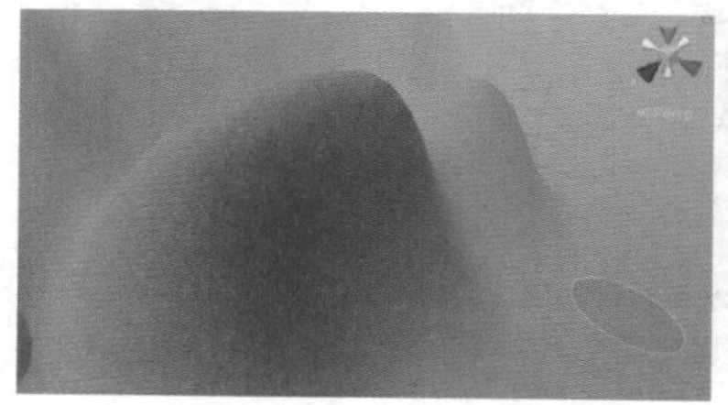

（a）填充地形纹理

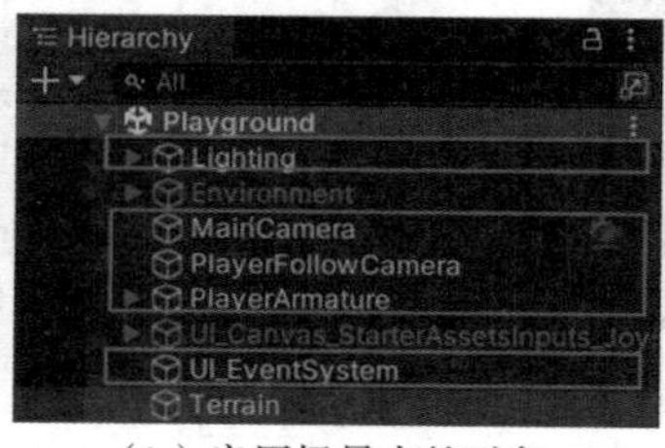

（b）启用场景中的对象

（c）观察场景漫游效果

图 4–11　地形纹理效果

4）Set Height

Set Height（设定高度）工具用于将地形某个区域内的高度调整到统一的特定高度值，降低当前高于设定高度的地形区域，升高低于该高度的区域，从而将该区域地形维持在一个统一的高度。该工具可以方便地在场景中创建平坦的区域，如高原或人造特征区域（道路、平台、台阶等）。在下拉菜单中选择 Set Height 工具，并在 Space 下拉菜单中选择一个属性（见图 4–12），以指定高度偏移是相对于 Local（局部）空间还是相对于 World（世界）空间。

空间属性的不同选项及描述如表 4–3 所示。

图 4–12 设置地形区域高度空间属性

表 4–3 空间属性描述

属性	描 述
World	将高度偏移设置为在 Height 字段中输入的值。但是即使输入的值低于 *Y* 坐标，Set Height 工具也不能将地形降低到其变换属性 *Y* 坐标以下
Local	选择此选项可设置相对于地形的高度偏移。例如，如果在 Heiqht 字段中输入 100，则高度偏移量是地形变换位置 *Y* 坐标与 100 之和（terrain. transform. Position. y. +100）。输入的 Height 值必须是从 0 到地形设置中的 Terrain Height 之间的值

在 Height 字段中输入数值（见图 4–13），或使用 Height 滑块手动设置高度，或者按 Shift 键并单击地形以采样光标位置的高度，类似于在图像编辑器（如 Photoshop 等）中使用滴管工具的采样方式。Flatten Tile（平铺图块）按钮会将整个地形（包括地面标高以上的山丘和地面标高以下的山谷）平铺调整到指定的高度；Flatten ALL（全部平铺）按钮会使场景中的所有地形都压平。这里以设置地形统一高度为 5m，Brush Size（画笔大小）为 17，Opacity（强度）为 10.4（见图 4–13（a））为例，地形绘制效果如图 4–13（b）所示。

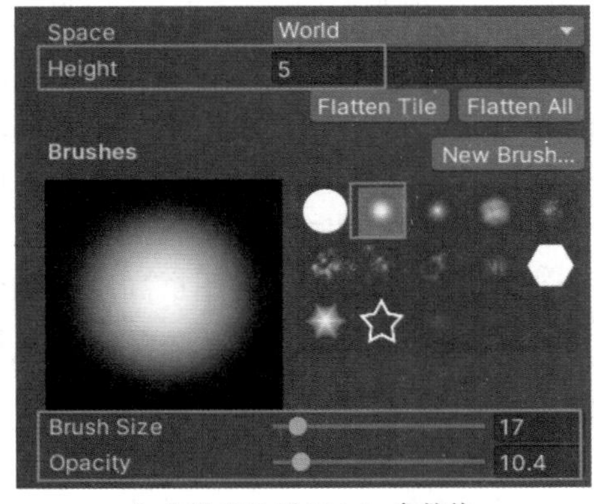

（a）设置地形 Height 参数值

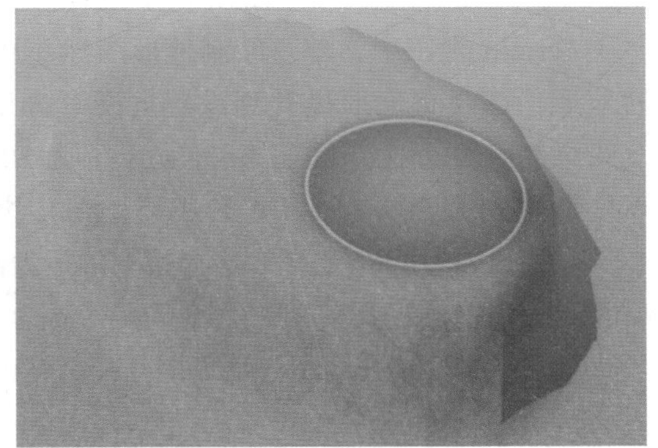

（b）地形绘制效果

图 4–13 设置地形 Height

5）Smooth Height

Smooth Height（高度平滑）工具用于平滑高度贴图并柔化地形特征，即柔化附近区域景观，减少突兀变化（如消除地形边缘的锯齿，地形高度不会显著升高或降低）。在

Terrain Inspector 中，单击 Paint Terrain 图标，并从地形工具列表中选择 Smooth Height 工具，如图 4–14（a）所示。

使用包含高频图案的画笔进行绘制后，景观中往往会呈现尖锐的锯齿状边缘，这时可使用 Smooth Height 工具将这些粗糙外观加以柔化。Blur Direction（模糊方向）值用以控制要柔化的区域：该值为 –1 时，会柔化地形外部（凸出）边缘；为 1 时，会柔化地形内部（凹入）边缘；为 0 时，则会均匀平滑地形所有部分。Brush Size（模糊尺寸）参数值用于调整画笔大小，Opacity 参数值用于设置绘制区域的平滑强度。将 Blur Direction 值设为 0，Brush Size 设为 17，Opacity 设为 10.4，观察此时地形柔化效果，可以看出此时小土丘比刚才柔和了很多，没有了那种边缘的突兀感，如图 4–14（b）所示。

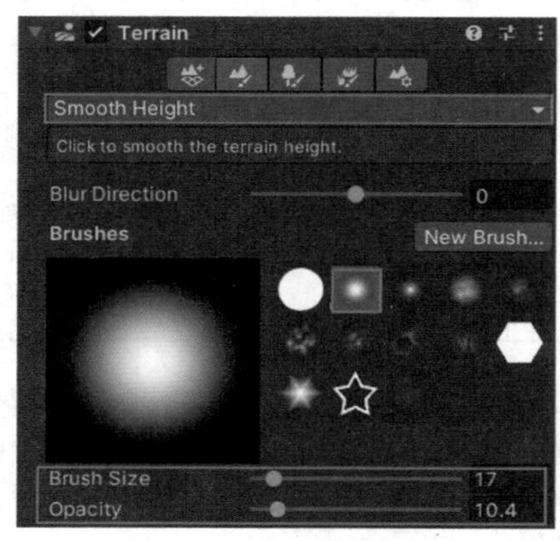

（a）Smooth Height 参数值

（b）地形柔化后的效果

图 4–14　进行地形柔化

6）Stamp Terrain

Stamp Terrain 是一种可以快速修改地形高度，让地形更加逼真的地形图章笔刷工具。在 Terrain 视图中，单击绘制地形图标并从下拉菜单中选择标记地形，每次单击场景中的地形，都会将地形提升到设置的图章高度。可通过移动 Opacity（不透明度）滑块更改图章高度百分比，例如当 Opacity 值为 20，Stamp Height 值分别为 100 和 50 时，图章高度值分别为 20 和 10（见图 4–15（a）），场景中创建地形效果如图 4–15（b）所示。Max<-->Add 滑块可指定允许选择拾取的最大高度，值为 1 时 Unity 会将图章高度添加到标记区域的当前高度，使最终高度为两个高度值之和。Subtract（减去）复选框用于从标记区域的现有高度减去应用于地形的任何标记的高度。

注意：只有当 Max<-->Add 滑块的值大于零时（如将 Max<-->Add 滑块的值设置为 1），Subtract 复选框才有效。如果盖章高度超过盖章区域的当前高度，系统会将高度调整为零。

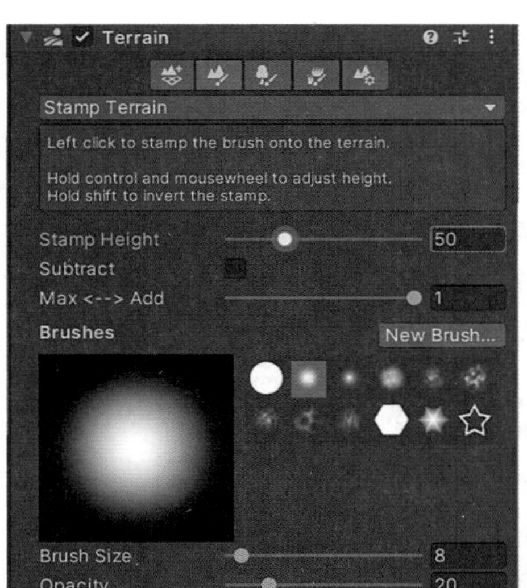

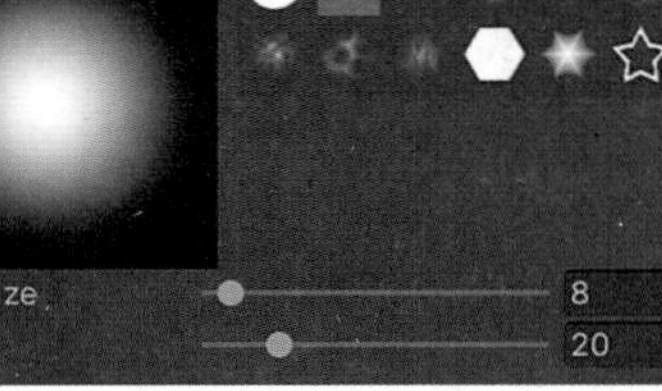

（a）Stamp Terrain 参数值

（b）使用地形图章工具创建地形效果

图 4–15　设置地形图章工具

4.2　下载和安装地形资源包

下载和安装资源包

以上内容重点讲解了 Unity 地形系统中各种地形绘制工具的使用方法，但是如果直接使用这些工具绘制地形，可能很难达到预期的精美效果，所以用户完全可以借助一些插件或者第三方组件资源包进行地形绘制。

4.2.1　安装地形工具包 Terrain Tools

在 Unity 菜单栏中依次选择 Windows → Package Manager 命令，在窗口中搜索关键字 Terrain Tools，可以看到该插件资源包版本号为 4.0.5，如图 4–16 所示，单击右下角的 Install 按钮进行安装。

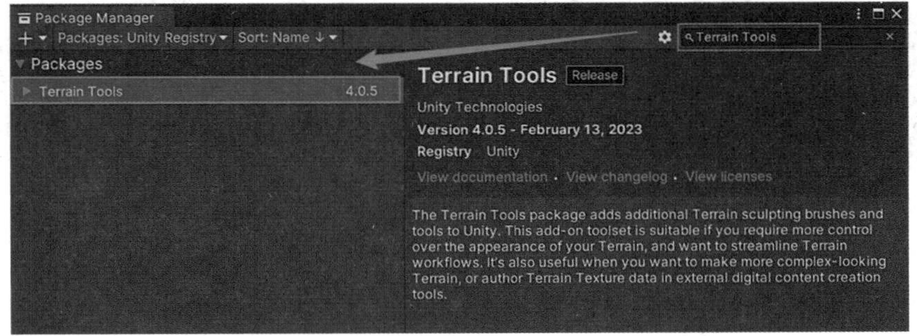

图 4–16　安装 Terrain Tools 资源包

4.2.2 下载样本资源包

在 Unity 菜单栏依次选择 Windows → Assets Store 命令，打开资源商店，在资源商店中搜索如图 4–17 所示的 Terrain Sample Asset Pack 资源包，可以看到当前资源包支持 Unity Editor 2019.4.40 及以上版本，适用于当前项目所用版本，单击“添加至我的资源”按钮。

图 4–17 搜索 Terrain Sample Asset Pack 资源包

在弹出的提示栏中单击“在 Unity 中打开”按钮，Unity 的 Package Manager 中就会显示该资源包（见图 4–18），单击 Download 按钮开始下载并安装。该资源包比较大，所以需要等待一段时间。

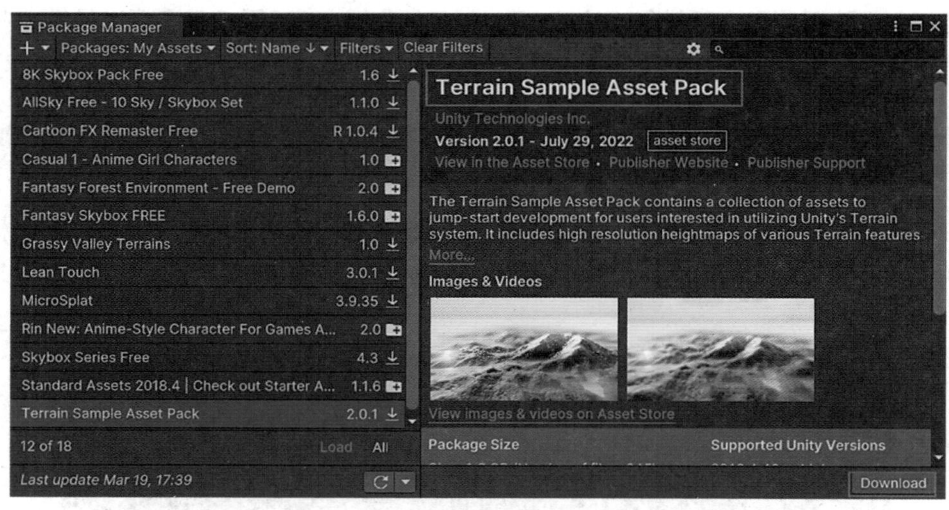

图 4–18 下载并安装 Terrain Sample Asset Pack 资源包

安装完成后，展开 Terrain Sample Asset Pack 目录，可以看到该资源有着丰富的材质、模型、预制体、着色器、地形笔刷、地形图层、纹理贴图等资源（见图 4–19），使开发者可以快速进行地形绘制。

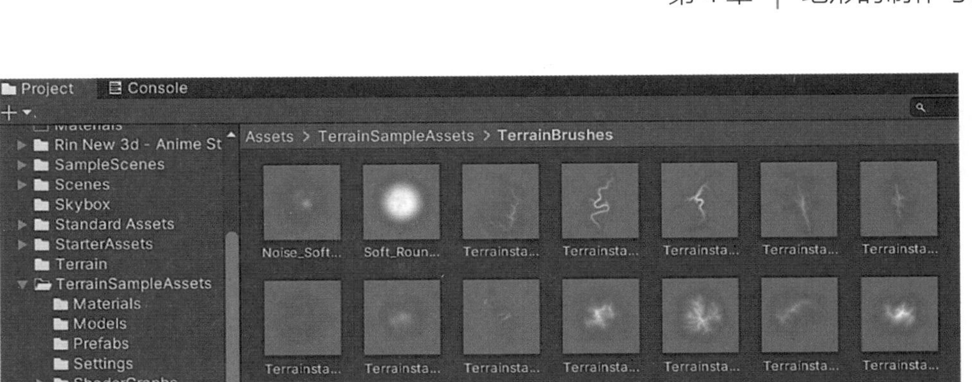

图 4–19 查看 Terrain Sample Asset Pack 资源包资源

4.2.3 下载景观资源包

继续访问 Unity Assets Store，搜索名为 Fantasy Landscape（梦幻景观）资源包，如图 4–20 所示。该资源包可帮助开发者快速创建岩石、树木、花草等自然景观。单击“添加至我的资源”按钮，然后依照提示在 Unity 中打开该资源包。

图 4–20 搜索 Fantasy Landscape 资源包

在 Package Manager 中单击 Download 按钮下载并导入该资源包，如图 4–21 所示。在安装资源包过程中，若出现 Connection Timeout（连接超时）的警告信息，说明计算机网络连接不稳定，可关闭 Package Manager 窗口，在商店中重新选择该资源包，然后再次依照前述操作顺序下载并尝试安装。

安装完成后，在项目窗口中可看到相应资源目录，可在 FantasyEnvironments/Environments/Scenes 目录中可以看到名为 DemoScene 的测试场景，如图 4–22 所示。

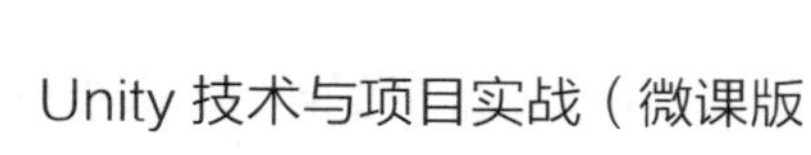

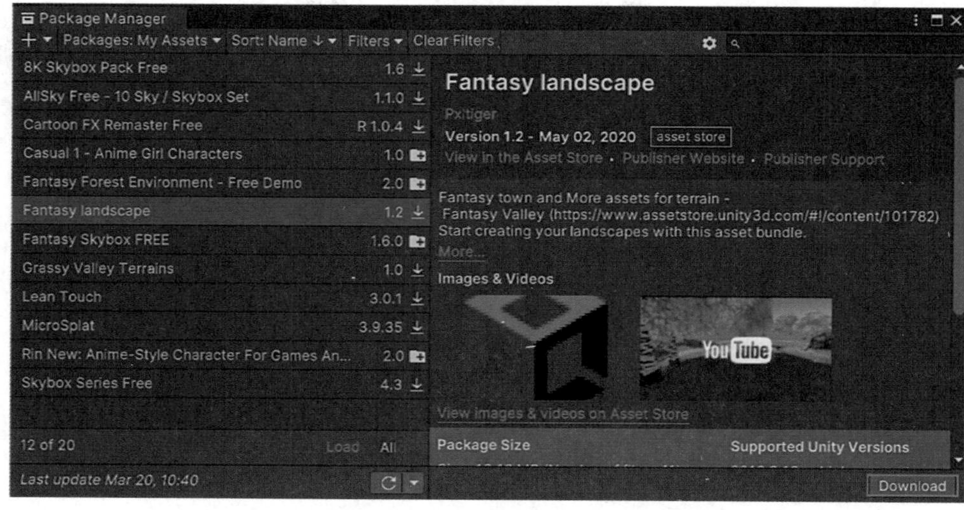

图 4–21　下载 Fantasy Landscape 资源包

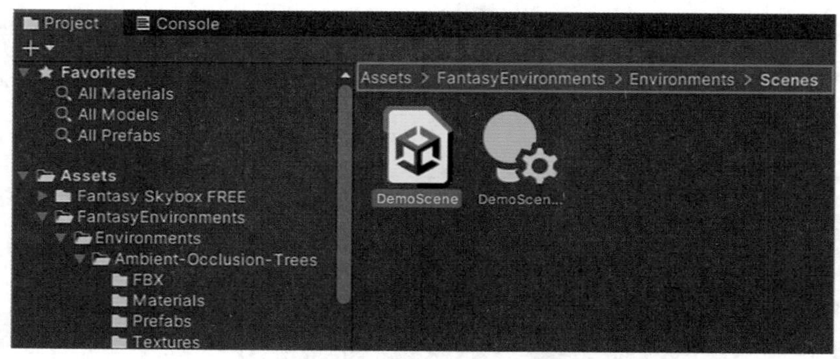

图 4–22　Fantasy Landscape 资源包测试场景

双击打开该场景文件，可以看到场景中的一些树木呈现粉红色（见图 4–23），这是因为当前的场景是 URP 的渲染管线，但是这些 Materail 材质却不是 URP 类型的，因此需要将这些材质进行一定的转换。

图 4–23　材质类型不匹配

4.2.4 将材质转换为 URP 类型

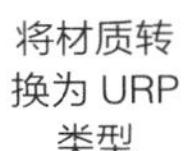

将材质转换为 URP 类型

找到材质文件夹，可以看到这些材质也是粉红色的，如图 4–24 所示。选择其中一种材质，在 Inspector 窗口中可看到该材质默认的 Shader 着色器。但该着色器的设置无法适应当前的 URP 渲染管线，因此需要对其进行修改。

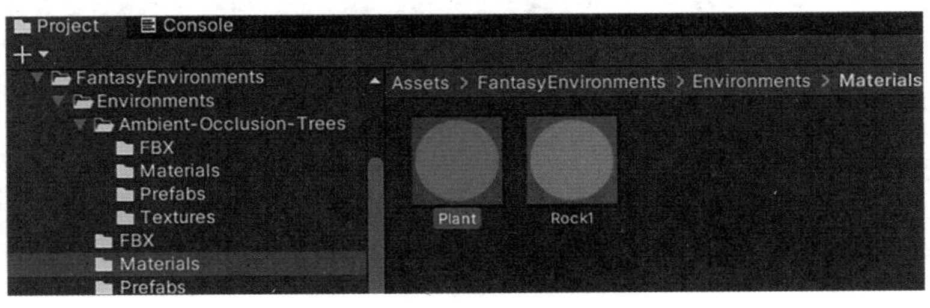

图 4–24 资源包默认材质

转换材质的方法有以下两种。

1）逐个转换

单击选中需要转换的材质，在菜单栏上依次选择 Edit → Rendering → Materials → Convert Selected Built-in Materials To URP 命令，将当前选中的材质转换为 URP 类型。然后在弹出的对话框中单击 Proceed 按钮执行转换动作，如图 4–25 所示。

2）批量转换

如果待转换的材质比较多，使用批量材质转换功能能够提高开发效率。在菜单栏上依次选择 Window → Rendering → Render Pipeline Converter 命令，如图 4–26 所示。

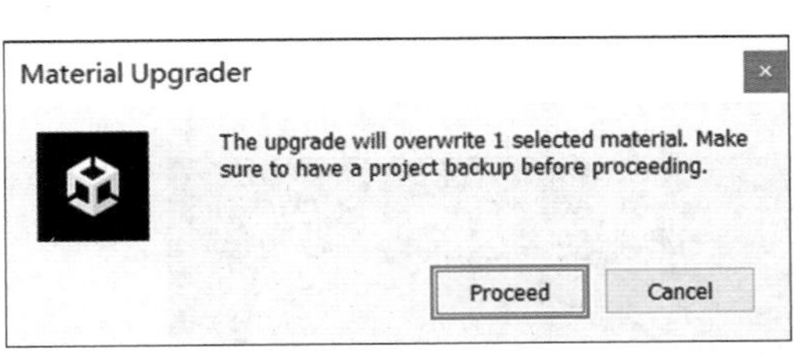

图 4–25 单个转换材质

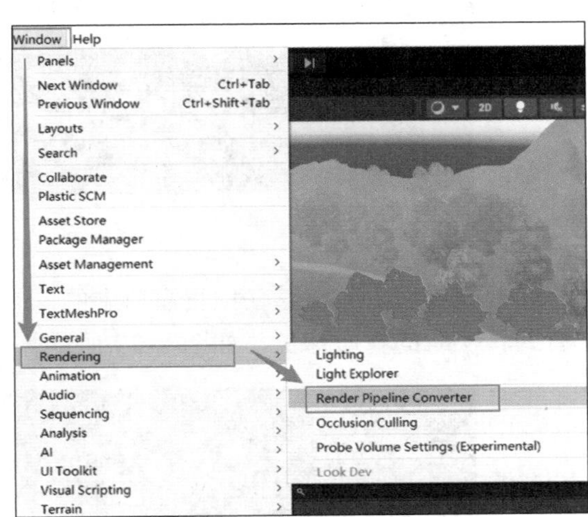

图 4–26 批量转换材质

在弹出的资源转换窗口中选择将资源转换的目标类型为 URP，如图 4–27 所示。然后分别勾选 Material Upgrade 复选框（如 Rendering Setting、Animation Clip Converter、Readonly Material Converter 类型的转换，可视具体情况灵活选择），并单击图 4–27 所示的 Initialize Converters 按钮，系统即会按照勾选设置在项目中检索需要进行 URP 转换的各项资源。

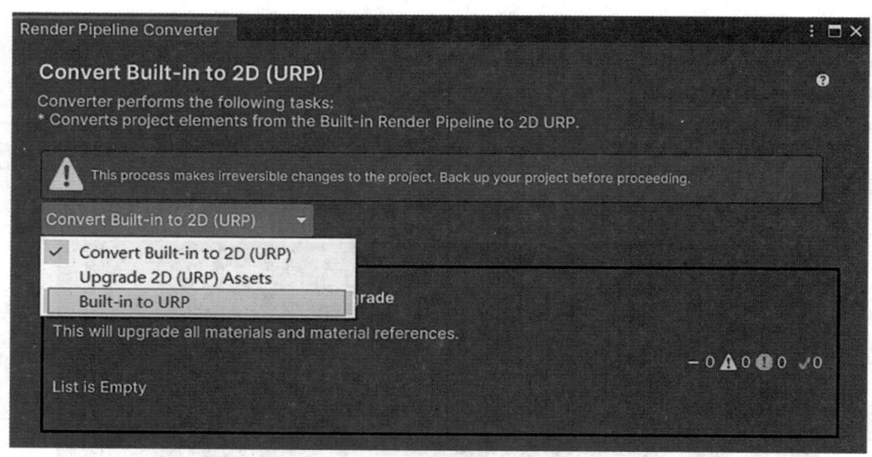

图 4–27　设置资源转换目标类型

在 Material Upgrade 中可以看到当前项目中所有能够转换为 URP 的材质资源，但是只需要勾选如图 4–28 所示 Fantasy Landscape 资源包中需要转换的资源，而并不是所有的资源都需要进行转换。最后单击右下角的 Convert Assets 按钮，开始对已经勾选的材质进行转换。

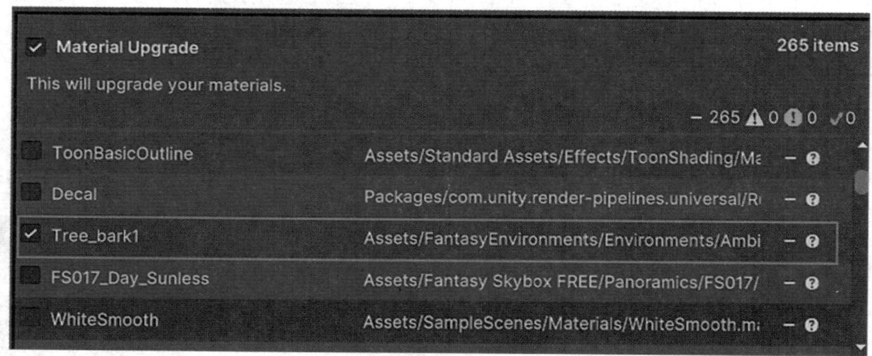

图 4–28　勾选需要转换的资源

转换完成后，就能够在项目窗口中的 FantasyEnvironments/Environments/Materails 目录中看到转换后的材质球了，如图 4–29 所示，可以看出显示效果正常。

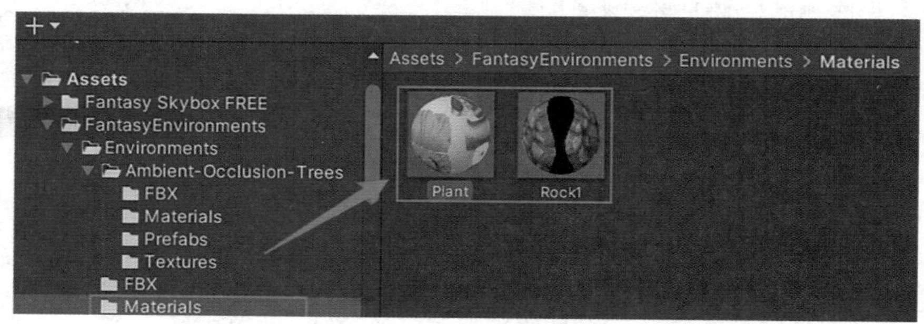

图 4–29　转换后的材质球

但在 Ambient-Occlusion-Trees 目录下，树木相关的材质还是显示不正常（见图 4–30），也就是说通过上述步骤无法对这些材质进行转换。

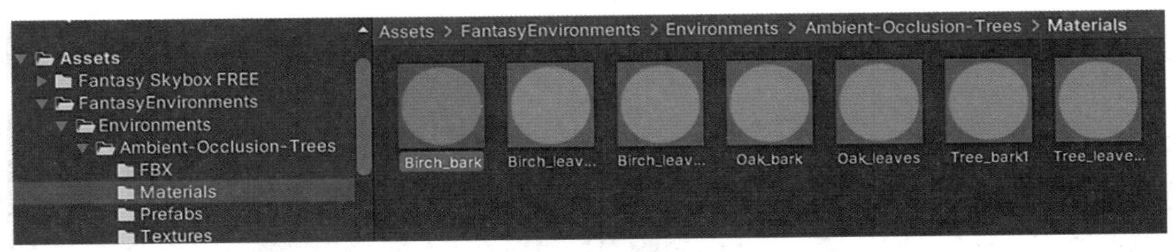

图 4–30　其他不能正常显示的材质球

选择上图中任一材质，在 Inspector 窗口中可查看其 Shader 着色器类型为 Nature/Tree Soft Occlusion Bark，如图 4–31 所示。

Unity 主要提供了两种创建树木的方法：第一种是使用 Unity 自带的树创建器（Speed Tree），手工编辑整棵树的不同部分；第二种是使用与 Unity 兼容的第三方建模程序。使用第二种方法时，要求每棵树都应包括带有两种材质的单个 Mesh 网格，一种材质用于树干，另一种材质用于树叶，并且要求每棵树的三角形总数应保持在 2000 以下，三角形越少越好。树网格的支点必须正好位于树的根部，这个点是树应该放置在地面的位置，这使其能够最简便地导入 Unity 及其他建模应用程序中。使用第二种方法创建树木时，还要求必须使用自然 / 软遮挡树叶（Nature/Soft Occlusion Leaves）和自然 / 软遮挡树皮（Nature/Soft Occlusion Bark）着色器，且必须将树放置在名为 Ambient-Occlusion-Trees（环境光遮蔽树）的特定文件夹中，如图 4–32 所示。

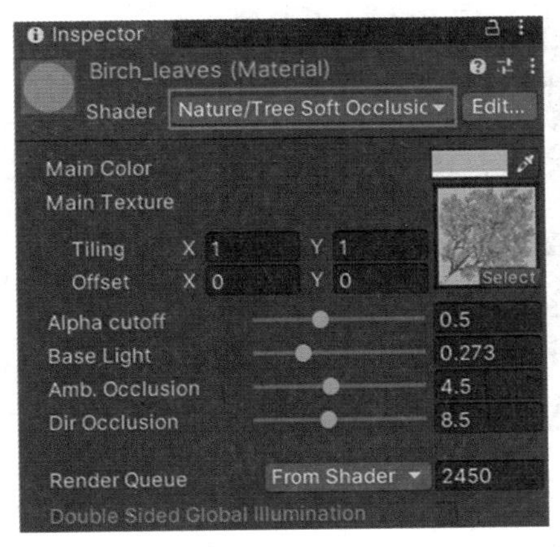

图 4–31　查看着色器类型

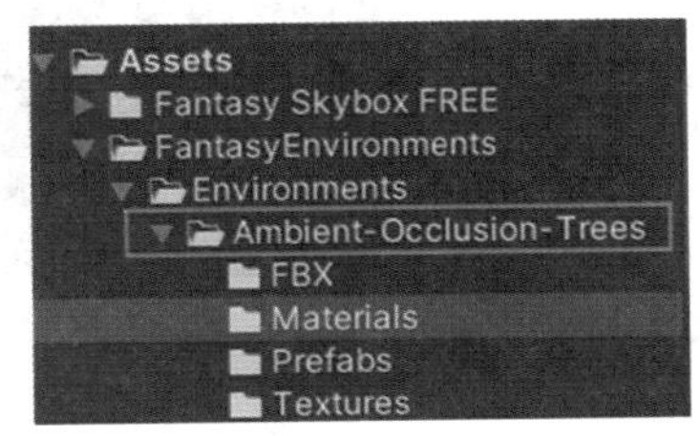

图 4–32　Ambient-Occlusion-Trees 文件夹

将模型放置在该文件夹中并重新导入，Unity 将计算专门用于树的软环境光遮蔽信息。如果不遵循命名惯例，树的某些部分就会完全变成奇怪的黑色。为了在材质转换的过程中能够更加清晰地看到预制体调整后的效果，在 Prefabs 目录下选择其中的一种树木预制体并双击打开，在 Scene 窗口中可看到当前预制体的独立显示效果，如图 4–33 所示。

在右侧 Inspector 窗口最下方可看到支持当前预制体实际效果的是名为 Tree_bark1 和

Tree_leaves1 两种材质，如图 4–34 所示。两种材质在 URP 渲染管线中均无法正常显示，因而在场景中看到使用该预制体创建的对象都显示为粉红色。

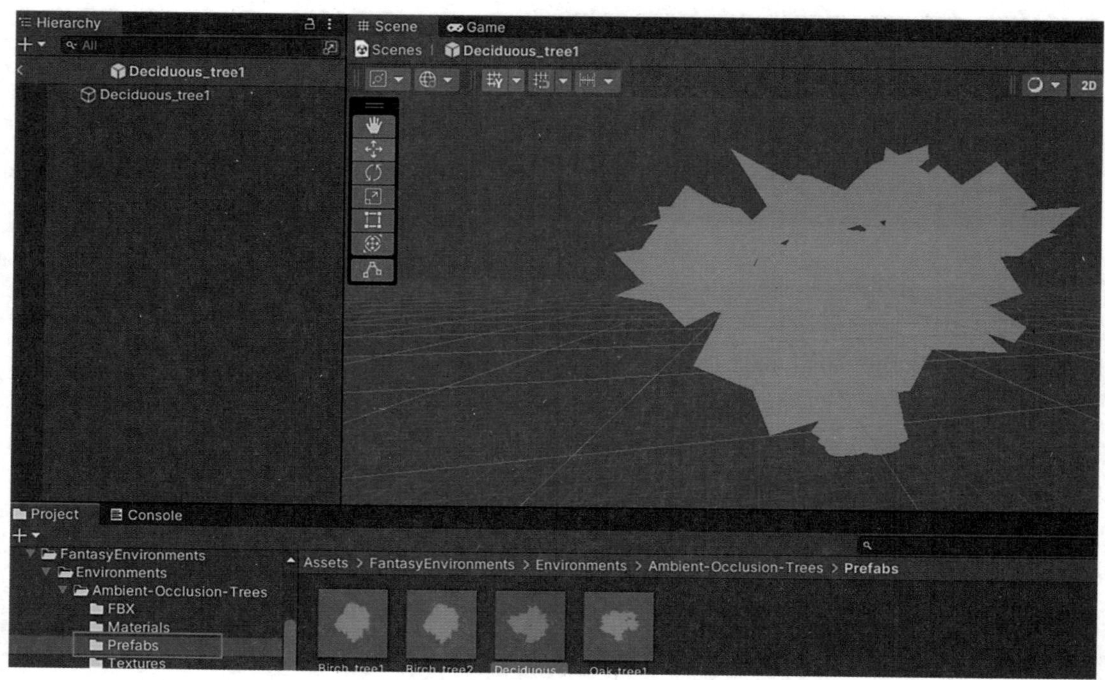

图 4–33 树木预制体的显示效果

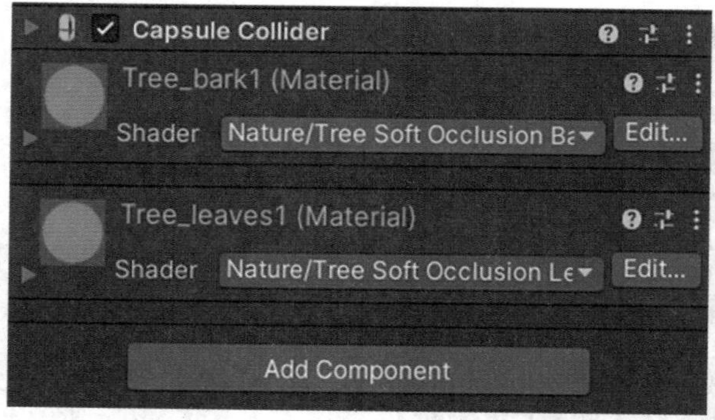

图 4–34 支持当前预制体显示效果的材质

先处理 Tree_bark1 材质：在 Materials 目录中找到该材质，在右侧 Inspector 窗口中单击 Shader，从弹出的下拉列表中选择 Universal Render Pipeline（URP），如图 4–35（a）所示。然后选择 Nature，如图 4–35（b）所示。最后选择树编辑器 Speed Tree 类型，这里选择以选择 SpeedTree7 为例，如图 4–35（c）所示。

此时在 Scene 视图中可看出树皮纹理已经能够在预制体中正常显示了，如图 4–36（a）所示。使用同样的方法处理树叶的材质 Tree_leaves1，但是这里需要选择材质的类型为 SpeedTree8，预制体的最终效果如图 4–36（b）所示。

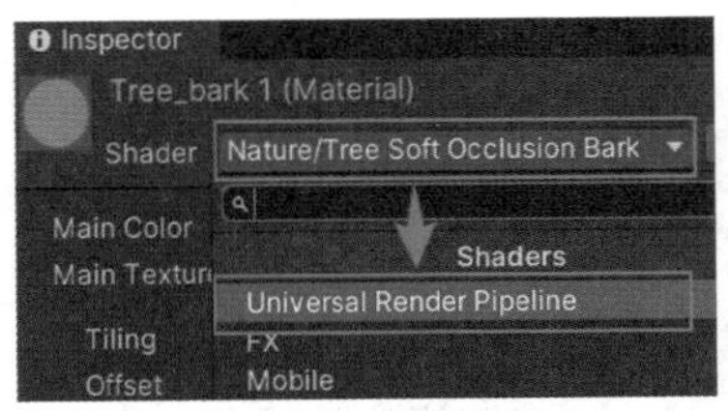

（a）选择 URP 参数

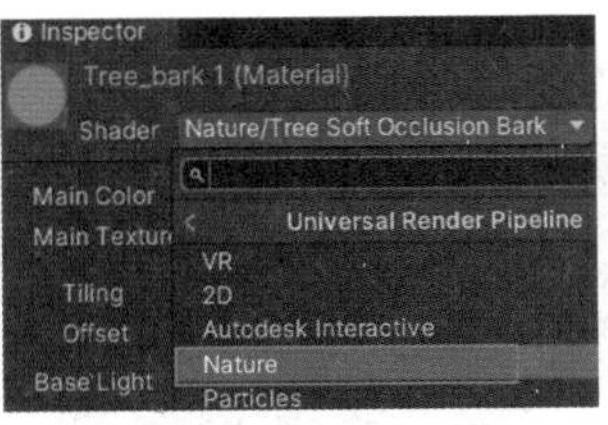

（b）选择 Nature 参数

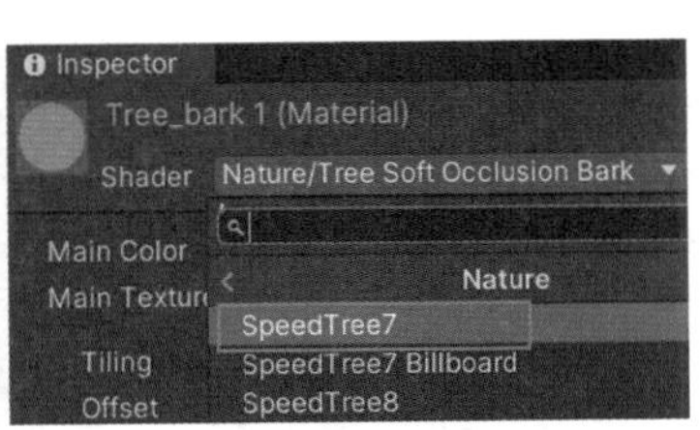

（c）选择 Speed Tree 类型

图 4–35 设置着色器参数

（a）树皮纹理显示效果

（b）树叶纹理显示效果

图 4–36 树木预制体显示效果

使用同样方法处理其他树种预制体显示问题，处理后的最终材质列表如图 4–37 所示。

图 4–37 其他树种预制体处理效果

查看树木预制体列表，可以看出所有的树木预制体都显示正常，如图 4–38 所示。

图 4–38 所有树木预制体显示效果

保存并重新打开场景，可看到 Scene 场景显示正常，效果如图 4–39 所示。

图 4–39　整个场景显示效果

4.3　运筹帷幄：绘制地形

4.3.1　创建地形

创建地形

关闭上述 DemoScene 场景，打开 StarterAssets 目录中的 Playground 场景开发地形，并将名为 Terrain 的地形设置为禁用状态或直接将其删除，如图 4–40 所示。

图 4–40　禁用 Terrain 地形对象

为了更清晰地观察地形实时变化，取消场景中的 Fog 设置。在菜单栏中依次选择 Window → Rendering → Lighting 命令，在 Environment 选项卡的 Other Settings 属性中取消勾选 Fog 复选框，如图 4–41 所示。

1. 设置地形大小

在菜单栏中再依次选择 Window → Terrain → Terrain Toolbox 命令，打开如图 4–42 所示地形工具箱。在 Total Terrain Width(m)、Total Terrain Length(m) 和 Terrain Height(m) 属性框中分别输入 500、500 和 100 分别作为地形的长、宽、高，然后单击 Create 按钮完成创建。

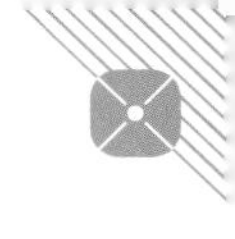

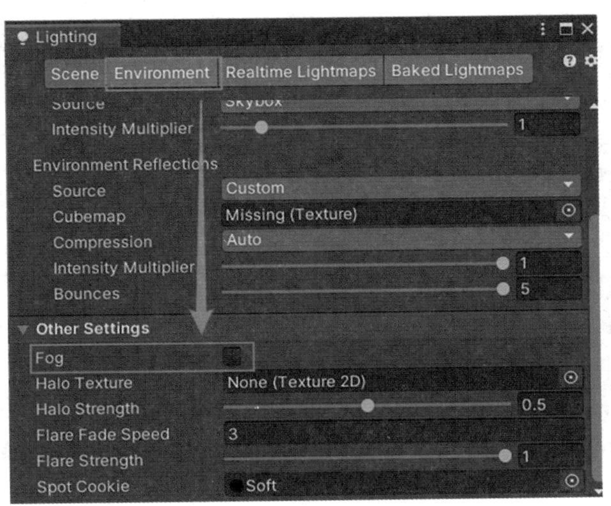

图 4–41　取消 Fog 属性设置

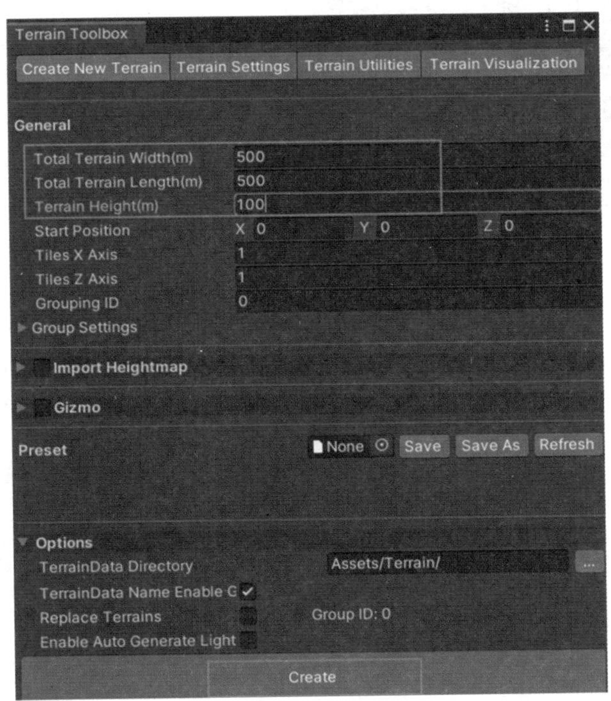

图 4–42　设置地形的长宽高

之后就可以在 Scene 视图中看到新创建的 TerrainGroup_0 地形对象，如图 4–43 所示。

2. 调整地形效果

接下来对地形进行精细的调整。首先，选择 Raise or Lower Terrain 工具如图 4–44（a）所示。然后将地形放至最大，按住 A 键并且将鼠标左右滑动，就可以实时调整笔刷强度，如图 4–44（b）所示，将笔刷强度调整为 48%。

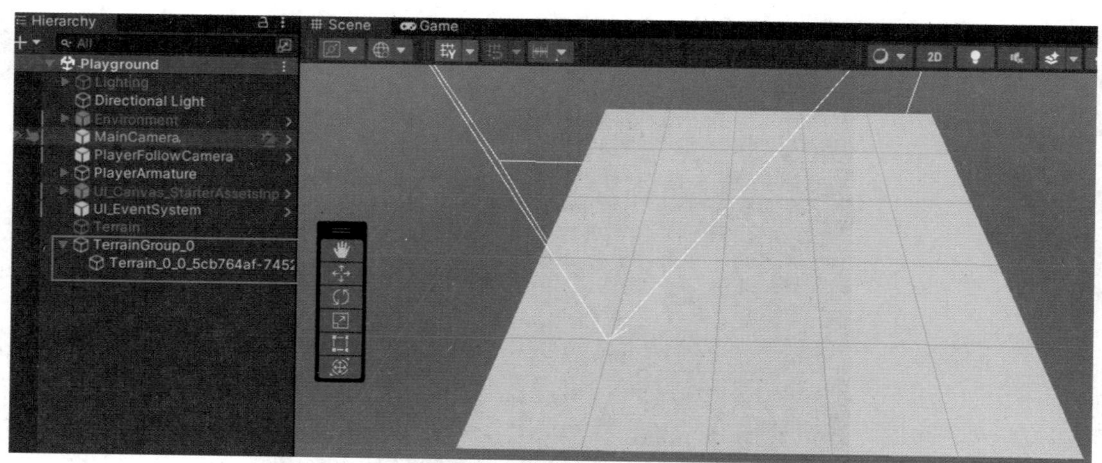

图 4–43　新创建的地形对象

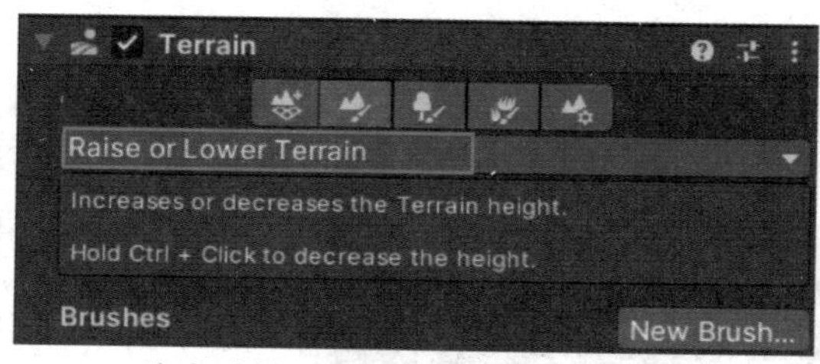

（a）选择 Raise or Lower Terrain 工具

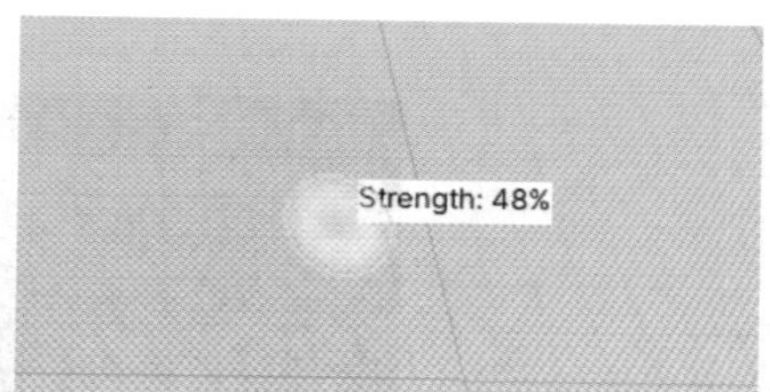

（b）使用鼠标调整笔刷强度

图 4–44　调整笔刷强度

按住 S 键，向右滑动鼠标能够调整笔刷大小，笔刷大小调整为 24，如图 4–45（a）所示。按住 D 键，左右滑动鼠标就能够旋转笔刷，将笔刷顺时针旋转 18°，如图 4–45（b）所示。

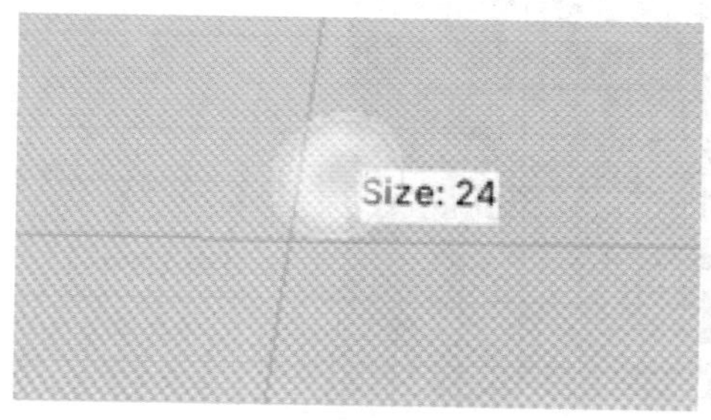

（a）调整笔刷大小

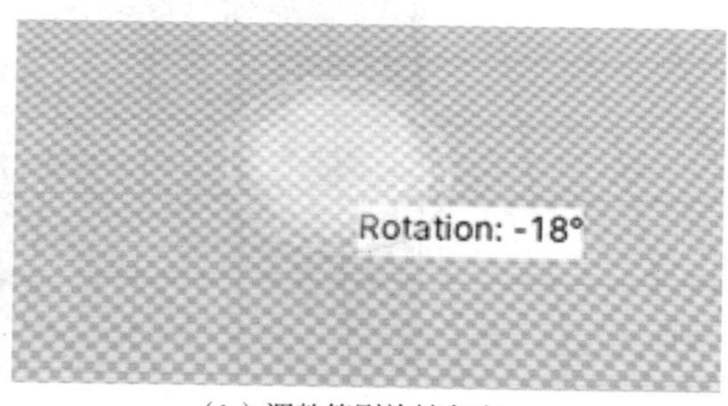

（b）调整笔刷旋转角度

图 4–45　设置笔刷大小和旋转角度

然后选择第 4 种笔刷（见图 4–46（a）），沿着地形周边进行涂抹，创建出如图 4–46（b）所示的地形。

接下来继续选择 Sculpt → Noise 命令，使用噪声工具对地形进行细微的雕刻，如图 4–47（a）所示。在 Noise Field Preview 部分可以预览噪声纹理的样式（见图 4–47（b）），通过滑

动鼠标滚轮进一步设置噪声纹理大小，噪声纹理越小，绘制出的地形就会越细腻，反之亦然。

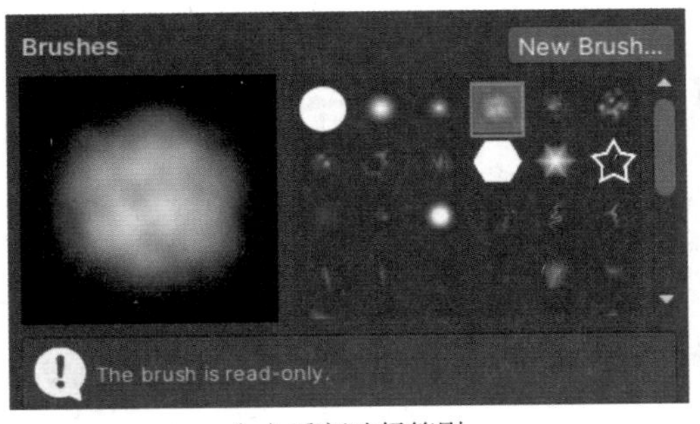

（a）重新选择笔刷

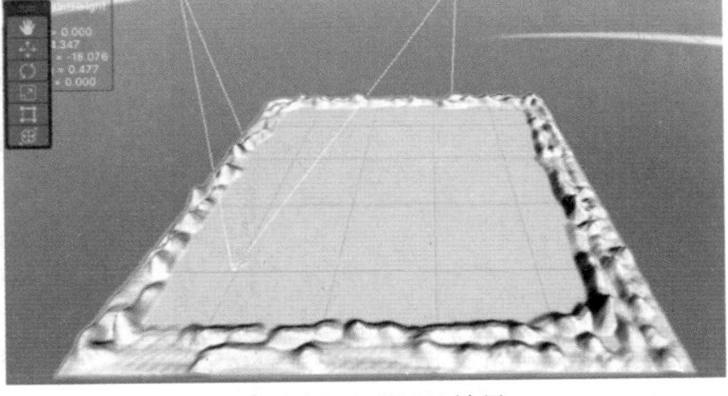
（b）周边地形调整效果

图 4–46　调整地形周边

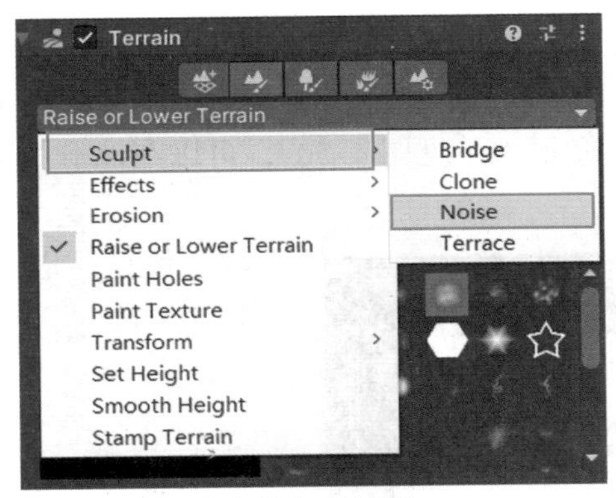

（a）噪声工具菜单

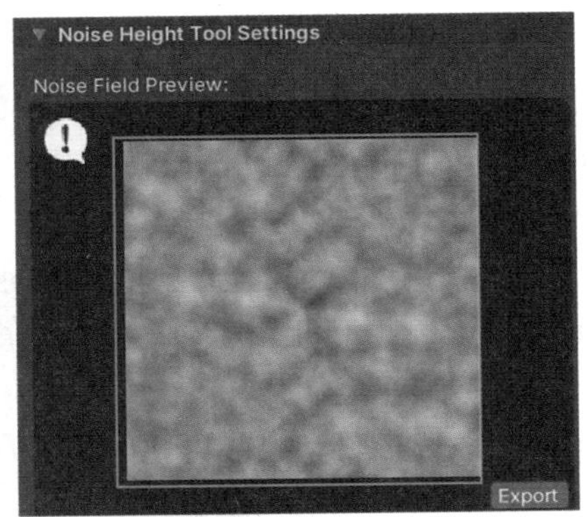

（b）预览噪声纹理效果

图 4–47　选择噪声工具

利用选择好的噪声纹理样式对地形进行涂抹，得到如图 4–48 所示的这种凹凸不平但相对缓和的地形效果。

图 4–48　经过噪声纹理处理的地形边缘效果

可以进一步缩小 Noise Field 部分的纹理粒度（见图 4–49（a）），利用细颗粒度的噪声纹理样式对地形内侧进行涂抹，得到如图 4–49（b）所示的丘陵状凸起效果。

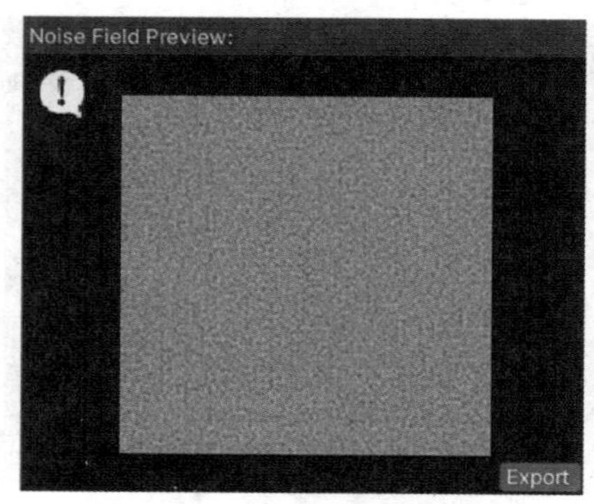

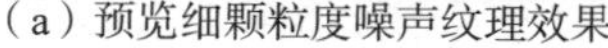
（a）预览细颗粒度噪声纹理效果

（b）预览细颗粒度噪声纹理处理效果

图 4–49　选择细颗粒度噪声纹理工具进行地形内侧处理

在 Domain Settings 中设置 Noise Type 为 Ridge（山脊），Fractal Type（分形类型）设置为 None，并且将 Noise Filed 中噪声粒度略微增大（见图 4–50），可以在地形中创建山脊效果。

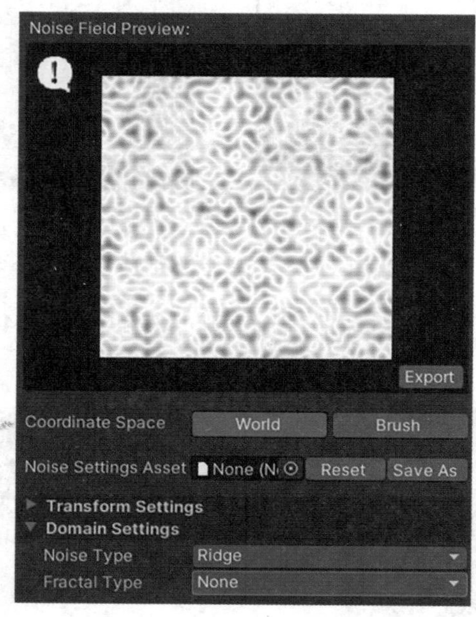

图 4–50　设置山脊效果

利用选择好的山脊噪声纹理涂抹地形，可得到如图 4–51（a）所示的效果。使用当前的笔刷设置，围绕正方形地形边缘涂抹一层新的地形，得到如图 4–51（b）所示的沙丘效果。

最后将 Noise Type 重新设置为 Perlin（柏林噪声），在地形中央绘制出如图 4–52 所示的较小凸起的平缓地形效果。

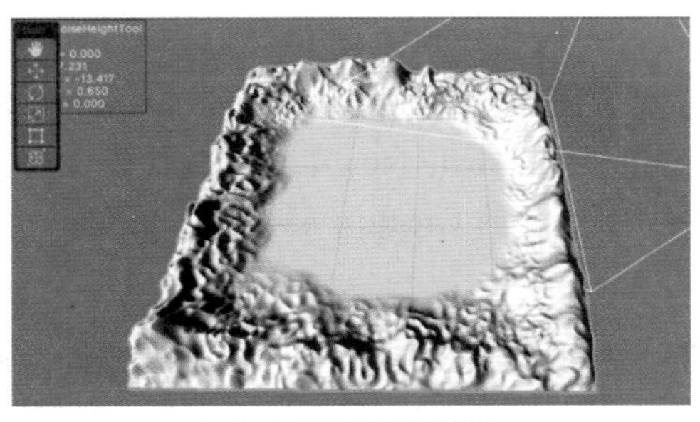

（a）山脊噪声纹理效果

（b）沙丘效果

图 4–51　选择山脊噪声纹理工具进行地形边缘处理

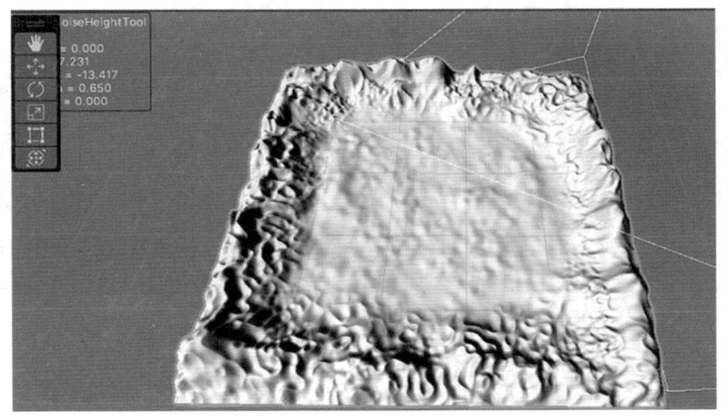

图 4–52　中央地形处理效果

4.3.2　添加草地纹理

添加草地纹理

1. 设置人物模型属性

在 Hierarchy 窗口中启用人物模型对象 PlayerArmature，并设置如图 4–53（a）所示的人物模型的 Position 属性，其中 Y 值要根据场景中绘制的地形高度确定，因为若是高度过低人物将无法停留在地面之上。这里 Y 值为 10，表示场景运行时人物模型处于地面，场景效果如图 4–53（b）所示。接下来就可以以人物模型为参照物，在场景中添加大小适当的花草、树木及岩石等物体。

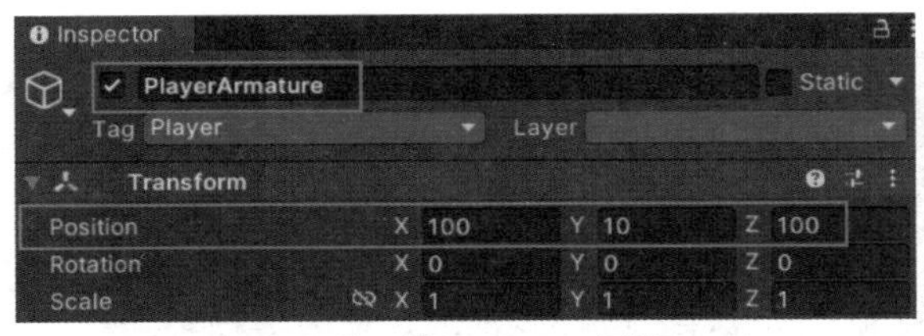

（a）设置模型 Position 属性

（b）场景效果

图 4–53　启用人物模型

2. 新建草地纹理层

在 Hierarchy 窗口中选择 Terrain 对象，然后在 Terrain 组件中选择 Paint Texture 工具为地形添加草地纹理。在 Inspector 窗口 Layers 属性栏的 Create New Layer 属性框中输入 Grass1 作为新的草地纹理层名称，然后单击如图 4–54 所示的 Create a new layer 按钮。

3. 设置草地纹理类型

接着在弹出的 Select Texture2D 窗口中选择草地纹理类型，这里以 ground_grass 纹理为例，如图 4–55 所示，窗口下方给出了该纹理的详细信息。

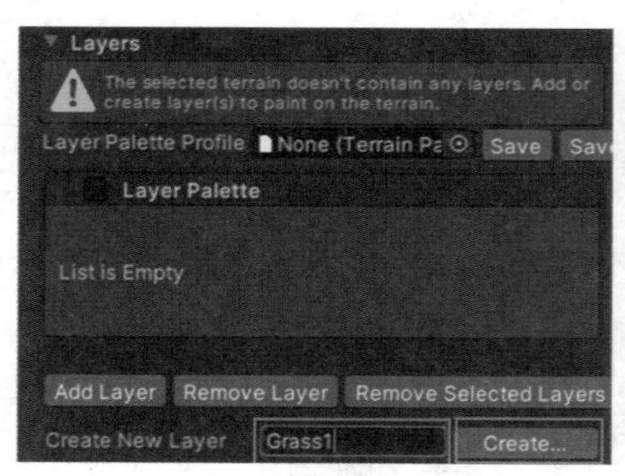

图 4–54　新建草地纹理层

图 4–55　选择草地纹理类型

添加草地纹理后，纹理层调色板 Layer Palette 列表中会显示已添加的纹理，如图 4–56（a）所示。此时的场景地形表面就会出现刚才已经添加的草地纹理了，如图 4–56（b）所示。

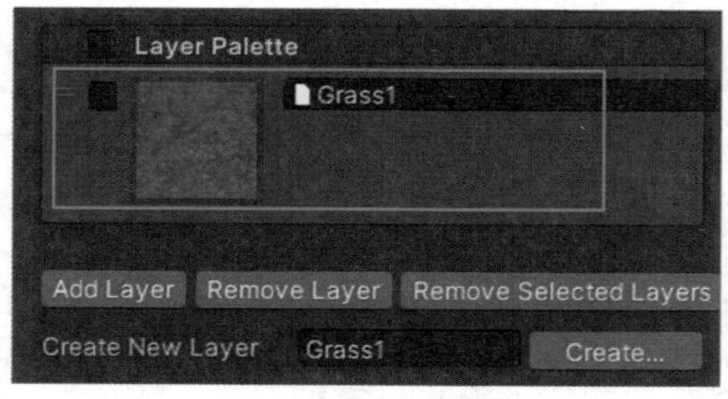

（a）纹理层调色板列表

（b）场景效果

图 4–56　添加草地纹理后的效果

在 Assets 目录中也能够看到该纹理，如图 4–57 所示。

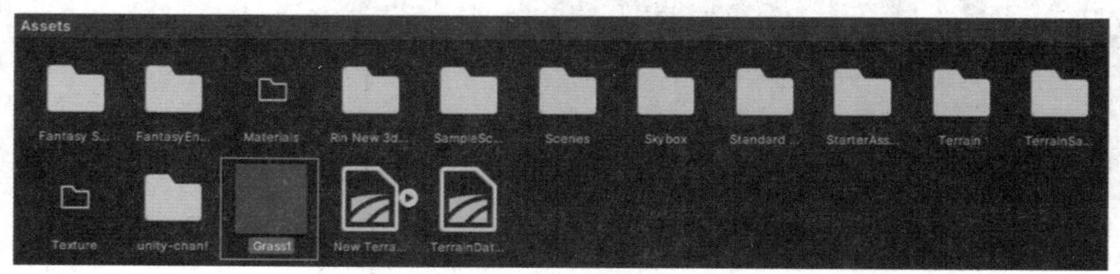

图 4–57　Assets 文件夹中的草地纹理资源

4. 修改纹理法线贴图

选择该纹理，然后在 Inspector 窗口中可以查看到该纹理地形图层的详细设置信息，如图 4–58（a）所示。Normal Map 为模型的法线贴图，可以让模型表面出现更多的细节与阴影等信息，默认值为 None。单击 Normal Map 后的 Select 按钮，在弹出的 Select Texture2D 界面中，查看贴图相应的详细信息，并选择适合当前纹理贴图的 Normal 法线贴图（见图 4–58（b））。

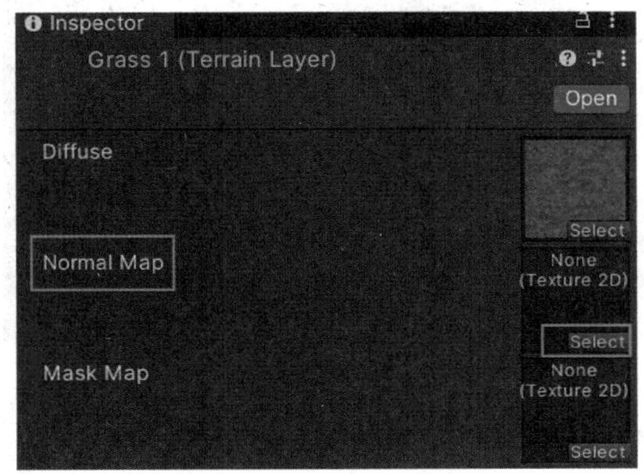

（a）修改默认法线贴图

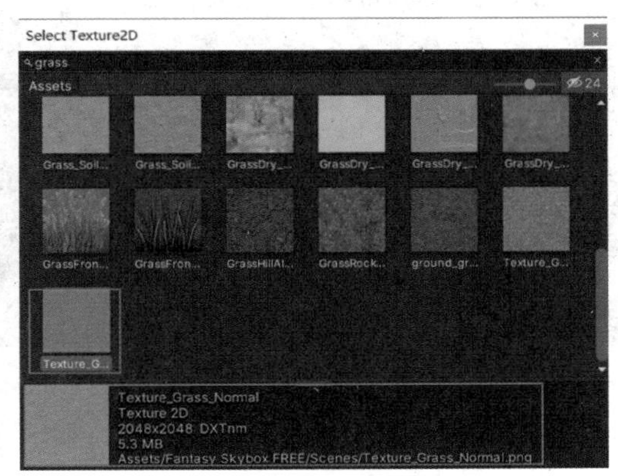

（b）选择其他法线贴图

图 4–58　修改纹理法线贴图

此时从场景中可以明显看出草地纹理的颜色变得更加自然了，如图 4–59 所示。

5. 导入地形图层

在 Hierarchy 窗口中选择当前地形，继续打开 Terrain Toolbox（地形工具箱），在 Terrain Utilities 选项卡中单击 Import From Terrain 按钮，如图 4–60 所示，将当前的地形图层进行导入。

图 4–59　设置纹理法线贴图效果

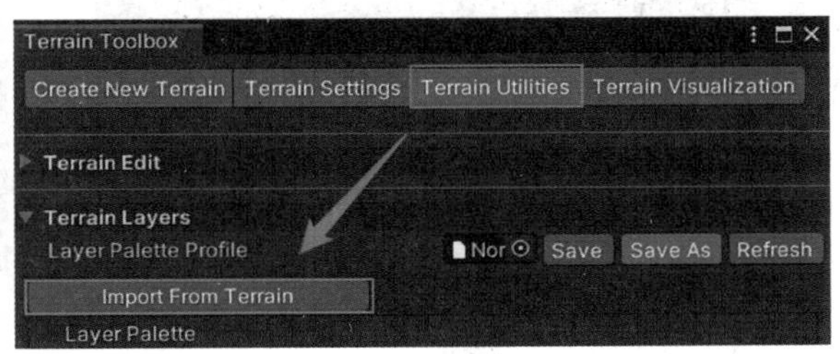

图 4–60　导入地形图层

6. 设置纹理影响度

此时系统会将当前地形中所使用到的所有纹理导入 Layer Palette（层调色板）列表中，由于当前的纹理是草地纹理，因此此时的层调色板列表中只有一项，如图 4–61（a）所示。继续在 Assets 目录中选择名为 Grass1 的草地纹理，这时在 Inspector 窗口中会看到 Normal

Map 属性下方出现一个名为 Normal Scale 的新选项，默认值为 1。该值表示法线贴图对当前纹理的影响程度，数值越大，影响越深。综合考虑影响度并保留原本纹理效果的情况下，将 Normal Scale 的数值设置为 2，如图 4–61（b）所示。

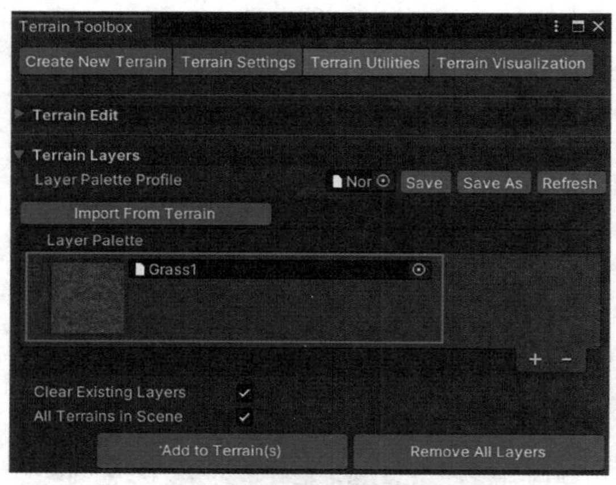

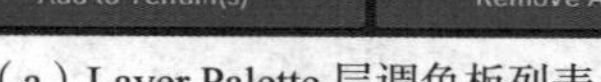
（a）Layer Palette 层调色板列表

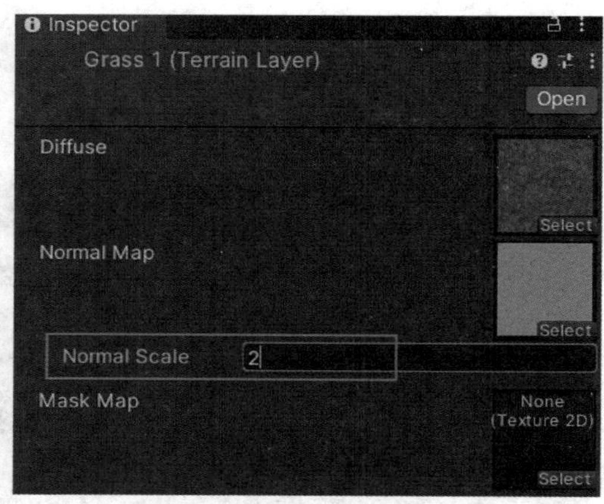

（b）设置 Normal Scale 值

图 4–61　设置纹理影响度

4.3.3　添加灯光

添加灯光

可以添加灯光来调整场景的明暗，这里仅介绍最简单的方向光（Direction Light）的添加和使用，有关灯光的其他内容将在后续章节中予以详述。

1. 禁用原有灯光组

选择场景中的灯光组 Lighting（见图 4–62（a）），在 Inspector 窗口中将其禁用（见图 4–62（b）），此时场景会变得非常昏暗。接下来添加自定义灯光。

（a）选择灯光组 Lighting

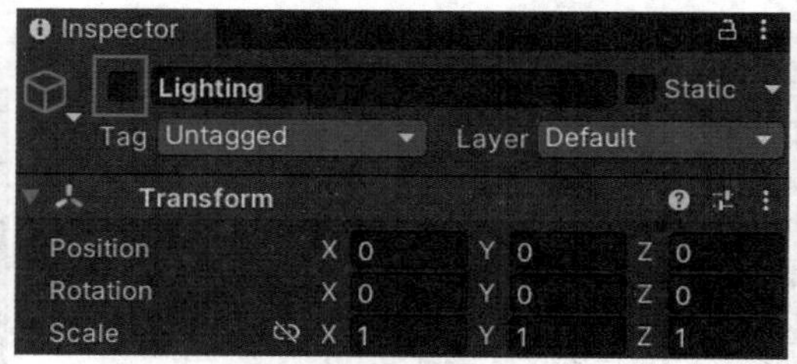

（b）禁用灯光组 Lighting

图 4–62　禁用灯光组

2. 添加自定义灯光

在 Unity 菜单栏中依次选择 Window → Rendering → Lighting，打开灯光设置界面，可以看到 Scene 选项卡 Lighting Settings Asset 属性的灯光参数为 PlaygroundSettings（见图 4–63（a）），这个是原来 DemoScene 中定义好的灯光组，并不适合现在的场景环境，我们需要添加一个新的灯光。单击界面下方的 New Lighting Settings 按钮新建一个灯光设置，

如图 4–63（b）所示。

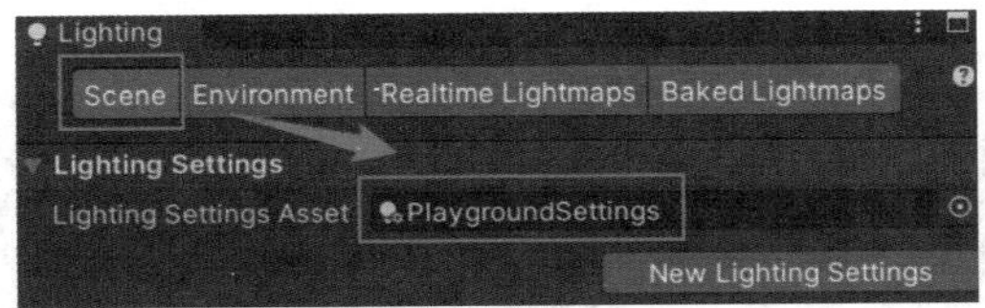

（a）原有的灯光组参数

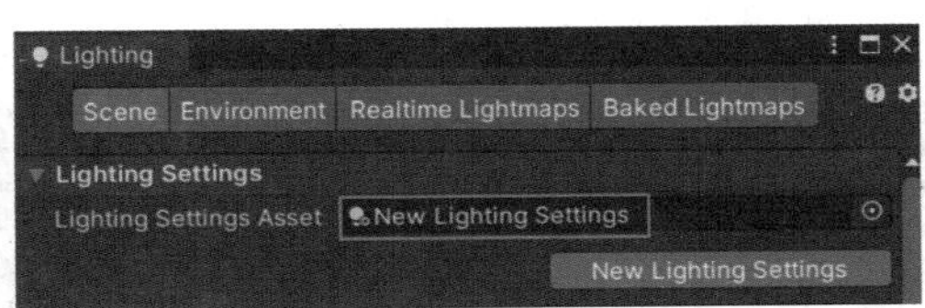

（b）新建灯光资源

图 4–63 添加自定义灯光

在场景资源目录中就能找到当前的这个灯光资源，如图 4–64（a）所示。选择该灯光资源，取消勾选对应 Inspector 窗口中的 Mixed Lighting 组件中烘焙设置项 Baked Global Illumination 前的复选框，如图 4–64（b）所示。

（a）新建的灯光资源

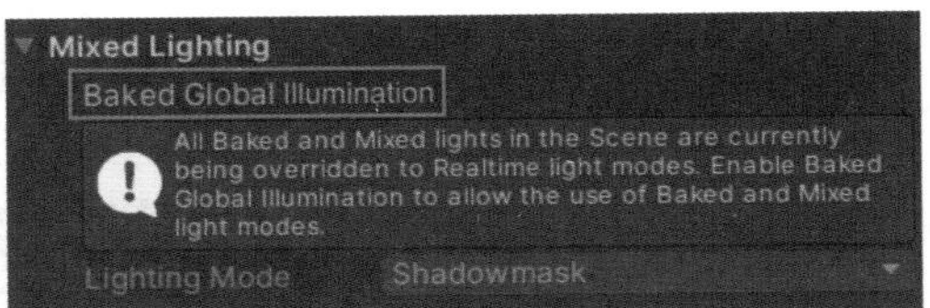

（b）取消烘焙设置项

图 4–64 取消灯光的烘焙设置项

然后单击 Lighting 窗口右下角的 Generate Lighting 按钮进行灯光的生成，如图 4–65 所示。

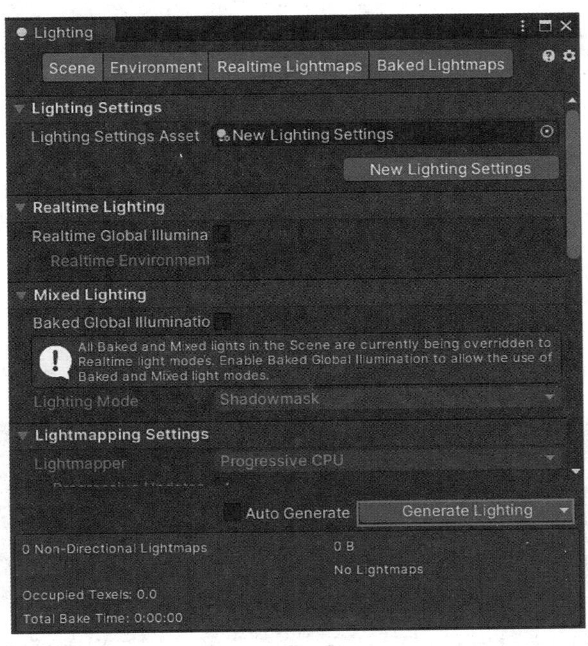

图 4–65 生成灯光

然后在 Hierarchy 窗口中右击选择 Light → Directional Light，为当前的场景新建一个

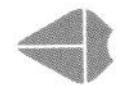

方向光对象，如图 4–66（a）所示。然后选择该对象，在 Inspector 窗口中将光强度设置为 1.5，如图 4–66（b）所示。

（a）创建新的 Directional Light 对象

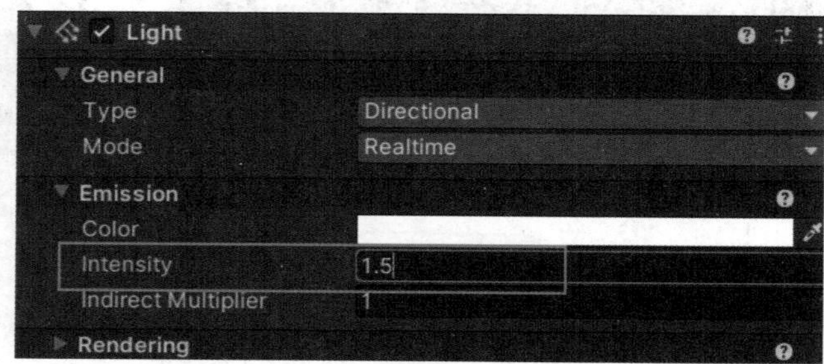

（b）设置光强度

图 4–66　设置方向光强度

再次运行场景，此时就能够得到如图 4–67 所示场景效果。

图 4–67　自定义灯光场景效果

绘制道路

4.3.4　绘制道路

1. 新建地形图层

道路需要在一个新建的地形图层中进行绘制。选择 Terrain 对象，在 Inspector 窗口中继续选择 Paint Texture 工具，在 Layer Palette 中新建一个名为 Road1 的层，如图 4–68 所示。

图 4–68　新建地形图层

在弹出的 Select Texture2D 窗口中选择名为 ground_road 的纹理，如图 4–69 所示。

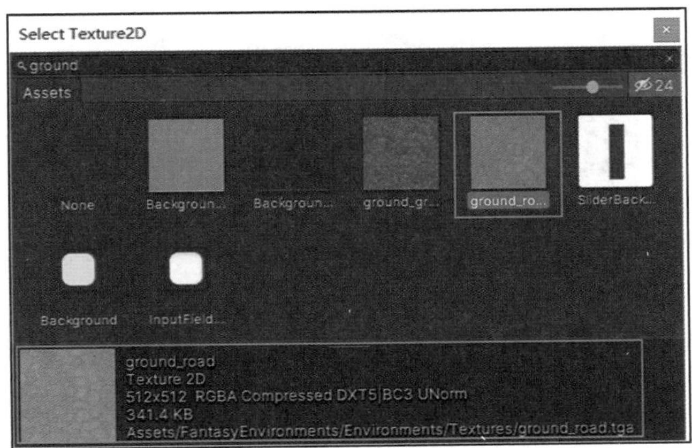

图 4–69 选择道路地形图层纹理

此时的层调色板列表如图 4–70 所示。

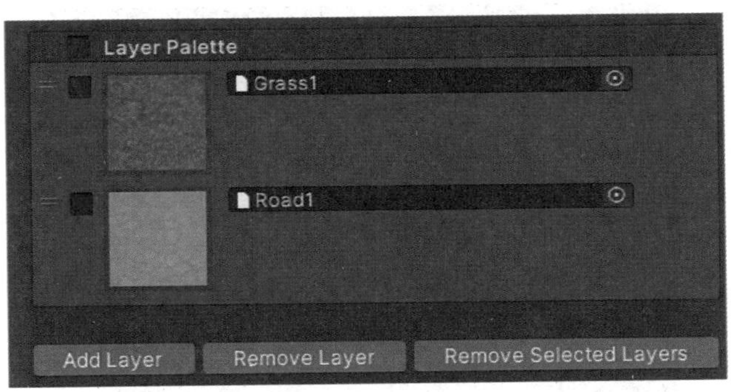

图 4–70 层调色板列表

选择如图 4–71（a）所示画笔，并且选择如图 4–71（b）所示的新建调色板层 Road1。

（a）选择画笔

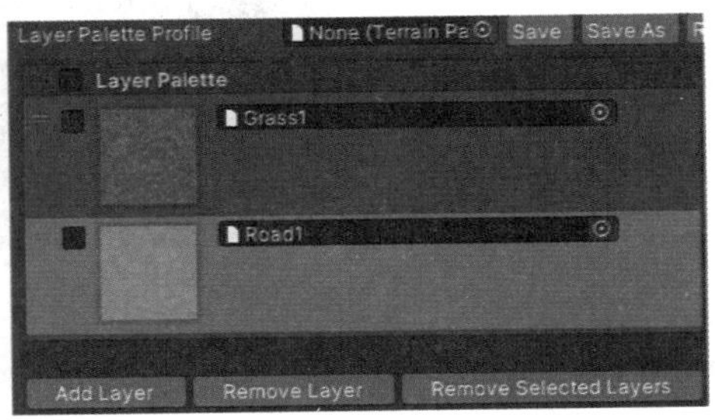

（b）选择新建的调色板层

图 4–71 选择调色板层

2. 绘制道路

调整画笔大小，就可以在地形中涂抹绘制如图 4–72 所示道路。若分辨率不足会导致绘制出的道路存在像素化情况而失真。

图 4–72　涂抹绘制道路

打开 Terrain Toolbox，在 Terrain Settings 选项卡中勾选 Texture Resolution 复选框，将 Control Texture Resolution（控制纹理分辨率）属性值设置为 1024，这样绘制出的道路就会清晰很多，然后单击左下方的 Apply to Selected Terrain(s) 按钮，将设置应用在当前已经选定的地形上，如图 4–73 所示。

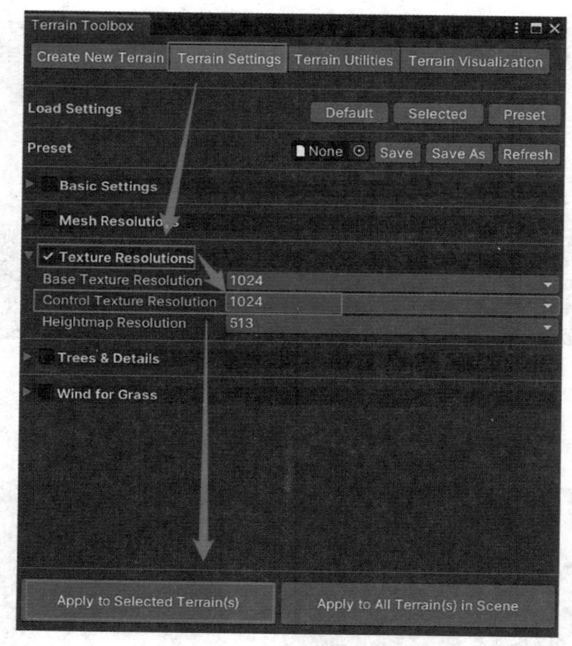

图 4–73　设置分辨率

3. 查看效果

使用该方法绘制如图 4–74（a）所示道路。绘制完成后运行场景，就能够通过人物模型在场景中漫游的方式测试效果，如图 4–74（b）所示。

4. 修复完善

若在绘制道路过程中，感受部分地方绘制效果不太理想（见图 4–75（a）)，可以在 Laver Palette 中选择名为 Grass1 的层（见图 4–75（b）)，将其补救回来。

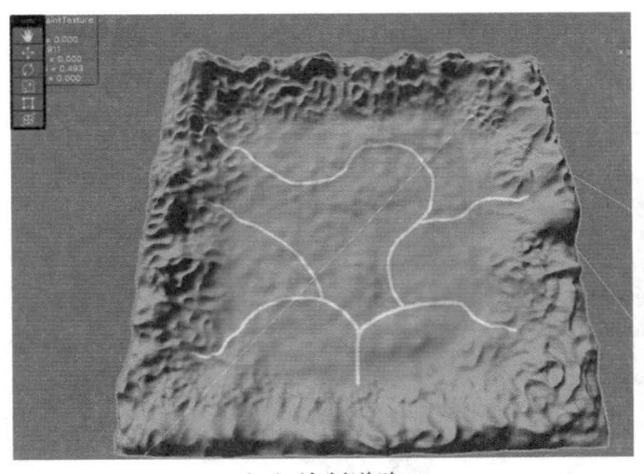

（a）绘制道路

（b）测试道路漫游效果

图 4–74 绘制道路效果

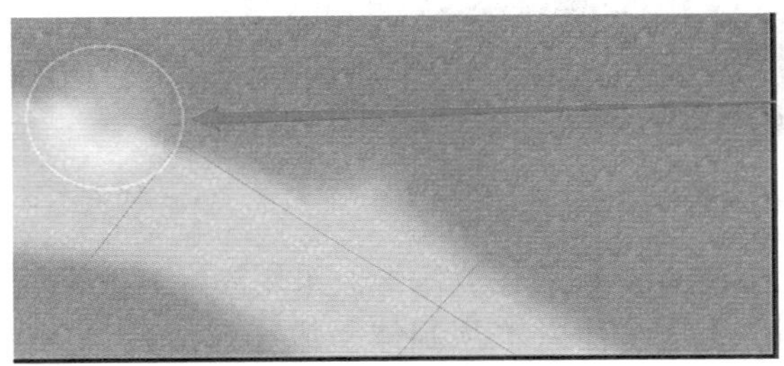

（a）视觉效果不理想的道路

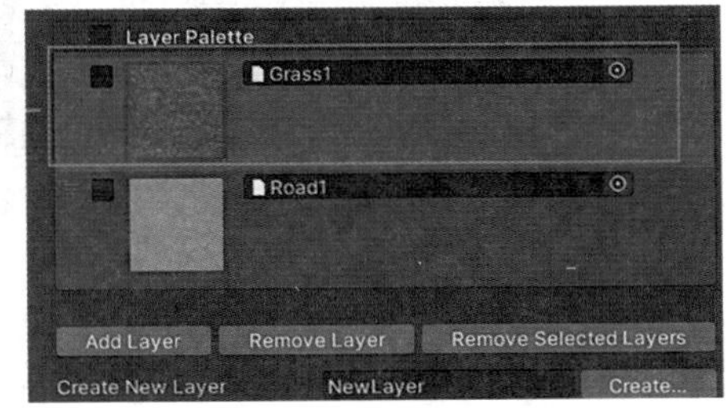

（b）选择原有的纹理层补救

图 4–75 道路效果补救方法

4.3.5 绘制树木

绘制树木

1. 单独添加树木

选择 Paint Trees 工具，单击如图 4–76（a）所示的 Edit Trees 按钮，然后在弹出的菜单中选择 Add Tree 命令，添加新的树木，如图 4–76（b）所示。

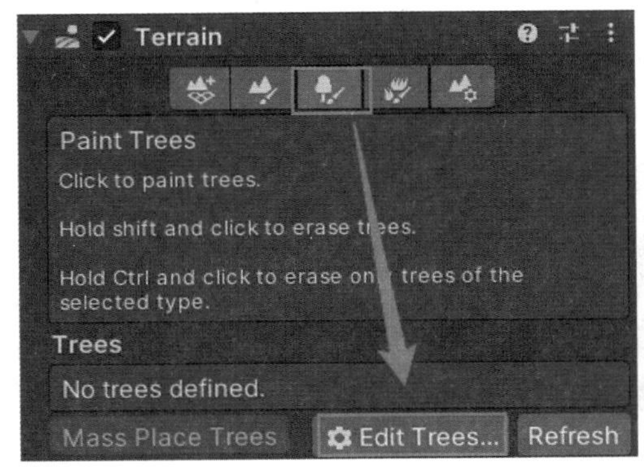

（a）Edit Trees 按钮

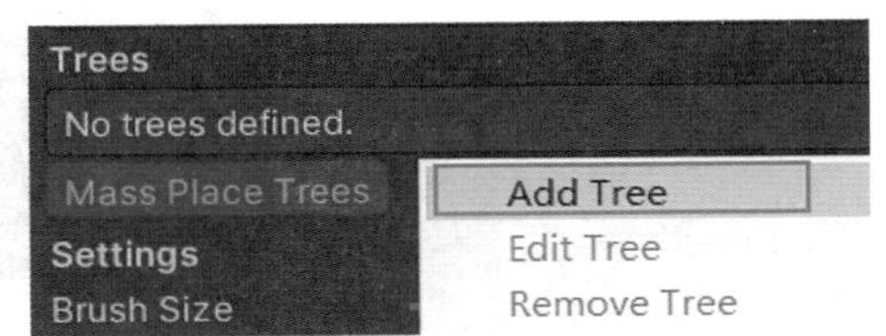

（b）添加树木命令

图 4–76 添加新的树木

在 Add Tree 窗口中选择树木的预制体，这里以如图 4–77 所示的名为 Birch_tree1 的树

木预制体为例。需要注意的是，树木预制体的文件扩展名为 .prefab，不是 .fbx 这种模型文件格式。

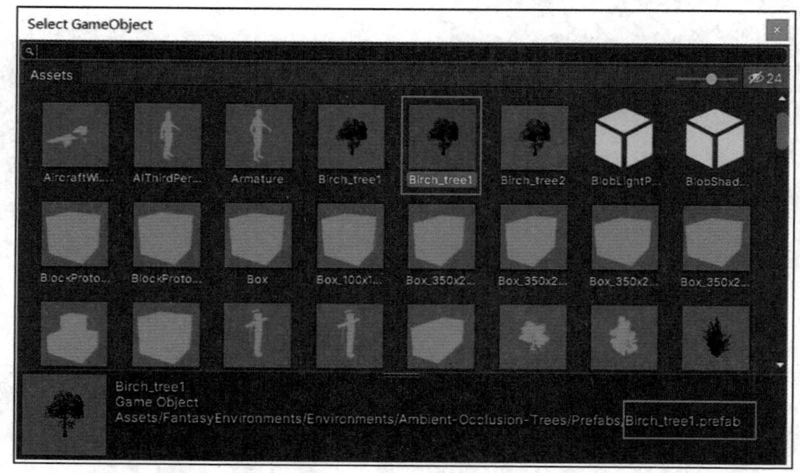

图 4–77　选择树木预制体

添加后的预制体如图 4–78（a）所示，单击 Add 按钮完成添加。采用同样方法接着添加 Birch_tree2、Deciduous_tree1 以及 Oak_tree1 这 3 种树木预制体，最终形成的 Trees 列表如图 4–78（b）所示。

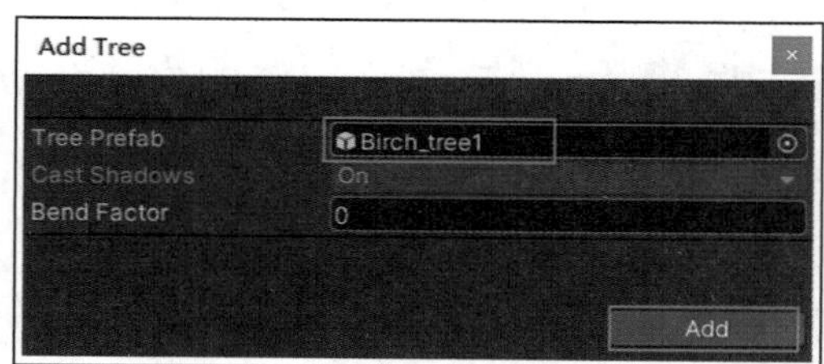

（a）添加 Birch_tree1 预制体

（b）树木预制体列表

图 4–78　添加树木预制体

在 Trees 列表中任意选择一种树木类型，调整 Brush Size（画笔大小）值为 9，如图 4–79 所示。

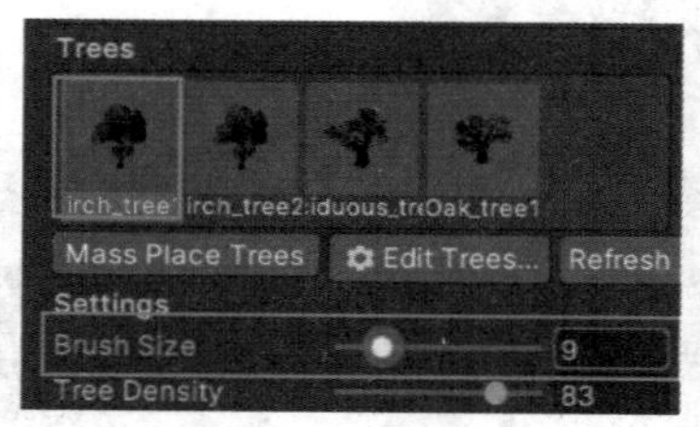

图 4–79　调整画笔大小

使用画笔在地形中绘制如图 4–80（a）所示的两棵树木。运行场景查看效果，如图 4–80（b）所示。

（a）在地形中添加树木

（b）查看场景效果

图 4–80　添加树木后场景效果

2. 批量添加树木

单独添加树木的效率较低，所以一般在大型场景创建过程中，普遍采用批量添加树木。任意选择列表中一种树木预制体，单击 Mass Place Trees（批量放置树木）按钮（见图 4–81（a））。在弹出窗口中设置添加树木的数量为 500，然后勾选 Keep Existing Trees 复选框，也就是在保留刚才手工添加的两棵树木的基础之上，再添加 500 棵随机种类的树木，最后单击右下角的 Place 按钮，如图 4–81（b）所示，即可随机自动添加树木。

（a）批量添加树木按钮

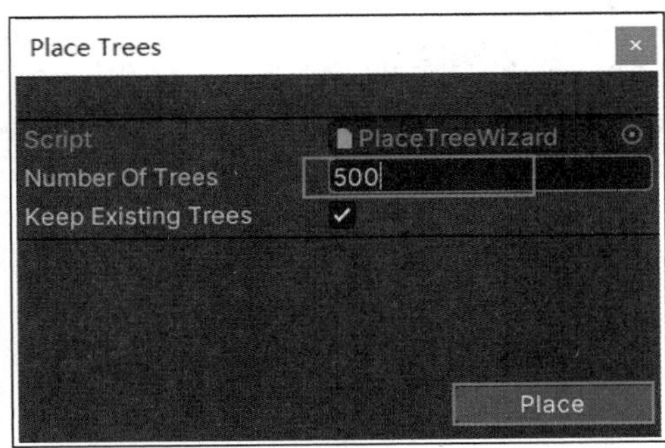

（b）设置随机添加树木的数量

图 4–81　批量添加树木

在 Scene 窗口中查看批量添加树木的效果，如图 4–82 所示。

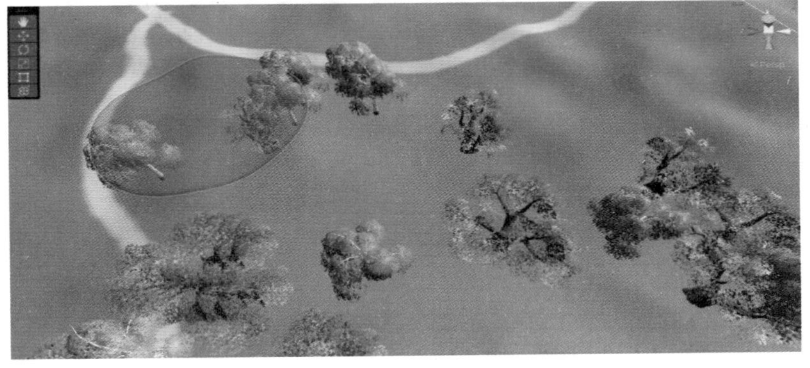

图 4–82　批量添加树木效果

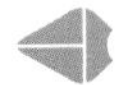

3. 查看整体效果

为了使开发者在 Scene 窗口中看到所有的树木，还需要进行一些参数设置。在 Terrain Inspector 的 Terrain Settings 属性中，找到 Tree & Detail Objects 属性，设置 Billboard Start 值为 2000，如图 4–83（a）所示。该属性的作用是优化渲染率，也就是当摄像机远离场景中的细节到一定距离时，场景中会显示整个贴图，只有当人形角色靠近场景细节到一定程度时，才会出现显示场景细节。将 Billboard Start 参数值设置为最大，可使开发者更清晰地预览全局场景，如图 4–83（b）所示，从而便于进行细节化调整。

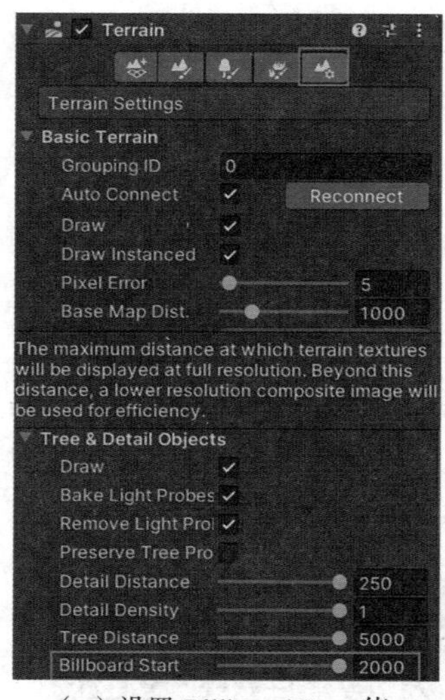

（a）设置 Billboard Start 值

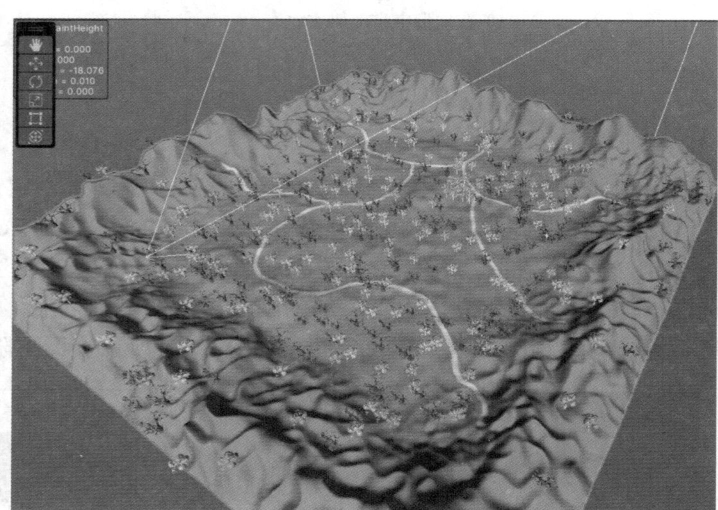

（b）预览全局场景

图 4–83　查看整体效果

4. 优化整体效果

运行场景，就能够看到如图 4–84 所示的场景漫游效果。

图 4–84　查看场景漫游效果

正常情况下，人无法非常清晰地看到较远距离的山头或植被，因此需要将较远处的物体进行一定的遮挡处理。这种处理称为场景优化处理措施，它减少了摄像机每次渲染的场景元素，从而减少了场景运行时的资源消耗。常见的场景优化处理方法主要有以下两种。

1）多层次细节展示方式

其主要应用在独立模型场景中，为同一个模型分别设置高模、中模和低模三种精度依次降低的分段（Segments）值，离摄像机较近时采用高模精度展示方式，远离一定距离时采用略微模糊的中模显示方式，而当距离较远时，则采用低模显示，甚至在场景中不显示模型。这种方法通过摄像机与模型之间的渲染距离来动态调整场景细节，既符合现实中的实际情况，又做到了对场景的优化，尤其当场景中对象和细节较多时，可以大幅提升场景运行的流畅性。

2）全局雾效展示方式

为场景添加一定的全局雾效（Fog）。在菜单栏中依次选择 Window → Rendering → Lighting 命令，在 Environment 选项卡中勾选 Fog 复选框，开启全局雾特效，重点设置雾的颜色（Color）及密度（Density），这里将密度设置为 0.01，如图 4–85（a）所示。较低的数值可以确保场景中的雾并不是特别的浓，更加符合真实世界中的情况。再次运行场景，可以看出远处的山峰和树木看起来并不是特别的清晰，有种朦胧的感觉，如图 4–85（b）所示。

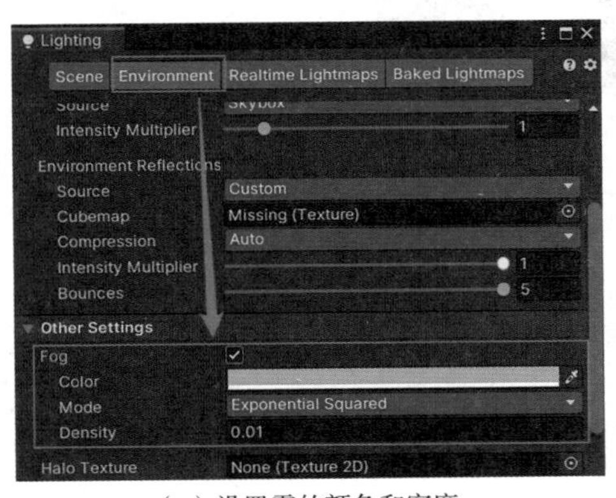

（a）设置雾的颜色和密度

（b）预览全局雾效果

图 4–85　优化整体效果

5. 完善细节效果

在漫游场景过程中可以看到部分树木位于道路中央（见图 4–86（a）），这与实际场景情况不符，需要移除这种布局不合理的树木。按住 Shift 键并单击绘制树木的工具，就可以消除布局不合理的树木（见图 4–86（b））。

如何在不运行场景的情况下，在场景中尽快找出这样不符合要求的树木，从而移除它们呢？可以在 Scene 窗口中按住鼠标右键，此时鼠标指针变为眼睛形状，然后结合 W、A、S、D 键和鼠标的滑动方向，就可以在 Scene 场景中实时查看细节，便于对其进行调整。正常情况下，道路的两边会产生一些凸起，选择 Raise or Lower Terrain 工具，然后选择第 3 个笔刷（见图 4–87（a）），设置笔刷强度为 0.01，大小为 5（见图 4–87（b）），在道路两边进行涂抹，使得道路与两旁的草坪分界更加明显，得到图 4–87（c）的效果。

（a）查看布局不合理的树木

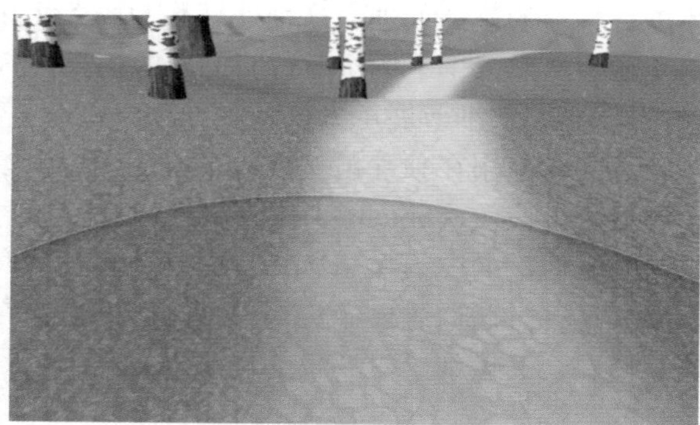

（b）移除树木预览效果

图 4–86　移除布局不合理的树木

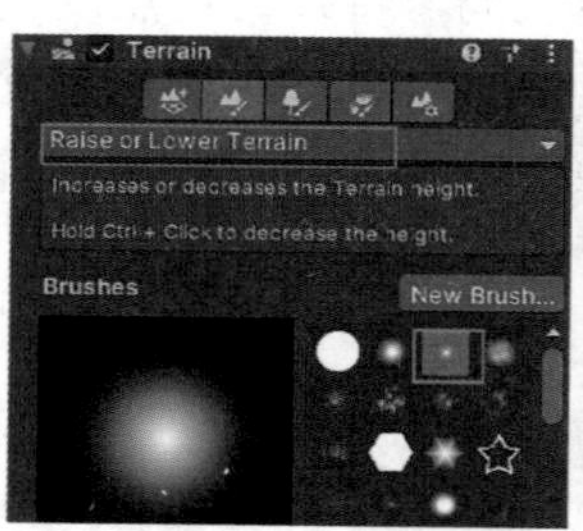

（a）选择笔刷

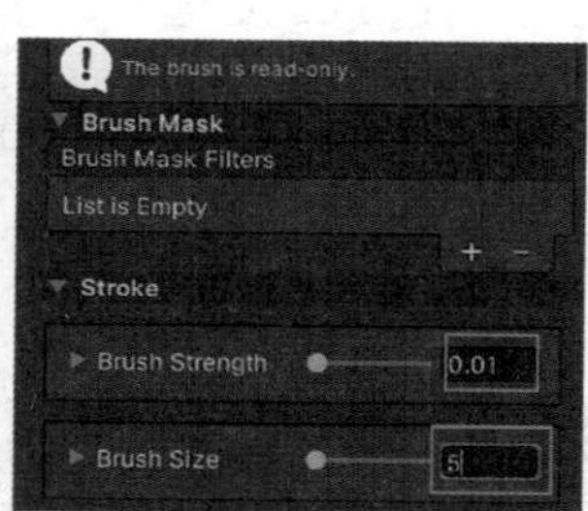

（b）设置笔刷强度和大小

（c）道路与草坪分界的处理效果

图 4–87　完善道路与草坪分界效果

绘制花草

4.3.6　绘制花草

选择 Paint Details 工具，单击 Edit Details 按钮，在弹出菜单中选择 Add Grass Texture 添加草坪纹理命令，如图 4-88 所示。

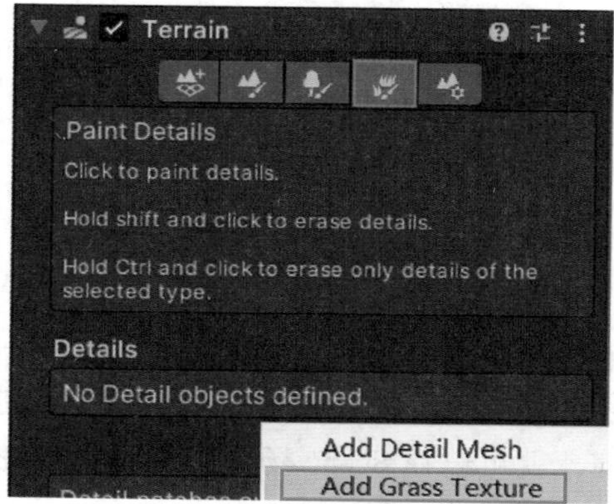

图 4–88　Add Grass Texture 命令

在弹出对话框的 Detail Prefab 选项中选择名为 Grass1.prefab 的预制体，并分别设置草的最大 / 最小宽度（Max Width/Min Width）、最大 / 最小高度（Max Height/Min Height）、随机细节布置种子值（Noise Spread）等参数，并且要取消勾选 Use GPU Instancing（使用 GPU 实例化）复选框，此时就可以设置草的健康颜色（Healthy Color）和干枯颜色（Dry Color），如图 4–89（a）所示，完成设置后单击右下角的 Add 按钮添加细节纹理。此时在场景中绘制，就能得到如图 4-89（b）所示的草地纹理。

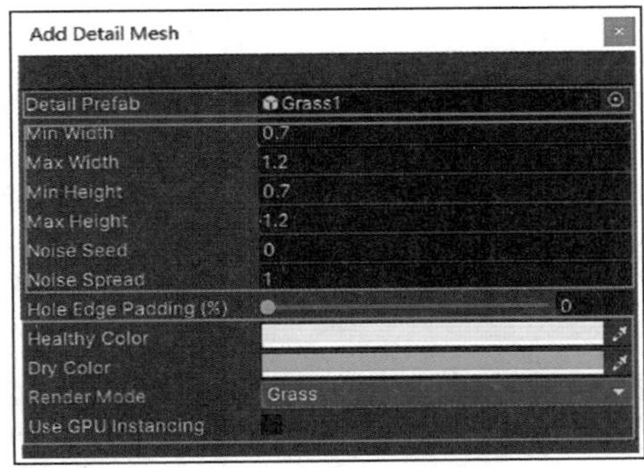

（a）设置细节预制体参数

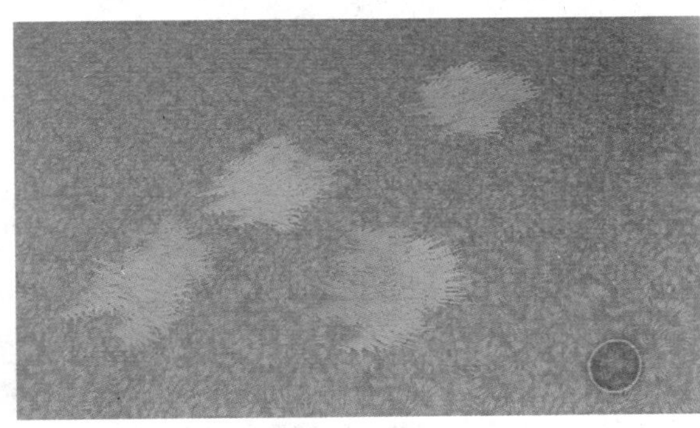

（b）绘制细节纹理

图 4–89 添加草坪细节纹理

很明显，图 4–89（b）中绘制的草坪细节纹理的方向不对。继续在 Terrain Settings 设置窗口中，将 Wind Settings for Grass（草地的风向设置）属性的 Bending（弯曲）参数值由默认的 0.5 调整为 0.2（见图 4–90（a）），此时就可以实时地在 Scene 窗口中看到草的方向发生了变化，如图 4–90（b）所示。

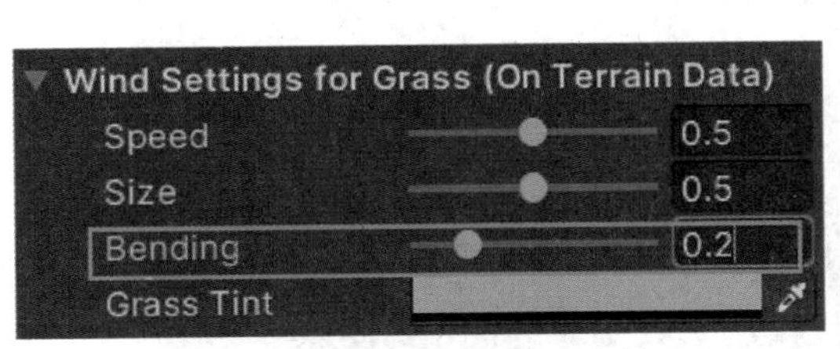

（a）设置草坪细节纹理方向参数

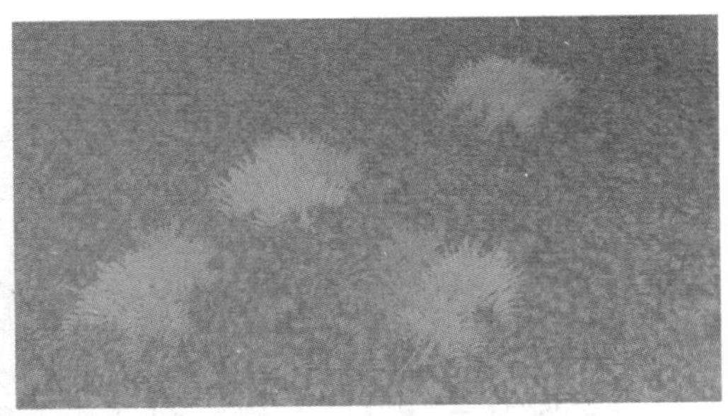

（b）查看效果

图 4–90 修改草坪细节纹理方向

使用同样的方法在场景中其他位置也进行草坪细节纹理的绘制，绘制后的场景如图 4–91（a）所示。运行场景时查看草坪细节纹理，如图 4–91（b）所示，感觉细节草丛颜色与原来草坪颜色相稍显艳丽，略显突兀。

注意： 草坪细节纹理不能绘制较多，否则运行场景时会占用较多的资源。

（a）整体查看场景效果

（b）预览草坪细节纹理绘制效果

图 4–91　预览草坪细节纹理绘制效果

继续设置 Terrain Setting 中的 Wind Settings for Grass 的 Grass Tint 属性，将颜色值设置为一个较暗的颜色，如图 4–92（a）所示。再次查看效果，如图 4–92（b）所示，可以看出草丛颜色与草地颜色融为一体。

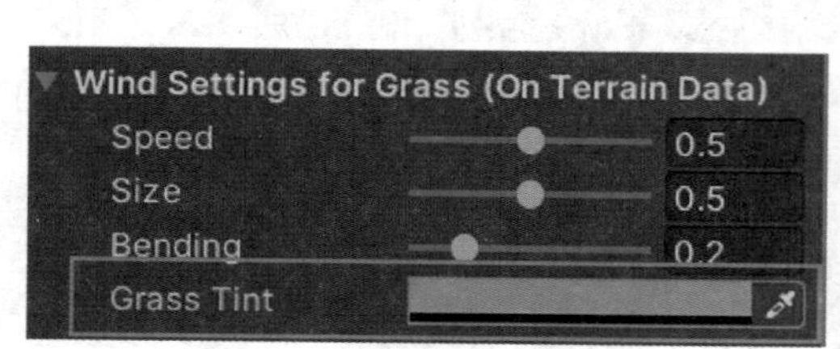

（a）设置 Grass Tint 属性

（b）预览效果

图 4–92　设置草丛与草地颜色融合效果

接下来选择花的素材预制体，如图 4–93 所示，注意选择的预制体扩展名为 .prefab。

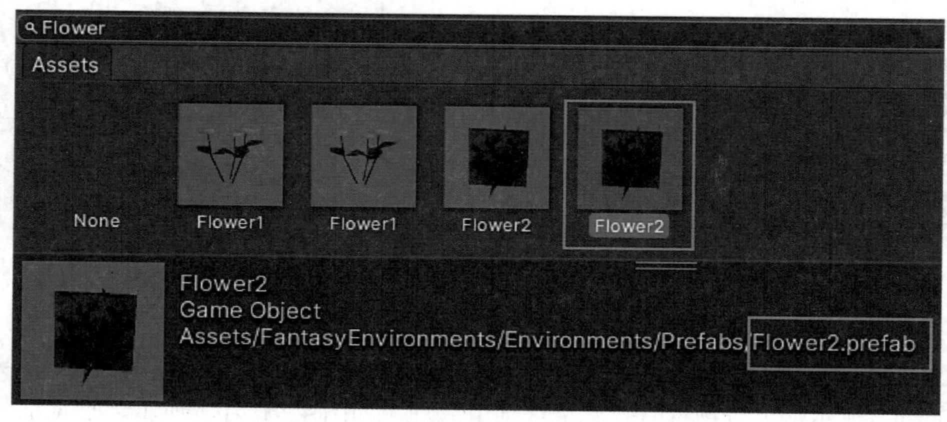

图 4–93　选择花素材预制体

与设置草预制体方法相同，分别设置花的 Max Height/Min Height、Max Width/Min Width、Healthy Color/Dry Color 等属性值，如图 4–94 所示，最后单击右下角的 Add 按钮添加花。

Add Detail Mesh

Detail Prefab	Flower2
Min Width	1
Max Width	2
Min Height	1
Max Height	2
Noise Seed	0
Noise Spread	0.1
Hole Edge Padding (%)	0
Healthy Color	
Dry Color	
Render Mode	Grass
Use GPU Instancing	

图 4–94　设置花预制体属性值

接下来用画笔在场景中进行花的绘制，效果如图 4–95（a）所示。运行场景，人物角色在场景中漫游的效果如图 4–95（b）所示。

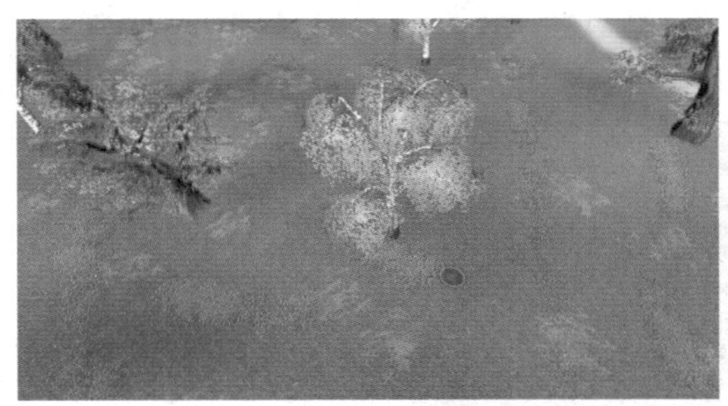

（a）在场景中绘制花

（b）查看效果

图 4–95　在场景中添加花

使用同样方法选择花的预制体 Flower1.prefab，在场景中添加一些白色的小花作为点缀，如图 4–96（a）所示，添加完成后运行场景，查看漫游效果，如图 4–96（b）所示。

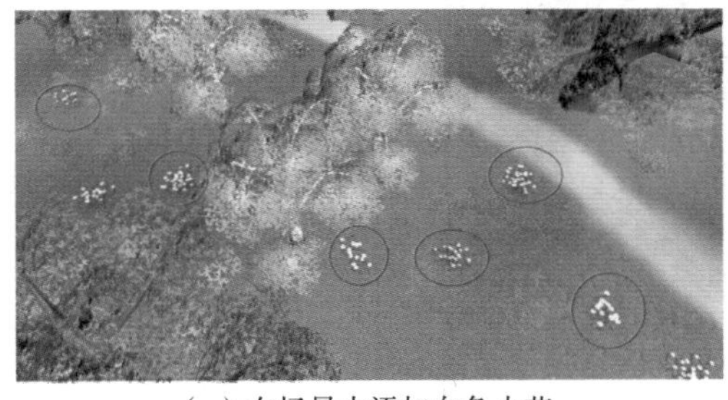

（a）在场景中添加白色小花

（b）查看效果

图 4–96　在场景中添加白色效花

添加岩石

4.3.7 添加岩石

接下来要在场景中添加一些岩石。岩石的添加并不是通过 Terrain Details 进行绘制的，该场景中的岩石作为单独的预制体而存在，所以仅需要将资源包中的预制体拖入场景，并且调整其位置、大小和方向，即可完成对其的布置。首先在 Prefabs 目录中找到名为 Rock1 的岩石预制体，如图 4–97 所示。

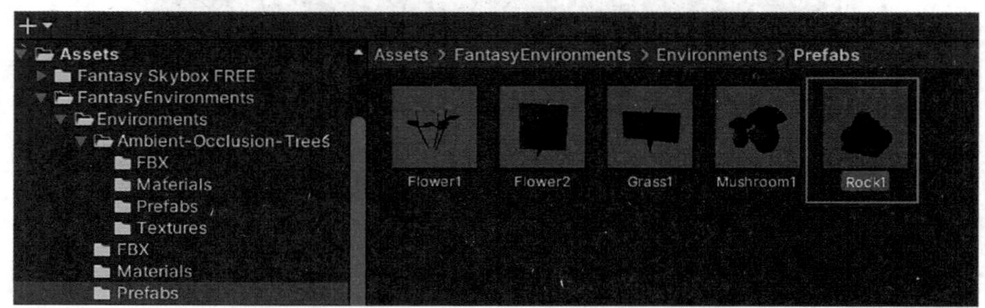

图 4–97　找到岩石预制体

将岩石预制体直接拖入场景中，并使用移动、旋转以及缩放工具对岩石进行微调，使其符合场景的整体布局，效果如图 4–98 所示。

图 4–98　调整岩石位置方位

使用同样的方法，在场景中其他地方也部署一些岩石。此时我们没有必要重新从预制体中进行添加了，可以选择当前的岩石对象，按 Ctrl+D 组合键复制出一个新的岩石对象 Rock1(1)，如图 4–99（a）所示，将其拖曳到场景中相应位置，效果如图 4–99（b）所示。

使用同样方法复制多个岩石对象，但在 Hierarchy 窗口中会发现岩石对象列表的排序较混乱，非常不便于在层级面板中进行对象的管理。这时可在 Hierarchy 窗口中右击选择 Create Empty，新建一个空对象作为父对象，将这些岩石对象作为子对象放在其下进行折叠管理。空物体坐标设置为世界坐标的原点，参数如图 4–100 所示。

（a）复制岩石对象

（b）在场景中布置岩石对象

图 4–99　复制岩石对象并布置场景

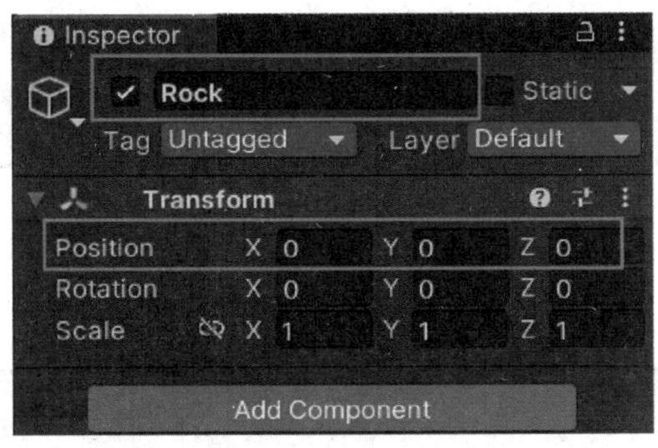

图 4–100　创建岩石的父对象

整理后的 Hierarchy 窗口中的对象列表如图 4–101（a）所示，可以看出父对象可以进行折叠，从而提高了场景对象的管理效率。后续场景中添加的一些新的预制体模型，也采用这种方法进行管理。还可以在场景中的大树下添加一些蘑菇，需要将 Prefabs 目录中的 Mushroom1.prefab 预制体拖曳进场景后进行细节处理，多个蘑菇对象的管理与岩石对象相同，如图 4–101（b）所示。

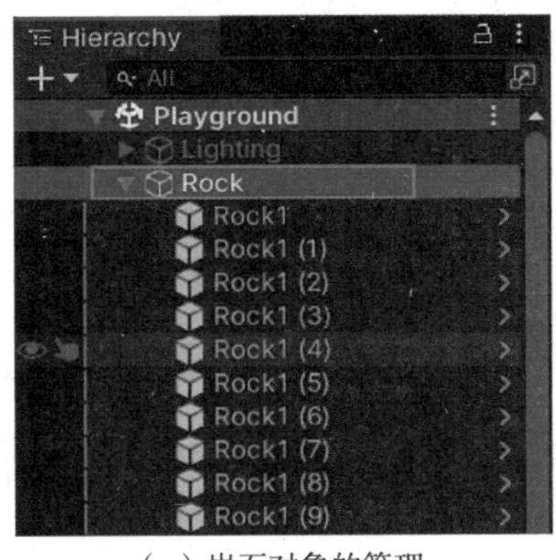

（a）岩石对象的管理

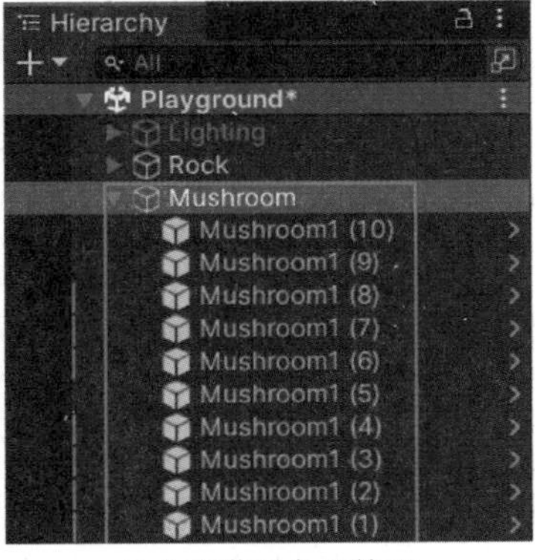

（b）蘑菇对象的管理

图 4–101　场景中同类对象的管理

运行场景查看实现效果，如图 4–102 所示。

图 4–102　在场景中添加蘑菇

4.4　精益求精：后期处理

Unity 的后期处理（Post-processing）主要是指在游戏或应用程序开发中，使用 Unity 引擎提供的功能进行图形渲染、特效增强和画面优化等操作，提高场景细节的逼真感，提升视觉效果和用户体验感。通常使用一些简单的后期处理，比如灯光、体积、色调、高光、亮度、对比度、白平衡等，就可以大大提升场景的体验感。

添加天空盒与灯光处理

4.4.1　添加天空盒

根据第 3 章的操作步骤，在 Fantasy Skybox Free 目录中选择一款天空盒添加至当前场景中，这一部分内容请读者自行完成。

4.4.2　灯光处理

使用旋转工具在场景中调整方向光的具体朝向，在照亮场景的同时，开启场景中对象的阴影效果。在 Light 对应的 Inspector 窗口中的 Shadows 属性下，将 Shadow Type（阴影模式）设置为 Soft Shadows（软阴影），Strength（强度）设置为 0.72，如图 4–103（a）所示。此时可以看出场景中的树木产生了阴影，效果如图 4–103（b）所示。

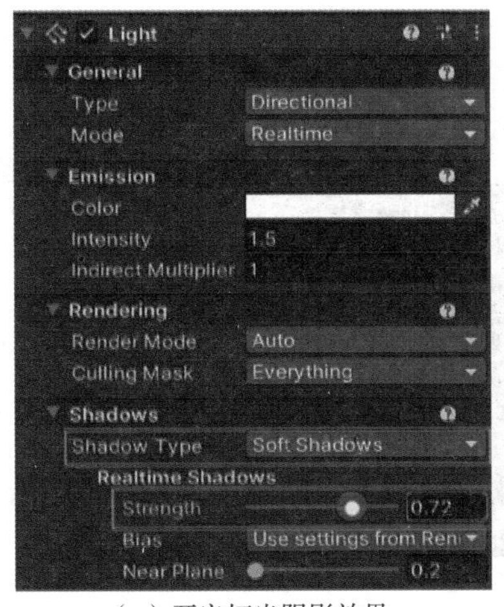

（a）开启灯光阴影效果

（b）查看灯光阴影效果

图 4–103 添加场景阴影效果

4.4.3 添加体积

在 Hierarchy 窗口中右击，选择 Volume → Global Volume 命令，此时在 Hierarchy 窗口中就可以看到一个 Global Volume 游戏对象。选中它，在资源检视面板可以看到有一个 Volume 组件，这就是 URP 实现屏幕后处理的核心组件（见图 4–104）。Volume 组件下面有个 Profile 选项文件需要用户指定，该文件主要用于保存给场景添加的屏幕后处理特效和效果参数，Volume 需要通过读取这个文件数据来实现用户需要的效果。

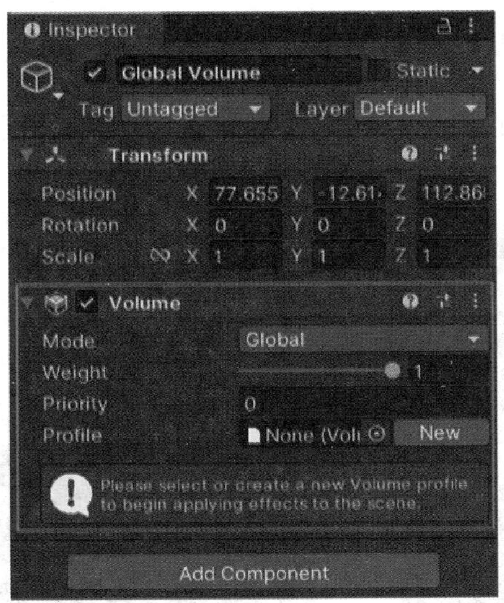

图 4–104 添加 Global Volume 对象

单击 Profile 选项后的 New 按钮，Unity 会自动在当前场景所在目录下新建一个和场景同名的目录，然后在该目录下自动生成一个 profile 文件；也可在 Project 窗口中，右击选择 Create → Volume Profile 命令，在当前目录下生成一个 profile 文件，如图 4–105 所示，生成的 Profile 文件名为 Global Volume Profile (Volume Profile)。

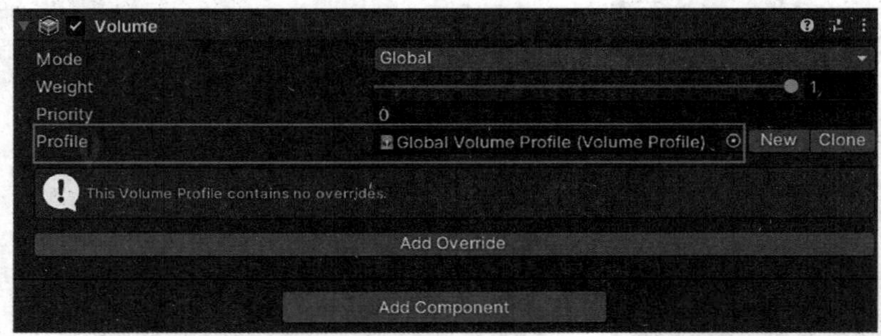

图 4–105　新建 Profile 文件

调整色调映射、高光溢出、亮度、对比度以及白平衡

4.4.4　调整色调映射

单击图 4–105 所示的 Add Override 按钮，选择 Post-processing → Tonemapping（色调映射）选项，如图 4–106（a）所示。Tonemapping 通常可理解为将颜色值从 HDR（高动态范围）映射到 LDR（低动态范围）的过程。对于 Unity 所在的大多数平台来说，这意味着任意 16 位浮点颜色值会映射到处于［0，1］的传统 8 位值。

注意：仅当使用的摄像机支持 HDR 时，色调映射才能正常工作。

色调映射适合与启用 HDR 的高光溢出（Bloom）效果结合使用。确保在色调映射前应用高光溢出，否则会丢失所有高范围。一般而言，可以从较高亮度获益的任何效果都应安排在色调映射器之前。在 Tonemapping 弹出的窗口中勾选 Mode 前面的复选框，将其启用，然后选择模式 ACES，如图 4–106（b）所示。

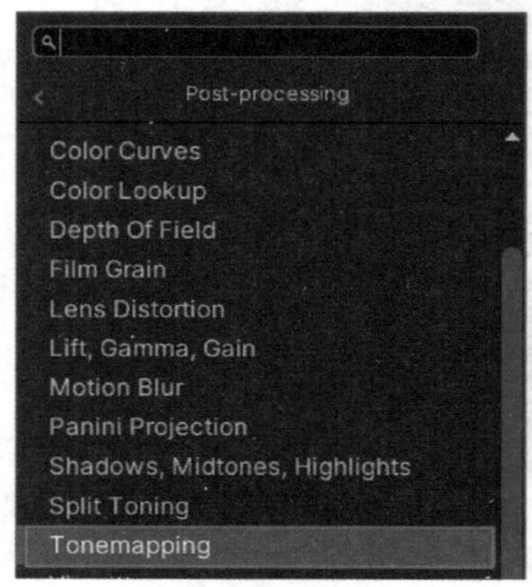

（a）选择色调映射命令

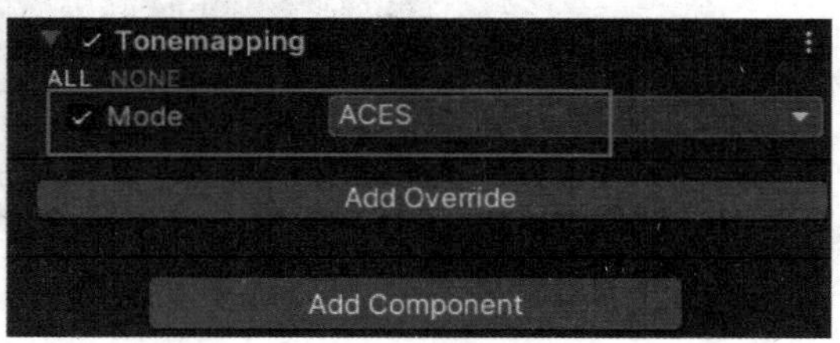

（b）选择色调映射模式

图 4–106　调整色调映射

4.4.5 调整高光溢出

接下来处理明暗和对比度。继续单击 Add Override 按钮，选择 Post-processing → Bloom 选项。高光溢出（Bloom）是一种常见的后处理效果，用来给发光的物体增加光晕。Bloom 的前 3 个选项，分别是用来过滤掉该亮度级别以下的像素且值在伽马空间中的 Threshold 选项、设置 Bloom 过滤器强度值的 Intensity 选项和 Bloom 效果所影响的范围半径值的 Scatter 选项，建议属性值如图 4–107 所示设置。

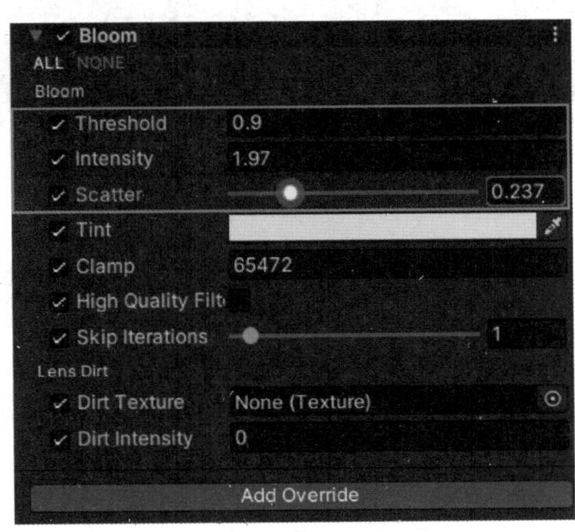

图 4–107 调整高光溢出

4.4.6 调整亮度和对比度

继续添加 Post-processing → Lift Gamma Gain（提升伽马增益）选项，选项类型及描述如表 4–4 所示。

表 4–4 Lift Gamma Gain 选项类型及含义

选项	含 义
Lift	控制暗色调，对阴影有夸张的效果：①使用轨迹球选择 URP 应该将暗色调的色调转换到哪一种颜色；②使用滑块来偏移轨迹球颜色的亮度
Gamma	控制中间色调：①使用轨迹球来选择 URP 应该使用哪种颜色来改变中间色调的颜色；②使用滑块来偏移轨迹球颜色的亮度
Gain	增加信号，使高光更亮：①使用轨迹球选择 URP 用来调整的高亮色调的颜色；②使用滑块来偏移轨迹球颜色的亮度

分别设置表 4–4 中这三个属性的值，如图 4–108 所示。

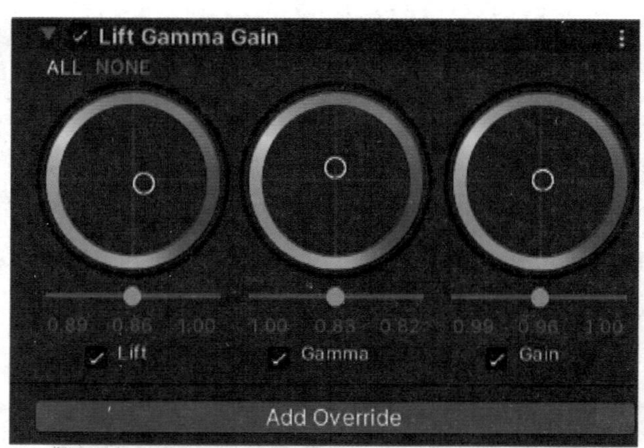

图 4–108　调整亮度和对比度

4.4.7　调整白平衡

最后添加一个白平衡选项。由于光的三原色（红、绿、蓝）混合后是白色，因此白平衡（White Balance）是描述其白色精确度的一个指标，通过它可以解决色彩还原和色调处理的一系列问题。使用数码摄像机拍照时常遇到一些问题：日光灯的房间里拍摄的影像会发绿，室内钨丝灯光下拍摄的影像会偏黄，日光灯阴影处拍摄到的照片则偏蓝，这些都是因为白平衡设置不当造成的。白平衡修正图像的方法是将白色物体还原为白色，对于偏色情况，加强对应的补色来补偿。

与白平衡相关的一个概念是色温。色温是表示光线中包含颜色成分的一个计量单位，其单位为 K（开尔文）。假设一个黑体物质，能够将落在其上的所有热量吸收，没有损失，同时将热量生成的能量以光的形式释放出来，便会因受到热力的高低而变成不同的颜色。如黑体受到的热力相当于 500~550℃，就会变成暗红色，达到 1050~1150℃时，就会变成黄色，温度继续升高就会变成蓝色。任何光线的色温相当于黑体散发出同样颜色时所受到的温度。色温越高，颜色越偏蓝，色温越低则越偏红。某一种色光比其他的色光的色温高，说明该色光比其他色光偏蓝，反之偏红。同样，当一种色光比其他色光偏蓝时，说明该色光的色温偏高。由于人眼拥有适应性，所以有时并不能发现色温变化，因为过一段时间之后人眼就会适应光源色温的改变。而白平衡就是针对不同的色温条件，抵消偏色，使其更接近人眼的视觉习惯，使白色物体仍是白色。

继续单击 Add Override 按钮，然后选择 Post-processing → White Balance 选项，分别设置 Temperature（温度）属性和 Tint（设置白平衡以补偿绿色或品红色色调）属性的值，如图 4–109（a）所示，其中 Temperature 值较大场景会偏黄色，值较小场景会偏蓝色；Tint 值较大，场景就会偏酒红色，值较小场景就会偏绿色。设置完这些参数后，先不要立即运行场景，因为具体效果这时并不会在 Game 视图中显示出来。需要先选择 Main Camera，在 Inspector 窗口中找到 Rendering 设置，勾选 Post Processing（后期处理）前面的复选框，如图 4–109（b）所示。

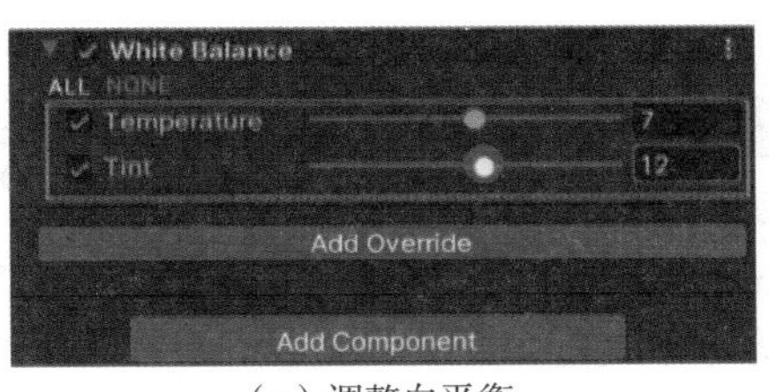

（a）调整白平衡

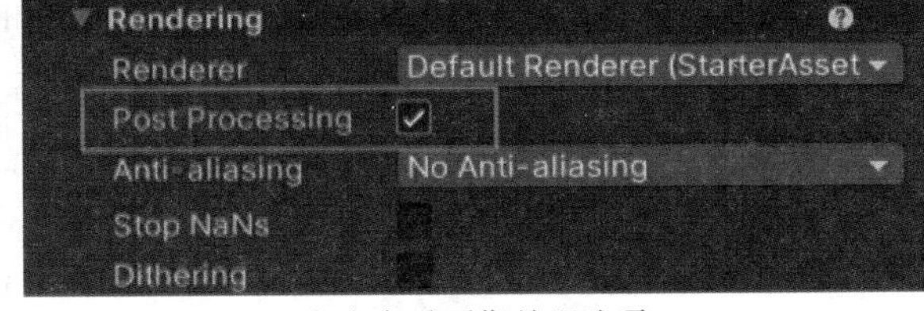

（b）勾选后期处理选项

图 4–109 调整白平衡及选择后期处理

此时再来运行场景，就能够看到添加后期处理特效后的特效场景了，如图 4–110 所示。

图 4–110 后期特效处理后的场景效果

能 力 自 测

一、单选题

1. 默认情况下，Unity 在地形区块的 Terrain Settings 中会启用 Basic Terrain 下的（　　），系统会自动管理并连接到具有相同 Grouping ID 的所有相邻地形图块。

A. Reconnect　　B. Auto connect

C. Neighbor Terrains　　D. Fill Heightmap Using Neighbors

2. 除以下（　　）选项外，其他操作都可能会丢失瓦片之间的连接。

A. 任意更改一个瓦片的 Grouping ID

B. 禁用一个瓦片的 Auto Connect 复选框

C. 禁用多个瓦片的 Auto Connect 复选框

D. 设置两个相邻瓦片具有相同的 Grouping ID

3. 单击（　　）可选择不同的地形工具绘制地形。

A. 　　B. 　　C. 　　D.

4. 以下（　　）工具可以快速修改地形高度，让地形更加逼真。

A. Raise or Lower Terrain　　B. Stamp Terrain

C. Set Height　　D. Smooth Height

5. 以下（　　）工具可以将地形某个区域内的高度调整到一个统一的特定值。

A. Raise or Lower Terrain　　B. Stamp Terrain

C. Set Height　　D. Smooth Height

6. 导入资源包打开场景文件后，发现场景中一些树木呈现粉红色，原因可能是（　　）。

A. 这些树木本来就是粉红色

B. 当前场景和树木材质的渲染管线不匹配

C. 网络连接不稳定，资源包加载失败

D. 着色器损坏

7. 要在场景中绘制路径，使用以下（　　）工具。

A. Paint Texture　　B. Raise or Lower Terrain

C. Smooth Height　　D. Stamp Terrain

8. 以下（　　）可能会导致绘制出的道路存在像素化而失真。

A. 着色器参数设置有误　　B. 笔刷大小设置不当

C. 笔刷强度设置不当　　D. 纹理分辨率不足

9. 单击（　　）可绘制树木。

A. 　　B. 　　C. 　　D.

10. 使用数码摄像机在日光灯阴影处拍照时照片会偏蓝，原因可能是（　　）。

A. 摄像机参数设置不当　　B. 光线太暗

C. 白平衡设置不当　　D. 摄像机分辨率不足

二、填空题

1. 新建一个地形对象后，Inspector 窗口中默认存在________________和__________________两个组件。

2. Terrain 组件提供了五个调整地形的工具，分别是：创建相邻地形、______________________、__________________、__________________和地形设置。

3. __________________工具可以提高或降低地形图块。

4. 使用不同强度的画笔可创建不同的地形效果：使用软边画笔可以创建____________________；使用硬边画笔则可以切割出__________________。

5. __________________工具用于在地形中绘制底层（洞穴和悬崖）的开口。

6. __________________工具用于为地形添加草、雪、沙等纹理。

7. __________________工具对于在场景中创建平坦的区域非常有用，例如高原以及像道路、平台和台阶这样的人造特征。

8. 使用包含高频图案的画笔进行绘制后，往往会在景观中呈现尖锐的锯齿状边缘，这

时可使用 ________________ 工具将这些粗糙外观柔化。

9. 如果直接使用 Unity 地形系统中的工具绘制地形，可能很难达到预期的精美地形效果，用户可以借助一些插件或者 ________________ 进行地形的绘制。

10. 转换材质的方法有两种：________________ 和 ________________。

11. 噪声工具能够对地形进行细微的雕刻，噪声纹理越小，绘制出的地形越 __________；噪声颗粒度越小，绘制出的地形越 ________________。

12. 要在地形中央绘制较小凸起的平缓地形效果，可将 Noise Type 设置为 ________________。

三、简答题

1. Unity 中新建一个 Terrain 对象后，Inspector 窗口中默认存在哪些组件，其作用各是什么？

2. Terrain 组件提供了五个调整地形的工具，请分别简述其名称和作用。

3. Paint Terrain 提供六种不同的地形绘制工具，请分别简述其名称和作用。

第5章 模型的添加与布局

为了使场景内容更加丰富，除了植物（如树木和花草）与自然景观（如岩石）外，往往还要放置一些建筑物和小物体（如生活用品等），从而提升用户的体验感。

5.1 模型概述

模型是包含 3D 对象（如角色、地形或环境对象）形状与外观等数据的文件。模型形状由网格（Mesh）数据定义，模型外观则由材质（Material）和纹理贴图（Texture）进行定义，动画模型还会包含动画数据，如第 2 章中讲到的动画控制器（Animator Controller）、动画剪辑（Animation Clips）等。一般设计人员会先在外部 3D 建模软件（3ds Max、Maya、Blender 等）中创建模型，再将模型导出为特定格式，最后导入 Unity 中进行场景布局。

5.1.1 模型文件格式

常用的 3D 模型文件格式有 FBX、OBJ、STL 和 GLTF 四种。

1. FBX 格式

FBX 格式是 Autodesk 公司用于跨平台的免费 3D 数据交换格式，目前已被众多标准建模软件所支持，常被用作游戏开发领域各种建模工具的标准导出格式。Autodesk 提供了基于 C++、Python 的 SDK，实现对 FBX 格式的读写、修改以及转换等操作，但该格式仍是不公开的。

2. OBJ 格式

OBJ 格式是 Alias / Wavefront 公司为旗下基于工作站的 3D 建模和动画软件 Advanced Visualizer 开发的一种标准 3D 模型文件格式，适用于 3D 软件模型之间的互导，也可以通过 Maya 读写。OBJ 文件本质上是一种文本文件，可以直接用写字板打开进行查看、编辑。目前几乎所有知名的 3D 软件都支持 OBJ 文件读写，不过很多需要通过插件才能实现。

3. STL 格式

STL（StereoLithography，立体光刻）格式是由 3D SYSTEMS 公司于 1988 年制定的一个接口协议，是一种为快速原型制造技术服务的三维图形文件格式。STL 文件由多个三角形面片的定义组成，每个三角形面片的定义包括三角形各个顶点的三维坐标及三角形面片的法向量。

4. GLTF 格式

GLTF（Graphics Language Transmission Format，图形语言传输格式）是由 OpenGL 和 3D 图形标准组织 Khronos 定义的一种三维场景和模型的标准文件格式。GLTF 格式的文件不仅可以包括场景、摄像机、动画等，也可以包括网格、材质、纹理，甚至还可以包括渲染技术与着色器以及着色器程序。

5.1.2 模型导入前的准备工作

Unity 可以支持多种标准和专有的模型文件格式，可读取 FBX、DAE、DXF 和 OBJ 格式的 3D 模型文件。这些格式的模型文件大小相对合理，使得开发后的项目较小，场景运行加载较快，所以被广泛使用。Unity 则较推荐使用兼容性更好的 FBX 文件格式，而对于 Unity 无法直接支持的专有模型文件格式，可以将其导入 3ds Max、Maya、Blender 等三维建模软件中转换为标准 FBX 文件格式后，再导入 Unity 使用。在模型文件正式导入 Unity 前，还需要进行一些准备工作。

1. 缩放因子

Unity 中的物理系统和光照系统期望场景中的 1 米在导入的模型文件中为 1 个单位。但是来自不同 3D 建模软件的模型可能具有如下的默认值。

（1）FBX、MAX 和 JAS 格式的模型文件中，1 米对应 0.01 个单位。

（2）3DS 格式模型文件中，1 米对应 0.1 个单位。

（3）MB、MA、LXO、DXF、BLEND 和 DAE 格式模型文件中，1 米对应 1 个单位。

将模型文件从具有不同缩放因子的 3D 建模软件导入 Unity 时，可启用 Convert Units 属性将文件单位转换为 Unity 中使用的比例。例如，在 FBX 模型导入 Unity 后，可在 Model 选项卡中勾选 Convert Units 属性进行单位的转换，如图 5–1 所示。

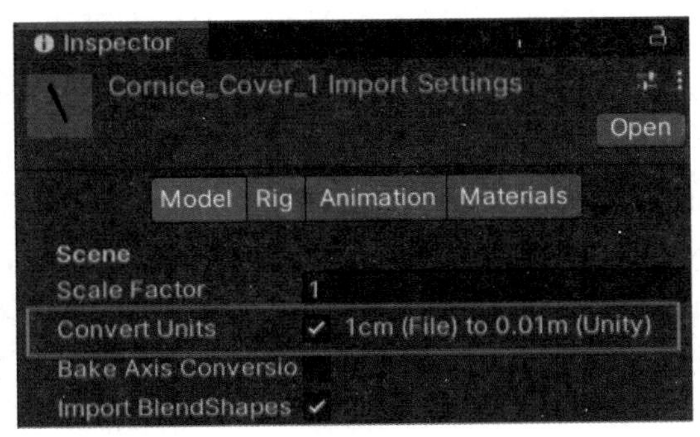

图 5–1　模型文件单位的转换

2. 优化数据文件

部分 Unity 场景中可能要求 3D 建模软件中的模型源文件必不可少，而其他场景中则可能不做要求，因此开发者可以仅保留模型源文件的基本对象，以便优化 Unity 中的数据文件。

3. 模型必备元素

为使模型相关的资源类型在 Unity 中发挥最佳效果，在模型文件格式转换时还应注意一些特殊事项，如表 5–1 所示。

表 5–1　模型文件格式转换注意事项

对　象	注 意 事 项
网格（Meshes）	必须将所有 NURBS（样条曲线）和 NURMS（细分曲面）转换为多边形（三角形面或四边形面）
烘焙变形体（Bake deformers）	导出为 FBX 文件格式前，确保将变形体烘焙到模型上，例如，要从 Maya 导出复杂骨架，可以在将模型导出 FBX 文件格式前将变形烘焙到蒙皮权重上
纹理（Textures）	确保应用程序的纹理来自 Unity 项目，或将它们复制到 Unity 项目中名为 Textures 的文件夹中
平滑（Smoothing）	要导入混合形状法线，FBX 文件中必须有平滑组

4. 设置导出选项

导出 FBX 文件前，确保使用 3D 建模软件支持的最新版本 FBX 导出器。导出到 FBX 时，需要谨慎对待 3D 建模软件导出对话框中的每项设置，以便匹配 Unity 中的 FBX 导入设置。大多数 FBX 导出器允许启用或禁用对于某些动画、摄像机和灯光效果的导出，因此在导入 Unity 前，可以先在 3D 建模软件中对这些问题进行检查。

5. 验证并导入 Unity

将 FBX 文件导入 Unity 前还应对导出文件大小执行完整性检查，并且将 FBX 文件重新导回到 3D 建模软件中检查，确保导出文件能正常运作。

5.1.3　模型导出前的优化措施

某些方法的确可以提高模型的动画和渲染速度，但也有可能会导致模型视觉逼真度降低，因此，必须根据角色与场景的复杂性、整体外观和逼真度来找到最佳的平衡。

1. 尽量减少多边形数量

模型文件中的 Mesh 网格定义了模型的基本形状和网络拓扑，通常由大量的三角形面或四边形面组成。Unity 中使用的 Mesh 网格一般由三角形面组成，使用的数量取决于开发者想要达到的视觉质量和发布的目标平台（平台不同，要求的多边形数量也不相同）：①减少多边形的数量有助于提升程序运行速度。网格中使用的多边形数量越少，应用程序运行的速度就越快，因为每个顶点、边或面都需要计算资源；②增加多边形的数量有助于提高模型外观质量。网格中使用的多边形数量越多，游戏对象的外观就越细致和自然，因为较小的多边形会在更大程度上控制模型更加精细的形状。考虑到场景中其他元素也会争夺渲染资源，如果场景中同时有很多对象，则应尽量考虑减少每个网格的多边形数量。

2. 尽可能减少材质

尽可能减少每个模型上的材质数量。只有当角色的不同部分需要使用不同着色器时，才应该考虑使用多种材质。

3. 使用单个蒙皮网格

如果使用两个带蒙皮的网格代替单个网格，模型的渲染时间大概会是单个网格的两倍，因此推荐使用单个蒙皮网格。

4. 尽可能减少骨骼

一般而言，在动画中，骨骼数量越少，性能就越好。但有些时候，开发者需要创建具有大量骨骼的角色模型，但额外的骨骼会增加 Unity 编译后的文件大小，并且每个额外的骨骼都可能带来相对高额的处理成本。

5. 分离正向和反向动力学

在导入动画时，Unity 会将模型的反向动力学（IK）节点烘焙为正向动力学（FK），因此 Unity 根本不需要 IK 节点。如果模型中保留了这些 IK 节点，即使不影响动画，Unity 也要花费额外的资源去计算它们，因此可以建模时保留单独的 IK 和 FK 层级视图，在 Unity 中删除冗余的 IK 节点。

5.1.4 导入模型

将模型导入 Unity Editor 的步骤：①在 Project 窗口中选择文件以查看 Import Settings 窗口；②根据实际需求设置模型特有的选项或常规导入器选项；③设置骨架和动画导入选项；④处理模型的材质和纹理；⑤将文件拖曳到 Unity 中，并设置 Hierarchy 窗口中的物体对象层次，即处理父对象和子对象之间的层级关系。

5.2 雕梁画栋：导入简单模型

资源导入与设置着色器

5.2.1 资源加载

将本章对应资源包中的 Materials、Models、Prefabs 和 Textures 目录放在根目录 Assets 之下，这三个目录中分别存储了本章要使用到的建筑物和附属物件的材质、模型、预制体及材质纹理，如图 5–2 所示。

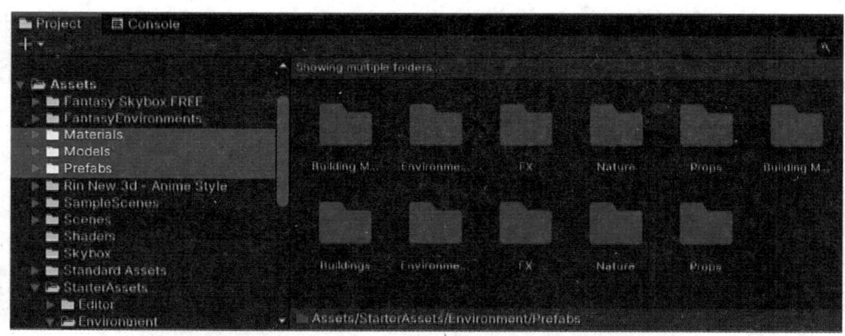

图 5-2　资源包文件

模型预制体添加

5.2.2　设置着色器

将资源包中的 Shader 目录也复制到 Assets 目录中，如图 5-3 所示，可以看到该目录中存在将要使用的三个着色器文本文件，读者可以使用一些 IDE 编程工具打开查看。

图 5-3　着色器资源包文件

1. 着色器分类

着色器是在 GPU 上运行的程序。开发 AR/VR 或 WebGL 程序时，都需要通过着色器语言与 GPU 进行沟通，用来设定需要渲染和显示的图形。Unity 中的着色器主要分为三大类：①作为图形管线的一部分存在的着色器。它们是最常见的着色器类型，主要用来确定屏幕上像素的颜色。在 Unity 中，Shader 对象通常使用这种类型的着色器。②计算着色器。它们在常规的图形管线之外，需要在 GPU 上执行计算。③光线追踪着色器。它们通常执行与光线追踪相关的计算。

这里采用本章资源包（见图 5-4）中提供的三种着色器来完成本章中物体及建筑的渲染，它们分别为 Suntail Foliage、Suntail Surface 和 Suntail Water。

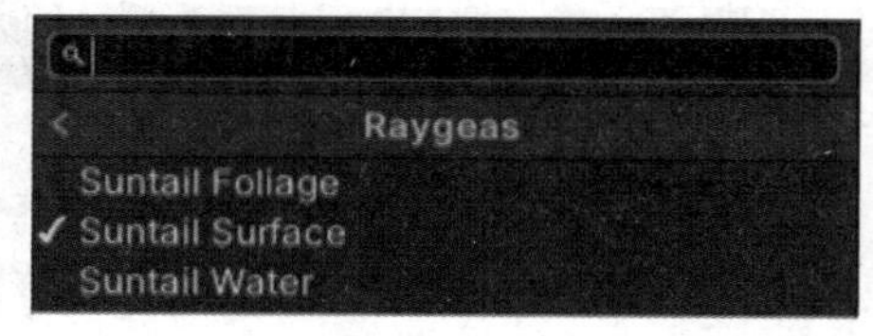

图 5-4　本章资源包提供的三种着色器

2. 设置着色器参数

下面以 Suntail Surface.shader 文件为例说明着色器的组成和参数。使用 Visual Studio 2022 打开该着色器文件，其代码主要包括五个部分。

1）Shader

Raygeas/Suntail Surface 表示 Shader 的名字是 Suntail Surface，并且属于 Raygeas 这个分类。属于这个类别的着色器可以在任何一款材质的 Inspector 窗口中的 Shader 设置选项内进行选择，如图 5–5 所示。

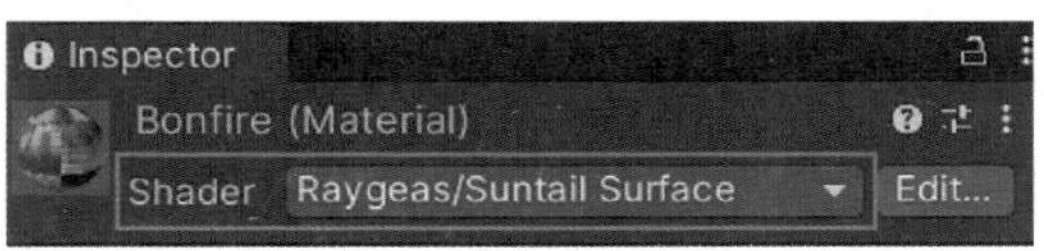

图 5–5　设置着色器种类

2）Properties

Properties 属性部分代码如图 5–6 所示。

```
Properties
{
[HideInInspector] _AlphaCutoff("Alpha Cutoff ", Range(0, 1)) = 0.5
[ASEBegin][SingleLineTexture][Header(Maps)][Space(10)][MainTexture]_Albedo("Albedo", 2D) = "white" {}
[Normal][SingleLineTexture]_Normal("Normal", 2D) = "bump" {}
[SingleLineTexture]_MetallicSmoothness("Metallic/Smoothness", 2D) = "white" {}
[HDR][SingleLineTexture]_Emission("Emission", 2D) = "white" {}
_Tiling("Tiling", Float) = 1
[Header(Settings)][Space(5)]_Color("Color", Color) = (1,1,1,0)
[HDR]_EmissionColor("Emission", Color) = (0,0,0,1)
_NormalScale("Normal", Float) = 1
_Metallic("Metallic", Range( 0 , 1)) = 0
_SurfaceSmoothness("Smoothness", Range( 0 , 1)) = 0
[ASEEnd][KeywordEnum(Metallic_Alpha,Albedo_Alpha)] _SmoothnessSource("Smoothness Source", Float) = 0
}
```

图 5–6　属性部分代码

其中，_Color ("Color", Color) = (1,1,1,0) 定义了一个名为 Color 的属性，类型是 Color，初始值为 (1,1,1,0)，在 Shader Inspector 中会显示为一个颜色选择器，如图 5–7 所示。其他属性的设置同理，用户可根据实际需求添加相应的 Shader 属性。

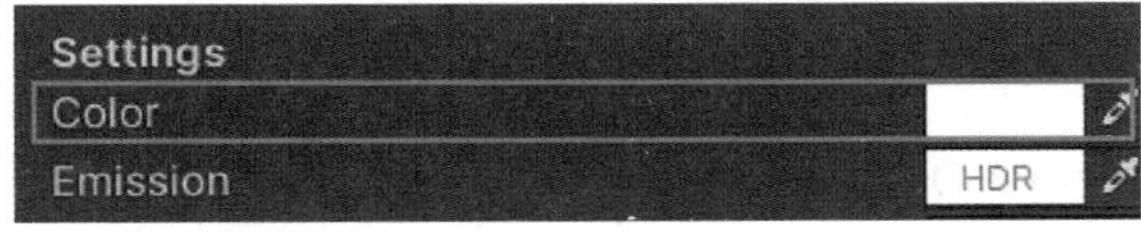

图 5–7　设置颜色着色器

3）SubShader

Shader 至少要有一个子着色器（SubShader），它是 Shader 的主要部分。当加载一个着色器时，Unity 将遍历这个列表，获取并选择第一个能被用户机器支持的着色器。如果没有找到支持的子着色器，Unity 将尝试使用降级 Shader。如图 5–8 所示的代码中可看出只有一个 SubShader。

```
SubShader
 {
  Tags { "RenderPipeline"="UniversalPipeline" "RenderType"="Opaque" "Queue"="Geometry" }
  Cull Back
  AlphaToMask Off
  HLSLINCLUDE
  #pragma target 3.0
  #pragma prefer_hlslcc gles
  #pragma exclude_renderers d3d11_9x
  #ifndef ASE_TESS_FUNCS
  #define ASE_TESS_FUNCS
  float4 FixedTess( float tessValue )
  {
   return tessValue;
  }
...
```

图 5–8　子着色器

4）Pass

渲染通道 Pass 定义了渲染这个 Shader 所需的所有信息，例如要使用哪个顶点着色器、哪个像素着色器，以及其他的渲染状态与参数等，如图 5–9 所示。

```
Pass
  {
   Name "Forward"
   Tags { "LightMode"="UniversalForward" }
   Blend One Zero, One Zero
   ZWrite On
   ZTest LEqual
   Offset 0 , 0
   ColorMask RGBA
…
```

图 5–9　渲染通道

5）CGPROGRAM 和 ENDCG

CGPROGRAM 和 ENDCG 表示 HLSL 代码块，使用 CG 语言编写。#pragma vertex vert 和 #pragma fragment frag 分别定义了使用哪个顶点着色器和哪个像素着色器，如图 5–10 所示。

```
#define _NORMAL_DROPOFF_TS 1
#pragma multi_compile_instancing
#pragma multi_compile _ LOD_FADE_CROSSFADE
#pragma multi_compile_fog
#define ASE_FOG 1
#define _EMISSION
#define _NORMALMAP 1
#define ASE_SRP_VERSION 70503
#pragma multi_compile _ _MAIN_LIGHT_SHADOWS
#pragma multi_compile _ _MAIN_LIGHT_SHADOWS_CASCADE
#pragma multi_compile _ _ADDITIONAL_LIGHTS_VERTEX _ADDITIONAL_LIGHTS
#pragma multi_compile _ _ADDITIONAL_LIGHT_SHADOWS
#pragma multi_compile _ _SHADOWS_SOFT
#pragma multi_compile _ _MIXED_LIGHTING_SUBTRACTIVE
#pragma multi_compile _ DIRLIGHTMAP_COMBINED
#pragma multi_compile _ LIGHTMAP_ON
#pragma vertex vert
#pragma fragment frag
#define SHADERPASS_FORWARD
#include "Packages/com.unity.render-pipelines.universal/ShaderLibrary/Core.hlsl"
#include "Packages/com.unity.render-pipelines.universal/ShaderLibrary/Lighting.hlsl"
#include "Packages/com.unity.render-pipelines.core/ShaderLibrary/Color.hlsl"
#include "Packages/com.unity.render-pipelines.core/ShaderLibrary/UnityInstancing.hlsl"
#include "Packages/com.unity.render-pipelines.universal/ShaderLibrary/ShaderGraphFunctions.hlsl"
```

图 5–10 HLSL 代码块

如果直接将上述资源加载进场景中，在资源目录中会看到材质呈现粉红色，模型预制体显示也不正常，需要首先设置材质的着色器。按照上述说明，统一将 Texture 目录中的所有材质的 Shader 设置为 Raygeas/Suntail Surface（见图 5–11），此时可以看到贴图列表中的 Albedo、Normal、Metallic/Smoothness 以及 Emission 贴图就能够正常显示了，因为这些贴图都统一来自 Textures 目录。其中，Albedo 为反射率贴图用于体现模型的纹理和基本的颜色；Normal 为法线贴图，用于增加模型的细节，让模型更加逼真；Metallic/Smoothness 为金属度贴图，用于体现模型的金属高光反射；Emission 是自发光贴图，可以使模型产生自发光效果（场景中除了全局的 Light 光效之外，Emission 贴图也可以作为一种光源进行使用，只不过使用的范围仅限于物体模型本身）。

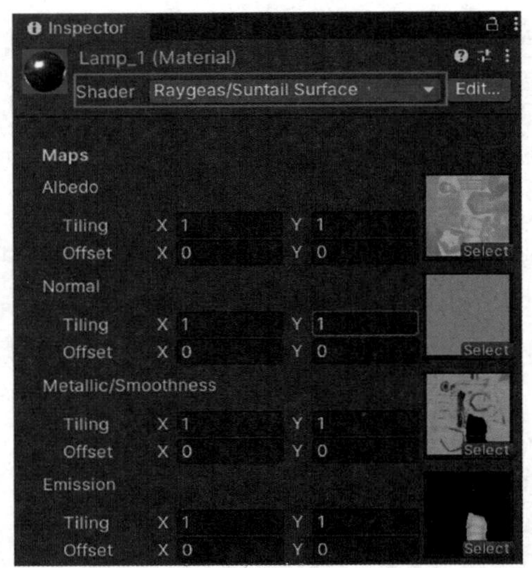

图 5–11　设置材质着色器，使预制体正常显示

5.2.3　模型预制体

设置好着色器后，就可以往场景中添加模型预制体了。

> **注意：** 为什么这里添加的是预制体，而不是模型本身呢？先来了解 Unity 中的模型是什么样子的。在 Models → Environment 目录下存放的是场景中必需的环境物体模型，如选择名为 Lamp_3 灯柱的模型，可以单击该模型右侧的小箭头，看到该模型关联了两个子物体和三个网格，如图 5–12 所示。

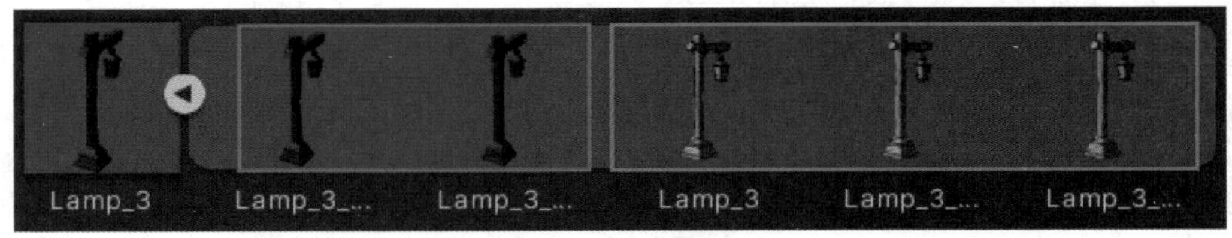

图 5–12　模型文件

1. 导入模型

选择该模型，在 Inspector 窗口中可看到如图 5–13 所示的 Import Settings（导入设置）信息，包含 Model、Rig、Animation 和 Materials 四个选项卡，默认显示 Model 选项卡。

1）Model 选项卡

在 Model 选项卡中，可以对模型进行详细的参数设置。使用 Scale Factor 和 Convert Units 属性可调整 Unity 对单位的解释。在 3ds Max 中，1 个单位表示 10 厘米，而 Unity 中 1 个单位表示 1 米。使用 Mesh Compression、Read/Write Enabled、Optimize Mesh、Keep

Quads、Weld Vertices 或 Index Format 属性可减少资源、节省内存。如果要导入来自 Maya 或 3ds Max 的模型文件，或任何其他支持变形目标动画的 3D 建模软件，则可启用 Import BlendShapes 属性。另外，使用 Normals、Normals Mode、Tangents 或 Smoothing Angle 属性，可以控制 Unity 处理模型中的法线（Normals）和切线（Tangents）。关于其他模型属性设置，可参考 Unity 官网文档中的模型内容部分。单击最下方预览窗口右侧的三个小点按钮，可以选择 Convert to Floating Window 选项（见图 5–14），将预览窗口浮动显示。

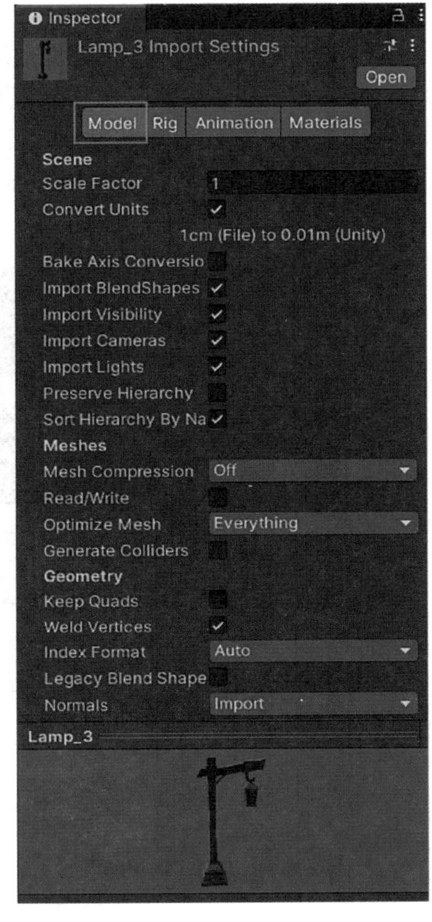

图 5–13　模型导入设置信息

在浮动预览窗口中，按住鼠标任何一个键进行拖动，可以旋转模型进行 360° 观察，如图 5–15 所示。

2）Rig 选项卡

如果模型文件包含动画数据，可使用 Rig 选项卡设置骨架 Avatar，并使用 Animation 选项卡提取或定义动画剪辑的准则。本章资源包中的模型没有包含动画数据，所以 Rig 选项卡和 Animation 选项卡部分暂不详述。

3）Material 选项卡

Material 选项卡用于指定模型使用的所有材质信息。从 Material Creation Mode 下拉菜单中，选择如何从 FBX 文件导入材质。除非选择了 None，否则 Materials 选项卡中会显示多个选项。本章资源包中的模型素材 Material 设置恰好是 None 属性（见图 5–16），只要将预制体布置在场景中即可，并不会影响原有的模型设置。

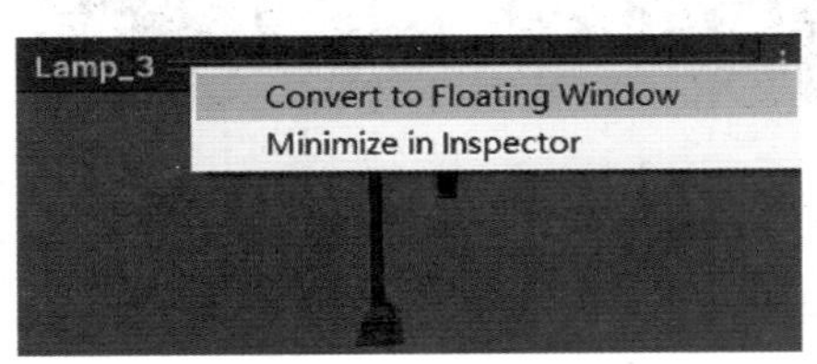

图 5–14　预览窗口设置

图 5–15　在浮动预览窗口中观察模型

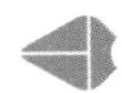

2. 设置预制体

预制体（Prefab）就是预先准备好的物体，可以重复使用。游戏场景中经常看到相同外貌的怪物、椅子、坛子等物体就是预制体。开发者在第一次制作中设定好预制体，后期就可以使用该预制体直接生成多个相同的物体。在 Prefabs → Environment 目录中，可看到与环境相关的预制体，找到名称为 Lamp_3 的灯柱预制体，双击之后可以在 Scene 窗口中进行查看，如图 5–17 所示。

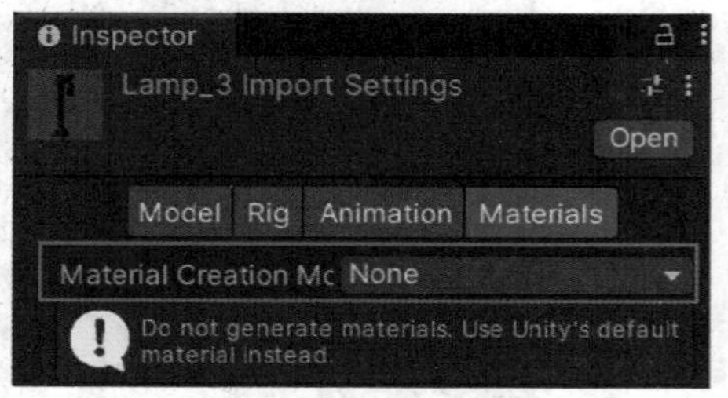

图 5–16　Material 选项卡

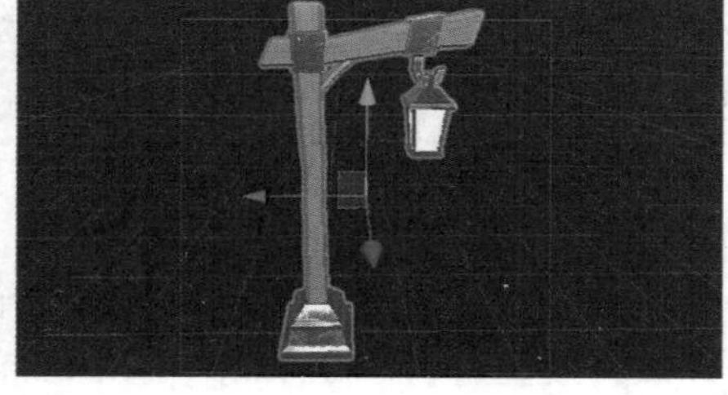

图 5–17　查看预制体

在 Inspector 窗口中可看到网格渲染器（Mesh Renderer）组件。网格渲染器从网格过滤器（Mesh Filter）获取几何体，然后在游戏对象的变换（Transform）组件所定义的位置渲染该几何体。网格渲染器组件包含 Size 和 Materials 两个选项，前者用于指定材质数量（这里为 1），后者用于指定材质球（这里是名为 Lamp_3 的材质球），Materials 组件参数如图 5–18 所示。

在预制体的 Inspector 窗口最下方的 Shader 着色器设置中，可以查看材质球贴图的详细信息，如图 5–19 所示。

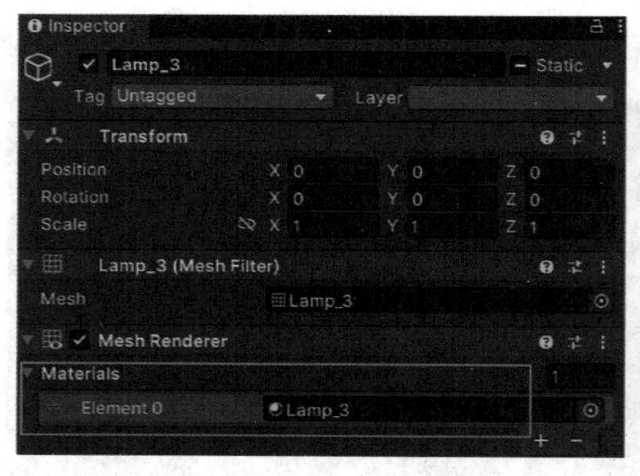

图 5–18　Materials 组件参数设置

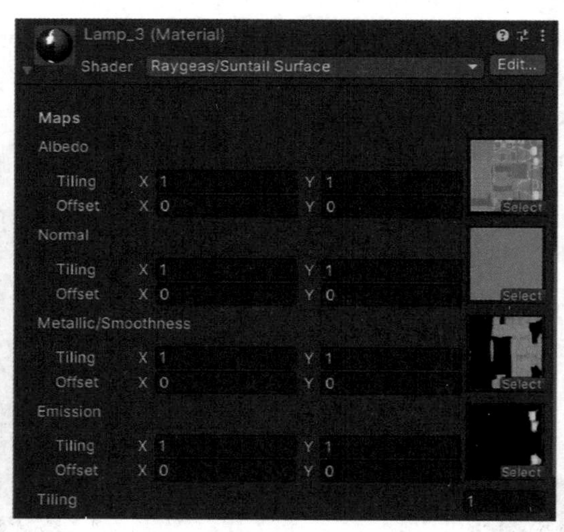

图 5–19　查看着色器材质球贴图信息

3. 加载物体模型

接下来在场景中批量加载预制体，作为场景中道路两边的灯柱。首先，在 Hierarchy 窗口中 Environment 对象下创建一个子对象 Lamps（见图 5–20）。

注意：在创建子对象之前将 Environment 对象的坐标设置为世界坐标（0，0，0）。

然后，在 Prefabs → Environment 目录中找到 Lamp3 预制体，将其拖曳到 Scene 场景中并调整其方向和位置，如图 5–21 所示。

图 5–20 创建子对象

图 5–21 调整场景中的预制体

同时将 Lamp_3 对象作为上级 Lamps 的子对象，如图 5–22 所示。

使用同样的方法完成场景中道路两旁其他灯柱的布置，最终效果如图 5–23 所示。

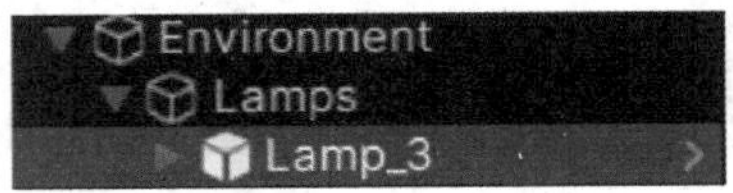

图 5–22 为预制体添加子对象

图 5–23 场景效果

5.3 高屋建瓴：加载建筑物模型

添加建筑物预制体

在游戏场景中建筑物往往是不可缺少的，小到小木屋，大到现代建筑群。建筑物不仅可以丰富游戏场景内容，还方便人物角色与建筑物配件（如门窗等）及附属物品进行互动。

5.3.1 添加建筑物预制体

打开 Prefabs 目录下的 Buildings Modules 目录，便可看到本章资源包中提供的 8 种小屋预制体（见图 5–24），用户可根据需要选择预制体并添加到场景中。

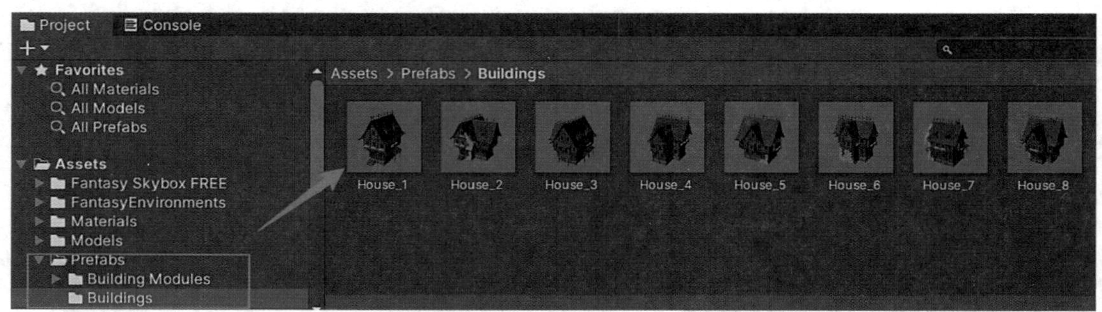

图 5–24　小屋预制体

将小屋预制体添加到场景前，首先要预览小屋的各个部分能否正常显示：双击打开第一种小屋预制体，在 Scene 窗口中就能够查看、修改和调整该预制体。左侧 Hierarchy 窗口中显示的是预制体每个部件的对象，可以看出相互之间还存在父子关系，如图 5–25 所示，所以整个预制体的结构是非常复杂的。对当前预制体进行的调整操作与 Scene 场景中调整操作对象是一致的，可以通过鼠标滚轮放大和缩小预制体，按住鼠标左键可以拖动预制体，按住鼠标右键拖动可以旋转查看该预制体。从图 5–25 显示的预制体来看，圆圈圈住的地方显示是不正常的，这些部分应该是墙体上的绿植和烟囱中冒出来的烟，所以需要对其进行调整。

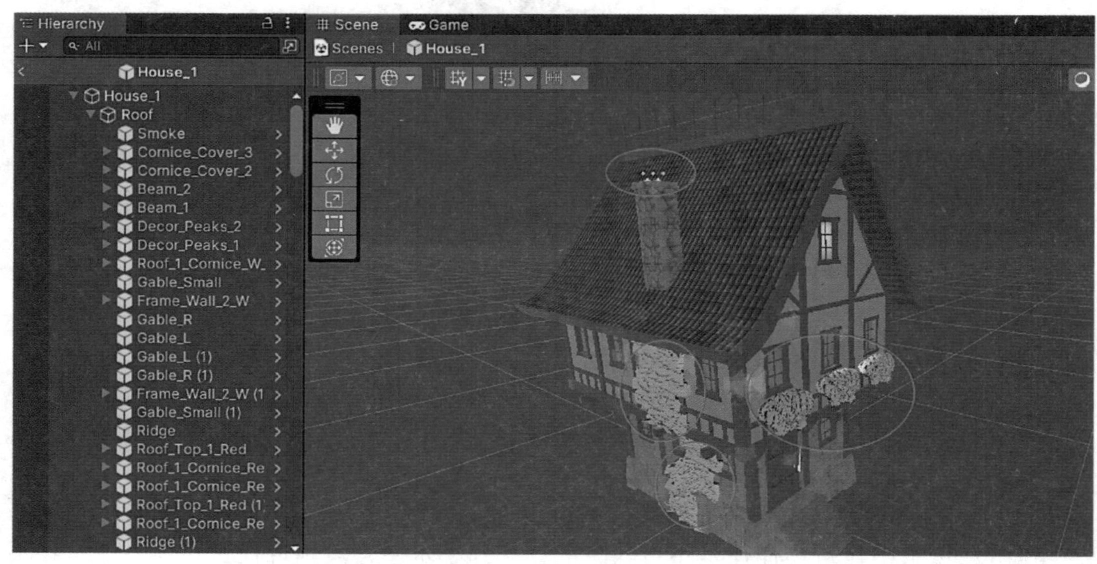

图 5–25　预览小屋预制体能否正常显示

绿植显示出的问题，其实就是材质问题，可以在 Material/Building Modules 目录中看到名为 FlowerPot 的绿植材质球为白色（见图 5–26），大体判断是着色器设置问题导致材质纹理无法正常解析。

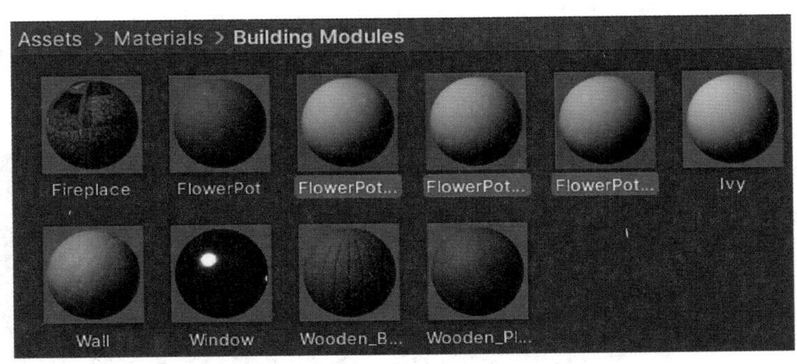

图 5–26 绿植材质球

重新将 Shader 着色器调整为 Raygeas/Suntail Foliage，此时材质球就可以正常显示，预制体中小屋外墙上的绿植也可以正常显示了，如图 5–27 所示。

图 5–27 材质球和预制体正常显示

选择 Hierarchy 窗口中该预制体的 Smoke 对象（见图 5–28），可以看出此时的烟是一个动态对象，这就是 Unity 场景中常用的粒子特效。

在 3D 游戏中，大多数角色、道具和景物元素都表示为网格（Mesh），2D 游戏则使用精灵（Sprite）来表现它们。网格和精灵是描绘具有明确形状实体对象的理想方式。但在游戏中还存在着流动性的液体、烟雾、云、火焰和魔法等物质，它们本质上是流动和无形的，很难用网格或精灵来描绘，所以开发者往往使用粒子系统（Particle System）来处理这类物质，利用不同的图形方法来捕捉其固有的流动性和能量。粒子系统由大量简单小型图像或网格粒子组成，每个粒子代表一小部分流体或无定形实体，大量粒子营造出一种具有流动性的实物感。以云团为例，每个粒子的自身形态类似于微型云团，大量的微型云团通过排列组合，营造出场景内体积更大的云团的整体效果。Unity 中的粒子具有系统动态性和粒子动态性两种基本特征。多种粒子动态性混合运用时，可以将多种流体效果模拟得栩栩如生。例如，利用稀薄的发射形状，使水粒子单纯受重力下落并逐渐加速，即可模拟出瀑布的效果。火堆冒出的烟雾往往会上升、扩散并最终消逝，所以系统应为烟雾粒子设置升力，并随时间的推移增大其体积和透明度。

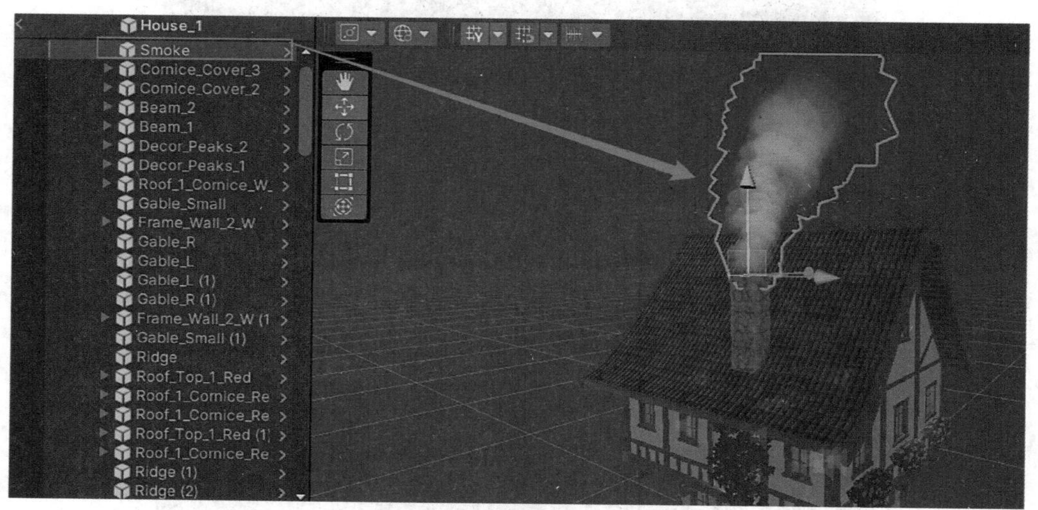

图 5-28 smoke 对象的粒子特效

选择带有粒子系统的游戏对象时（如 Smoke 对象），Scene 窗口右下角的 Particle Effect 面板中会显示出当前粒子详细的播放信息，可以通过修改播放速度（Playback Speed）、播放时间（Playback Time）、粒子数（Particles）、速度范围（Speed Range）等参数更改当前粒子系统，如图 5-29 所示，并结合暂停（Pause）、重启（Restart）和停止（Stop）选项实时查看修改参数后的粒子效果。

图 5-29 设置粒子系统参数

也可以通过 Inspector 窗口中的 Particle System 组件对粒子系统进行详细的参数设置，

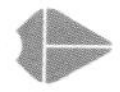

使其更加符合当前场景需求，如图 5–30 所示。

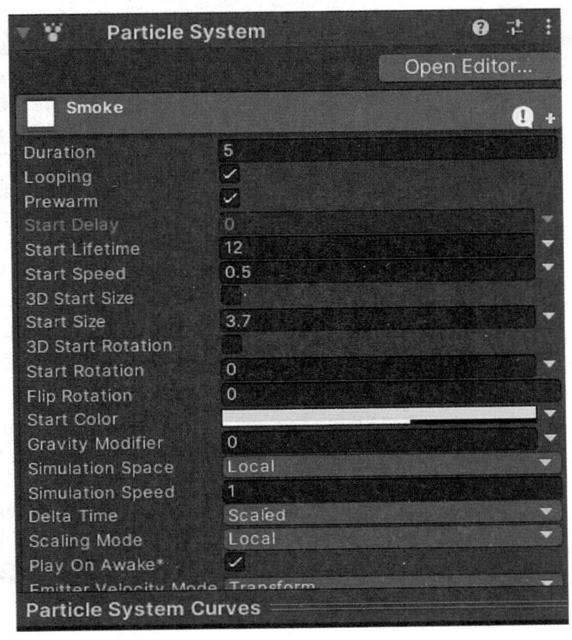

图 5–30　Particle System 组件参数设置

接下来选择预制体中小屋一楼的布局 Ground Floor，可以看到其中有楼梯、木桶、麻袋等对象，如图 5–31 所示，确认这些对象能够正常加载和显示其对应的材质球即可。

图 5–31　Groud Foor 场景及对象

同样方法查看二楼布局，如图 5–32 所示，还可以使用 W、A、S、D 这 4 个方向键 + 鼠标右键便可灵活调整 Scene 窗口中的观察视角。

图 5-32　查看二楼场景及对象

最后将预制体 House_1 拖曳到场景中，调整其方向和位置，效果如图 5-33 所示。

图 5-33　House_1 放置到场景中的效果

为了确认人物角色与房屋大小比例是否合理，运行场景并移动人物角色到 House_1 位置处，如图 5-34 所示，可以看出角色和房屋大小比例适当。

图 5–34 House_1 放置到场景中的效果

5.3.2 自定义建筑物预制体

自定义建筑物预制体

本章资源包中提供的建筑模型都是模块化的，在 Prefabs 目录中可看到有地基、门窗、楼梯等（见图 5–35），用户也可以根据自己偏好，在场景中使用自定义的小屋建筑预制体。

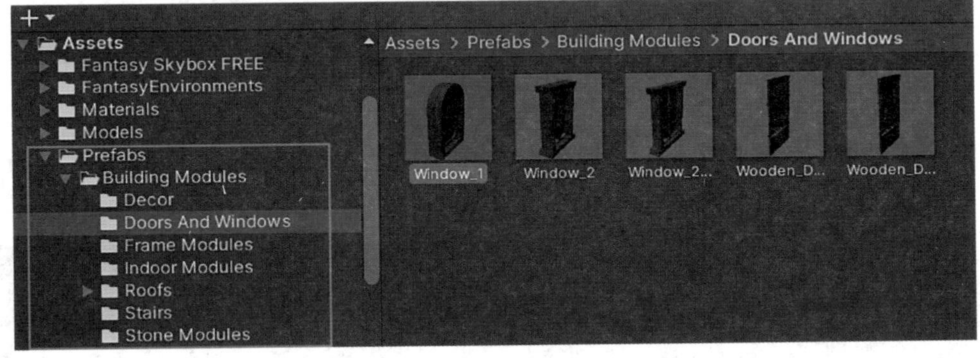

图 5–35 建筑模块预制体

1. 新建预制体

在 Buildings 目录中新建一个预制体，命名为 New House，如图 5–36 所示。

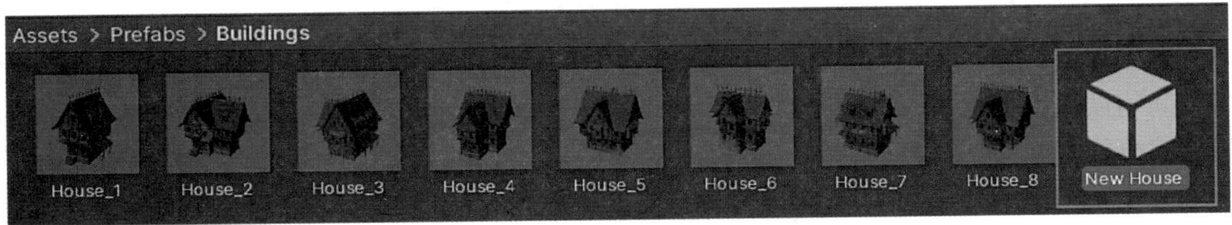

图 5–36 新建房屋预制体

2. 编辑预制体

双击该预制体进入预制体编辑界面，将如图 5–37（a）所示室外石质台阶预制体拖曳到场景中，如图 5–37（b）所示。

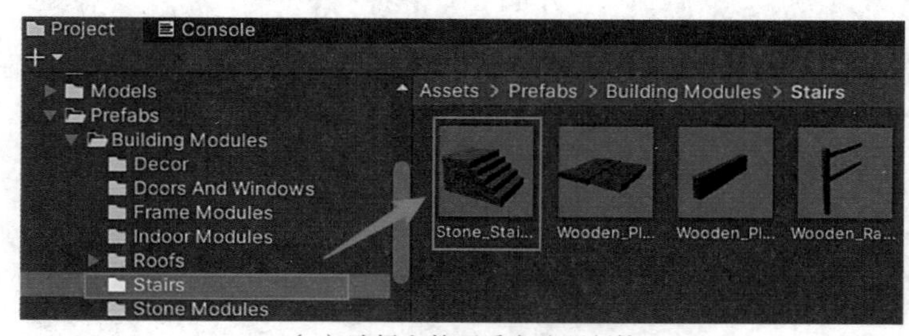

（a）选择室外石质台阶预制体

（b）将其放置到场景中

图 5–37　选择预制体放置到场景中

再将石质地基组件 Stone_Base（见图 5–38）拖曳至场景中，绘制出一圈地基。

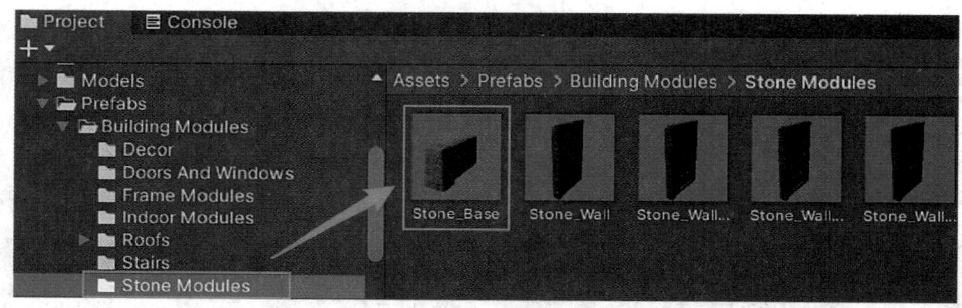

图 5–38　石质地基组件

然后将木质地板组件 Wooden_Platform（见图 5–39）拖曳至场景中，放置在石质地基之上。

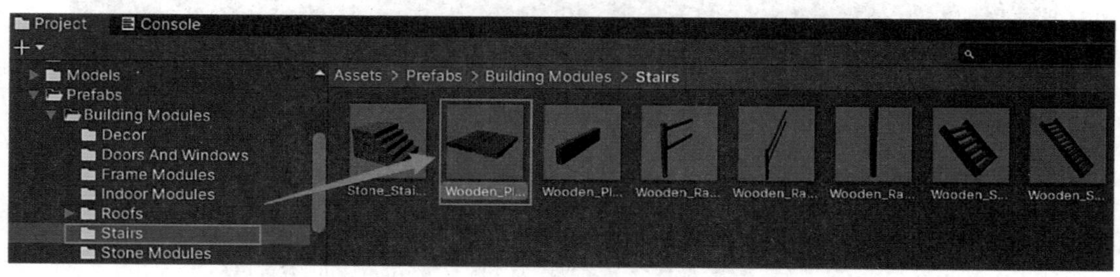

图 5–39　木质地板组件

绘制后的效果如图 5–40 所示，左侧 Hierarchy 窗口中展示了小屋预制体中各个组件相互之间的层级关系。其他预制体组件添加方法与此相同，不再赘述，请用户自行完成小屋其他部分的搭建。

人物角色能否进入房间与房间内的对象进行交互呢？当然可以，下一章将着重介绍物理系统、碰撞体以及人物角色与对象的交互实现过程。

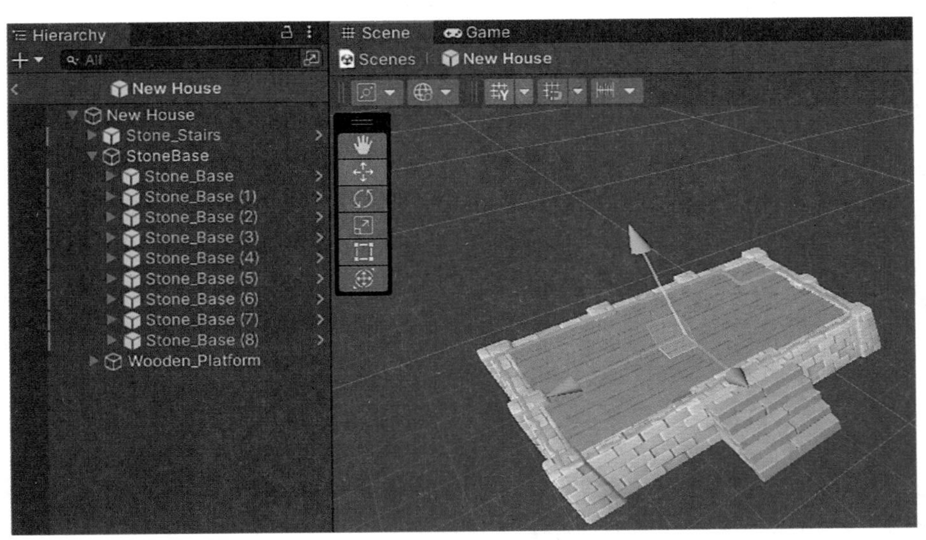

图 5-40　搭建效果

能 力 自 测

一、单选题

1. 以下选项中不属于模型文件导入 Unity 前进行的准备工作的是（　　）。
   A. 进行不同缩放因子的单位的转换
   B. 仅保留模型源文件中的基本对象优化 Unity 中的数据文件
   C. 使用最新版本 FBX 导出器
   D. 尽量减少模型文件中多边形的数量
2. 以下选项中不属于模型导出前的优化措施的是（　　）。
   A. 进行不同缩放因子的单位的转换
   B. 使用尽可能少的材质
   C. 使用尽可能少的骨骼
   D. 尽量减少模型文件中多边形的数量
3. 将小屋预制体添加到场景中后，绿植无法正常显示，可能的原因是（　　）。
   A. Main Camera 参数设置问题
   B. 预制体参数设置问题
   C. 绿植设置问题
   D. 着色器设置问题
4. 以下选项中不属于更改当前粒子系统播放效果的参数的是（　　）。
   A. 播放速度　　　　B. 粒子体积
   C. 粒子数量　　　　D. 速度范围

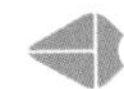

5. Unity 可读取的 3D 模型文件格式不包括（　　）。

A. FBX、DAE、DXF 和 OBJ　　B. FBX、OBJ、STL 和 FLTF

C. MB、MA、LXO 和 BLEND　　D. OBJ、FBX、FLV 和 JAS

二、填空题

1. 模型是包含 3D 对象 ________、________ 等数据的文件。

2. 模型形状指 ________，模型外观由 ________ 和 ________ 进行定义。

3. 一般美工会先在外部 ________ 中创建模型，再将模型导出为 ________ 格式，最后导入 Unity 中进行 ________。

4. ________ 是 Autodesk 公司用于跨平台的免费三维数据交换格式，目前被众多标准建模软件支持，也常用作游戏开发领域各种建模工具的标准导出格式。

5. ________ 是一种标准 3D 模型文件格式，可以直接用写字板打开进行查看、编辑和修改，适用于 3D 软件模型之间的互导。

6. 将模型文件从具有不同缩放因子的 3D 建模应用程序导入 Unity 时，可启用 ________ 选项将文件单位转换为 Unity 中使用的比例。

7. ________ 就是预先准备好的物体，可以重复使用。

8. 游戏中液体、烟雾、火焰等存在物，本质上是流动和 ________ 的，很难用 ________ 或 ________ 来描绘，可使用不同的 ________ 方法来捕捉其固有的流动性和能量，称为 ________。

三、简答题

1. 常用的 3D 模型包括哪些文件格式？

2. Unity 中的着色器主要包括哪些种类？

3. 将模型导入 Unity Editor 需要经过哪些步骤？

4. 什么是粒子系统？通常用于哪类物质的描绘？

第6章 物理系统

Unity 中内置了一套完整的物理引擎，能够高效、逼真地模拟现实世界中的刚体碰撞、摩擦、物理运动、车辆驾驶等效果。在这套物理引擎中，最重要的组件是刚体和碰撞体，刚体组件是让物体产生物理行为的组件，而碰撞体组件则是让刚体与对象产生碰撞的组件。要实现真实而生动的物理效果，发生碰撞的一方必须携带刚体和碰撞器组件，另一方则需要碰撞器组件即可。

6.1 物理系统概述

6.1.1 碰撞体

碰撞体（Collider）用于实现 Unity 中游戏对象之间的碰撞效果。场景中的两个对象都附加上碰撞体组件时，物理引擎才会进行碰撞检测计算。在碰撞模拟过程中，为避免刚体直接穿过对方而造成穿模现象，需要给碰撞物体添加碰撞体。根据刚体组件配置情况，碰撞体可分为静态碰撞体（Static Collider，即完全没有附加任何刚体）、刚体碰撞体（Rigidbody Collider）和运动刚体碰撞体（Kinematic Rigidbody Collider）三类。最简单的碰撞体有盒形、球形和胶囊形三种，可以基于这三种基本碰撞体，组合创建复合碰撞体。本章将以刚体碰撞体为例实现人物角色与物体的交互。

6.1.2 物理材质

关联了碰撞体的对象在发生碰撞时，对象的表面需要模拟它们应该具有的物理材质特性。例如，一个橡胶球在弹跳过程中会产生较大的摩擦力，对象的摩擦和反弹可使用物理材质（Physics Materials）进行配置。为便于开发，通常设置在碰撞过程中对象不会变形。

在第 5 章场景中，我们已经添加了 Lamp 灯柱对象，任意选择一个，在 Inspector 窗口中可看到名为 Mesh Collider 的碰撞体组件，其下的 Material 属性就可以设置物体材质使物体具有摩擦和反弹的属性，如图 6–1 所示。

图 6–1 碰撞体组件的材质属性

6.1.3 连续碰撞检测

连续碰撞检测（Continuous Collision Detection，CCD）是一种阻止快速移动的碰撞体发生穿模的功能。碰撞检测时，如果移动对象在某一帧位于碰撞体的一侧，而下一帧则已经穿过了碰撞体，便可判断出现了穿模情况。为避免穿模，可在快速移动对象的刚体组件上启用连续碰撞检测功能：将碰撞检测模式设置为 Continuous，可防止刚体穿过任何静态（即非刚体）网格碰撞体（Mesh Collider）。盒型、球形和胶囊碰撞体均支持连续碰撞检测。Unity 中提供了基于扫掠的碰撞检测和基于判断性的碰撞检测两种连续碰撞检测方法，前者通过扫掠对象的前向轨迹来计算撞击时间，后者则通过推测性算法判断下一物理步骤中的所有的潜在碰撞点。

6.1.4 刚体

添加刚体组件后，游戏对象会受到力的作用实现基于物理法则的一些行为，比如运动、重力和碰撞等，但游戏对象的形状、大小及其他内部结构保持不变。Unity 中常使用 Rigidbody 类或对应的 Rigidbody 组件来配置刚体。游戏对象添加刚体组件后会立即响应重力，若场景中存在多个添加碰撞体组件的游戏对象，彼此会因碰撞而产生移动。当游戏对象添加刚体组件后，就不需要借助更改脚本属性（如位置和旋转）来移动游戏对象了，通过施加力推动游戏对象，让物理引擎计算运动结果。某些情况下，用户希望游戏对象具有刚体，并让刚体的运动摆脱物理引擎控制，可以通过刚体组件中 Is Kinematic 属性实现，该方式也允许用户通过脚本更改 Is Kinematic 属性值，实现开启和关闭游戏对象物理引擎的效果，但在使用中会产生性能开销，需谨慎使用。

使用物理引擎时，必须先将刚体组件显式地添加到游戏对象中，然后才能让刚体受到物理引擎的影响。例如小球添加刚体组件后，运行过程中会受到重力的影响掉落地面，物理引擎会检测到小球和地面发生碰撞且满足碰撞条件，而后停止运动。两个物体发生碰撞需要满足以下两个条件。

（1）发生碰撞的两个物体都要有碰撞体（Collider）组件。

（2）其中一方要有刚体组件（一般是主动碰撞的物体携带该组件）。

如果要为对象添加刚体组件，可以依次选择 Unity 菜单栏中的 Component → Physics → Rigidbody，向所选对象添加刚体；或选中对象，在 Inspector 窗口中单击 Add Component 按钮，在弹出的菜单添加刚体组件，如图 6–2（a）所示。Rigidbody 组件属性如图 6–2（b）所示。

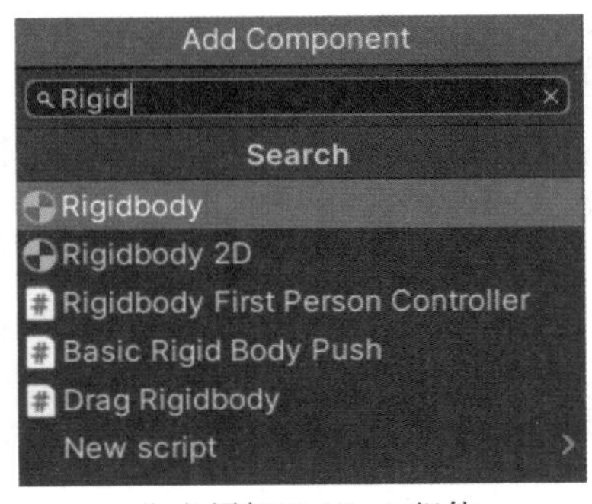

（a）添加Rigidbody组件

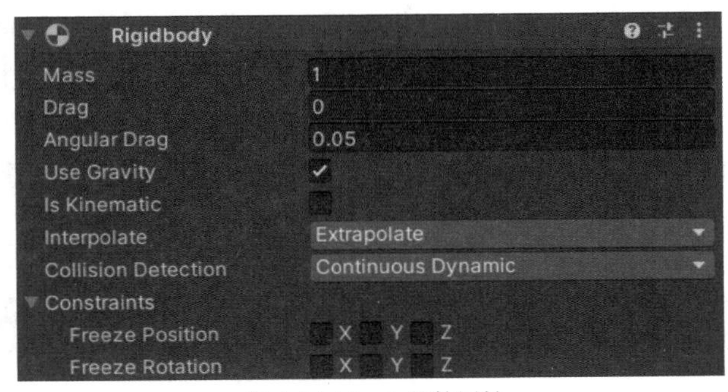

（b）Rigidbody组件属性

图 6–2 刚体组件属性

刚体组件的属性功能详细说明如表 6–1 所示。

表 6–1 刚体组件的属性功能描述

属　性	功　能
Mass	对象的质量，默认单位为千克
Drag	平移阻力是指游戏对象受力运动时受到的空气回力，物体因受阻力运动速度会衰减，数据类型为 float，0 表示没有空气阻力，无穷大使对象立即停止移动
Angular Drag	旋转阻力是指游戏对象受扭矩力旋转时受到的空气阻力，用来阻碍物体旋转。0 表示没有空气阻力。如果直接将对象的 Angular Drag 属性设置为无穷大，无法使对象停止旋转
Use Gravity	重力切换开关，确认物体是否受重力影响
Is Kinematic	动力学选项，开启此项时，游戏对象虽然会被物理引擎控制（如发生碰撞），但运动不会受物理引擎影响，只能使用 Transform 组件进行移动或旋转
Interpolate	对象运动插值模式，包括 None（没有插值）、Interpolate（内插值）和 Extrapolate（外插值）三种模式。选择该属性时，物理引擎会在对象运动帧之间进行插值，让运动看起来自然，但是插值会导致物理模拟和渲染不同步，使对象发生抖动现象。因此在选择时，主要对象使用该选项，其他对象禁用该值，以达到折中效果
Collision Detection	碰撞检测，包括 Discrete（不连续检测，用于场景中所有碰撞体的离散碰撞检测，为默认值）、Continuous（连续碰撞检测）、Continuous Dynamic（动态连续碰撞检测）和 Continuous Speculative（推测性连续碰撞检测）。该属性用于控制高速运动的游戏对象可能出现的穿模现象。Continuous Dynamic 模式适用于高速运动物体（如子弹），Continuous 模式适用于球体、胶囊和盒子刚体，并且会严格影响物体的运动表现。大部分情况默认使用不连续检测
Constraints	约束，包括 Freeze Position（选择地停止刚体沿世界 X、Y 和 Z 轴的移动）、Freeze Rotation（选择地停止刚体围绕局部 X、Y 和 Z 轴旋转）。该属性用来限制物体的位移和旋转是否受到物理定理的约束
Info	该属性提供游戏对象在 X、Y 和 Z 轴移动的速度、局部质心、世界质心、休眠状态等信息

6.1.5 触发器

触发器（Trigger）用来触发事件。配置触发器使用 Is Trigger 属性，添加触发器属性的碰撞体不会表现为实体对象，允许其他碰撞体穿过。当碰撞体进入其空间时，触发器将在触发器对象的脚本上调用 OnTriggerEnter 函数。可通过脚本 OnCollisionEnter 函数检测何时发生碰撞并启动操作，也可以直接使用物理引擎检测碰撞体何时进入另一个空间而不会产生碰撞。

6.1.6 碰撞体类型

Unity 场景中常用的碰撞体有盒形、球形、胶囊、网格、车轮和地形 6 种类型，而前三种是最基本的类型。

1. 盒形碰撞体

盒形碰撞体（Box Collider）是一种长方体形状的基本类型的碰撞体，可用于木箱、地板、墙壁或坡道等游戏对象碰撞体的设计，也可用于复合碰撞体的设计。可单击 Inspector 窗口中的 Edit Collider 按钮编辑盒体形状，再次单击 Edit Collider 按钮退出碰撞体编辑模式。在编辑模式下，盒形碰撞体每个面的中心位置会出现一个顶点，将鼠标指针悬停在顶点上时，可拖动顶点以使盒型碰撞体变大或缩小，如图 6–3 所示。

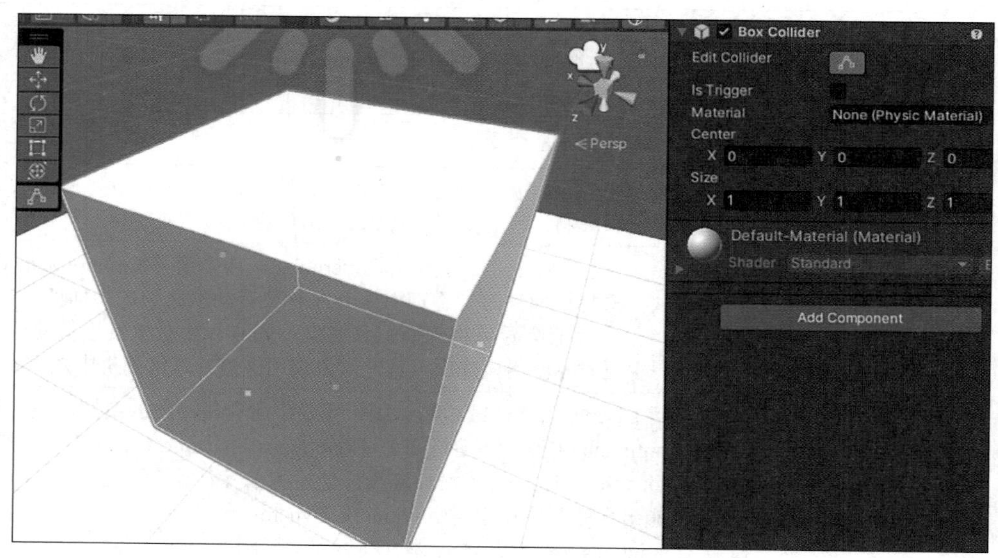

图 6–3 编辑模式下的盒形碰撞体

2. 球形碰撞体

球形碰撞体（Sphere Collider）是另一种基本类型的碰撞体，可以均匀等比例地调节它的大小（见图 6–4），但不能单独调节某一坐标轴方向上的大小。球形碰撞体适用于落石、乒乓球等游戏对象。

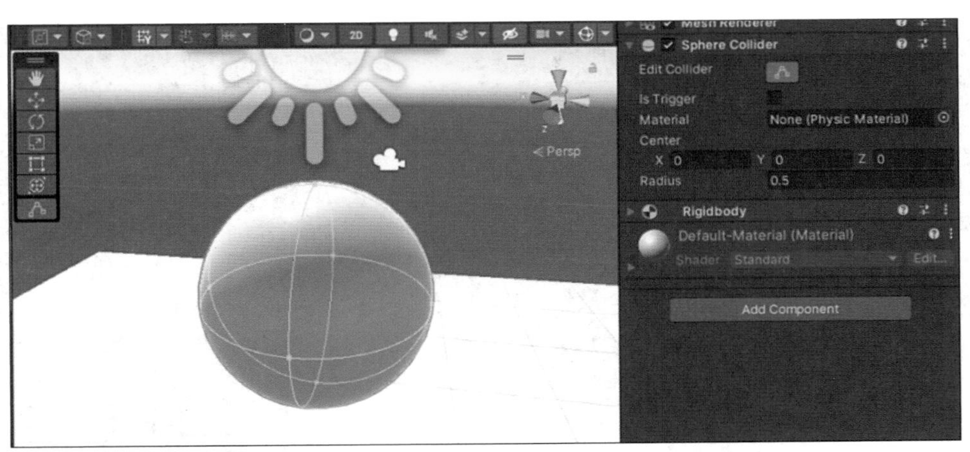

图 6–4 编辑模式下的球形碰撞体

3. 胶囊碰撞体

胶囊碰撞体（Capsule Collider）由一个圆柱体和与其相连的两个半球体组成，是一种胶囊形状的基本类型碰撞体，其半径和高度都可以单独调节（见图 6–5）。它可用于角色控制器，例如本章范例中的第三人称人物角色就是基于胶囊碰撞体的。另外，它也可以与其他不规则形状的碰撞体结合来使用。

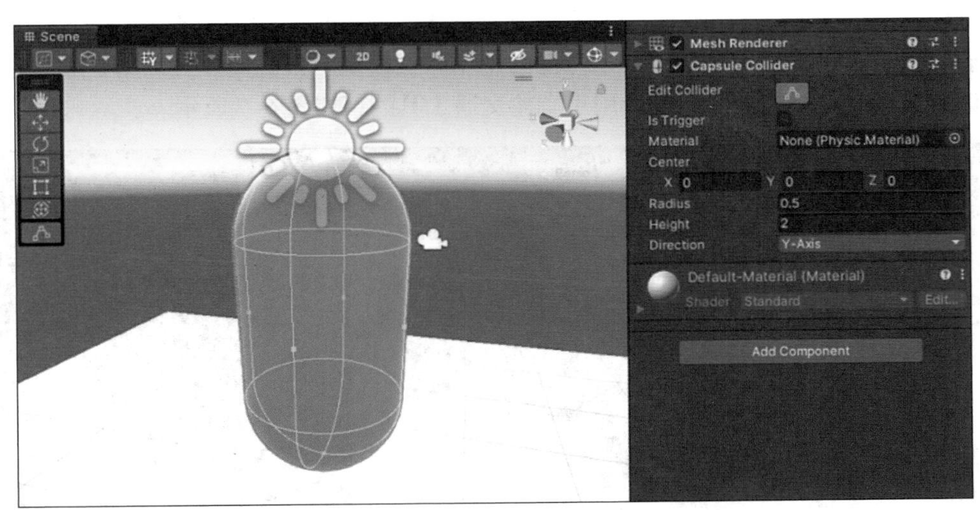

图 6–5 编辑模式下的胶囊碰撞体

4. 网格碰撞体

网格碰撞体（Mesh Collider）是采用网络资源构建的一种特殊碰撞体，使用网格碰撞体的前提是对象必须有属于自己的独立网格。场景中的 3D 道具（如本章场景中添加的小物件）通常都会使用网格碰撞体组件（见图 6–6）。网格碰撞体会根据游戏对象的网格构建其碰撞表达，能较好地贴合游戏对象，但由于它的面数最多，产生的系统消耗也是最大的，因此，只有当碰撞要求很精细时才会使用这种碰撞体。

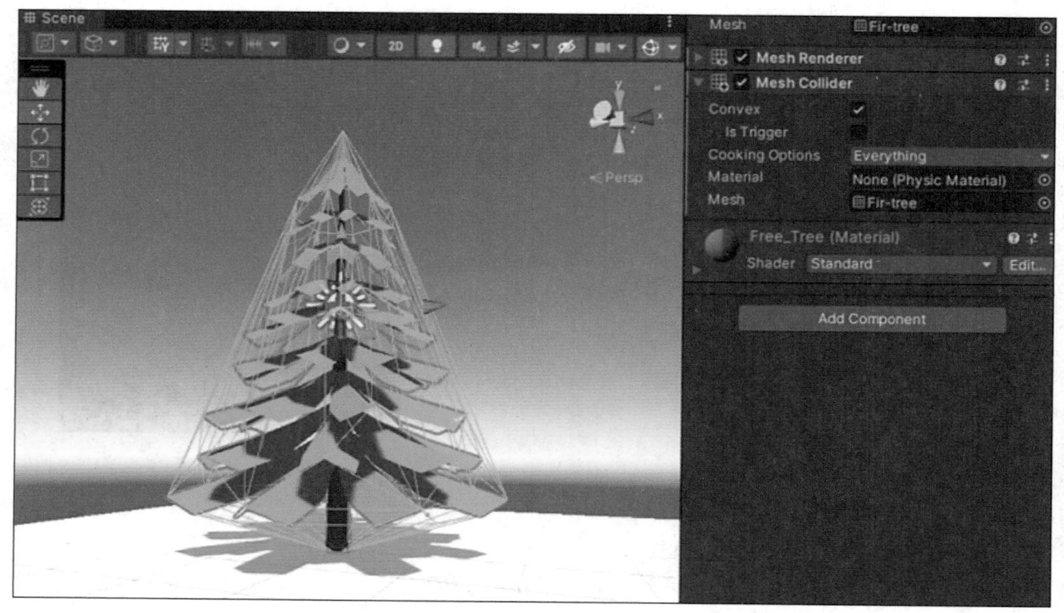

图 6–6　编辑模式下的网格碰撞体

5. 车轮碰撞体

车轮碰撞体（Wheel Collider）是一种用于地面交通工具的特殊碰撞体。该碰撞体内置了碰撞检测、车轮物理系统以及基于打滑的轮胎摩擦模型。该碰撞体可以用于除车轮以外的其他对象，但它原本是专门设计用于有轮交通工具的，如图 6–7 所示。

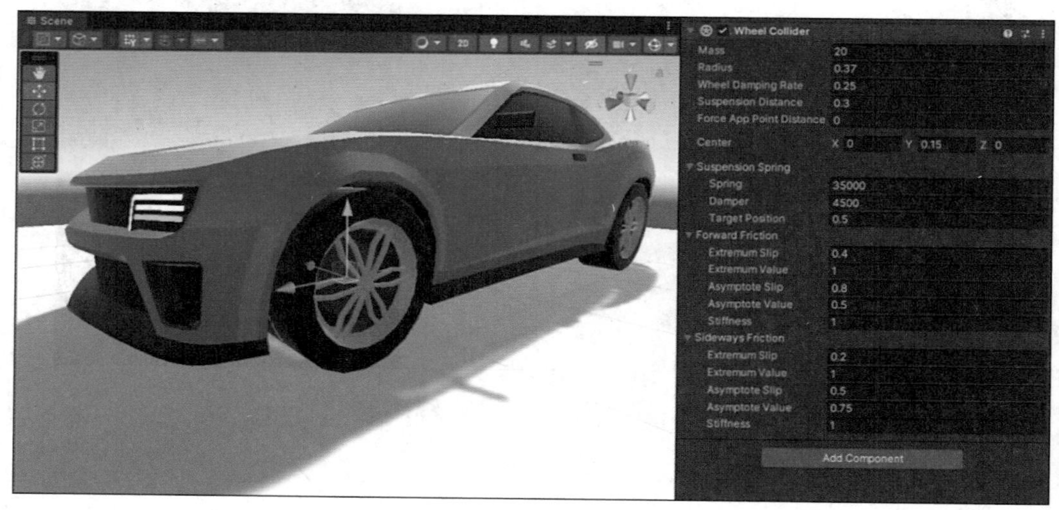

图 6–7　编辑模式下的车轮碰撞体

6. 地形碰撞体

地形碰撞体（Terrain Collider）是一个地形表面生成的碰撞体，其形状与其附加到的 Terrain 对象相同，如图 6–8 所示。

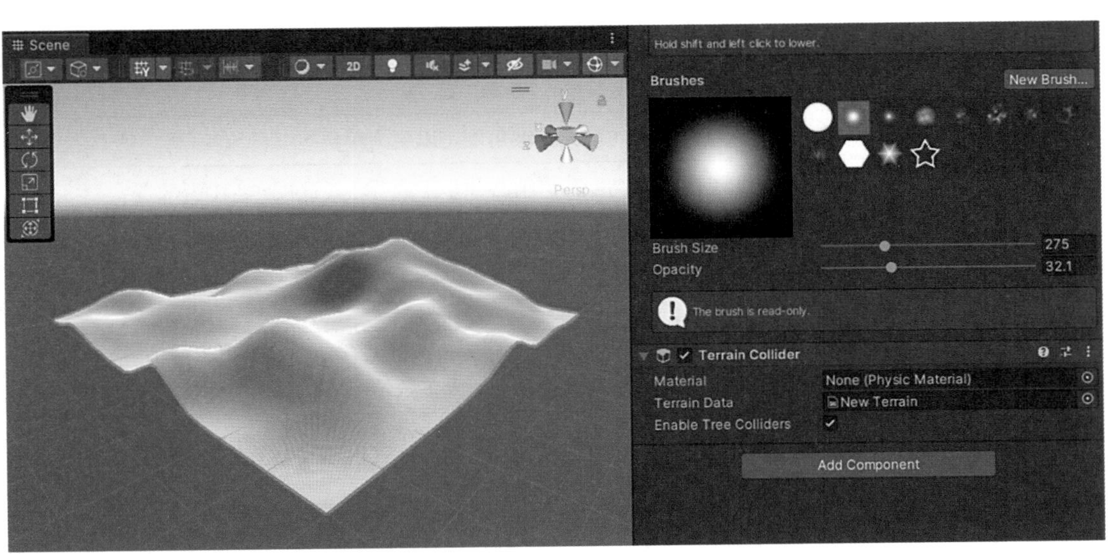

图 6–8 编辑模式下的地形碰撞体

6.1.7 角色控制器

第一人称或第三人称游戏中的角色，通常需要一些基于碰撞的物理特性，确保其不会从地板上掉下来或穿过墙壁，这种专门用来控制角色的组件称为角色控制器（Character Controller）。区别于直接用 Transform 或者 RigidBody，CharacterController 有着更好的效果，它拥有 RigidBody 的一些重要特性，但又去掉了很多物理效果，从而可以避免诸如穿模、滑步、被撞飞或者将其他物体撞移等情况的发生。

本章以第三人称人物角色模型 Rin 为例，说明添加角色控制器的步骤：首先，在 Scene 窗口中选择要添加该组件的游戏角色对象 Rin（见图 6–9（a））；然后，单击 Inspector 窗口中的 Add Component 按钮，选择 Character Controller 组件进行添加（见图 6–9（b））。

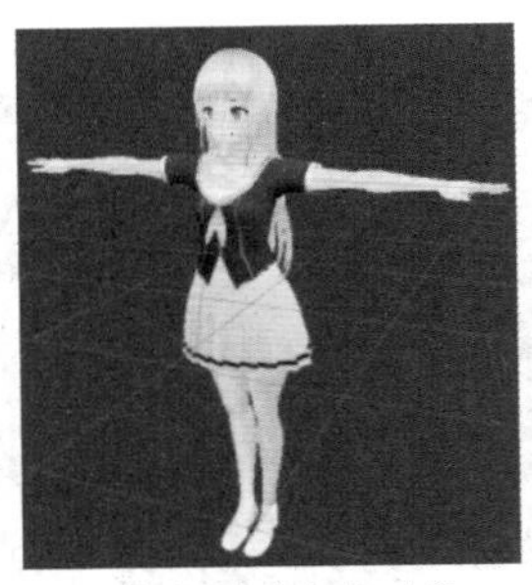

（a）选择游戏角色对象Rin

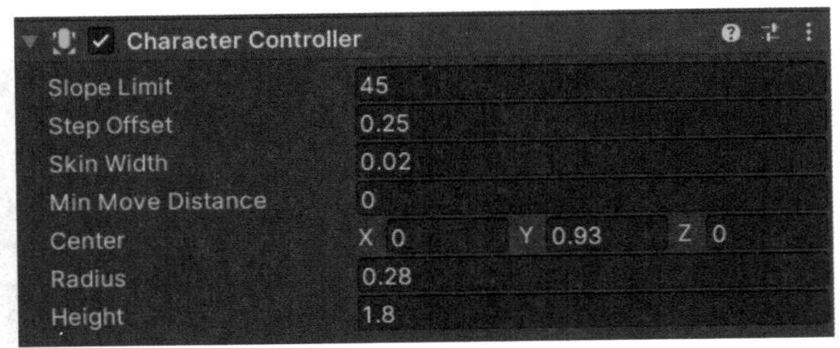

（b）Character Controller组件属性参数

图 6–9 为角色对象添加 Character Controller 组件

Character Controller 组件相关参数项功能说明如表 6–2 所示。

表 6–2　角色控制器相关参数项功能说明

属　性	功 能 说 明
Slope Limit	斜度限制，即角色可以走上的最大斜坡角度（以度为单位）
Step Offset	每步偏移量，能走上的台阶高度。该值必须小于或等于（高度 + 半径 ×2）。
Skin width	蒙皮宽度，两个碰撞体可以穿透彼此且穿透深度最多为皮肤宽度（Skin Width）。较大的皮肤宽度可减少抖动，较小的皮肤宽度可能导致角色卡住，合理设置是将此值设为半径的 10%
Min Move Distance	最小移动距离，每一步移动的最小量。如果角色试图移动到该值以下的值，则根本移动不了。此参数的设置可以用来减少抖动。大多数情况下，此值应保留为 0
Center	中心，即碰撞器的中心，此参数设置将使碰撞体在世界空间中的中心位置偏移
Radius	半径，即碰撞体的半径长度
Height	高度，即碰撞体的高度，更改此参数设置将沿 Y 轴的正方向和负方向缩放碰撞体

默认情况下，Character Controller 组件不会对施加给对象的作用力做出反应，也不会作用于其他的刚体。若要 Character Controller 组件作用于刚体对象，需要将对应的脚本文件添加到 Character Controller 组件上，通过脚本 OnControllerColliderHit 函数在与其发生碰撞的对象上施加一个作用力。Skin Width 是 Character Controller 组件中的一个重要属性，在设置参数时要格外注意，如果游戏对象卡住了，说明 Skin Width 值设置出了问题。在场景运行时，如果角色频繁卡住，可以尝试调整 Skin Width 的值。该参数会使其他的游戏对象轻微地穿过 Character Controller，还可以避免抖动，防止角色卡住。

资源的导入与准备

6.2　粮草先行：资源导入与准备

将本章随书资源包中存放音频资源的 Audio 文件夹和存放脚本资源的 Scripts 文件夹放置在 Assets 目录中，如图 6–10 所示。

在项目窗口中，依次选择 Assets → Prefabs → Props，找到附属物品目录中的 Table_1、Barrel、Apple_1 和 Bottle_1 这四个预制体，分别对每一个预制体进行设置。首先选择预制体 Bottle_1，在 Inspector 窗口中单击最下方 LOD Group 组件右边的 3 个点样式的按钮（见图 6–11（a）），在弹出的命令列表中选择 Remove Component 命令（见图 6–11（b）），将该组件移除。因为本书的场景部署和实现过程暂时不涉及 LOD 多层次细节技术，所以需要将其进行移除，如果对象存在该组件，会影响场景中对象的布局操作。

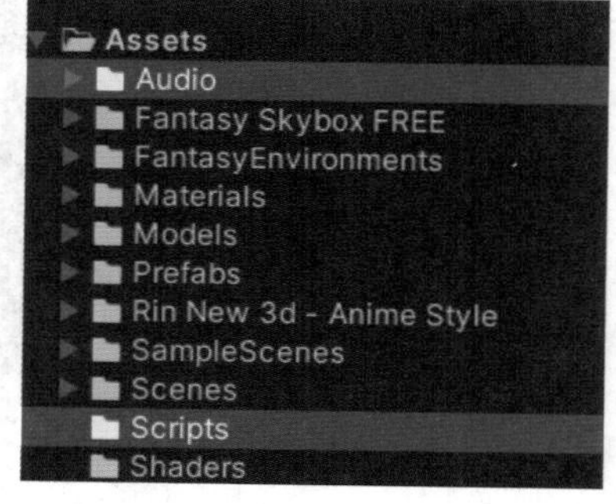

图 6–10　资源包文件

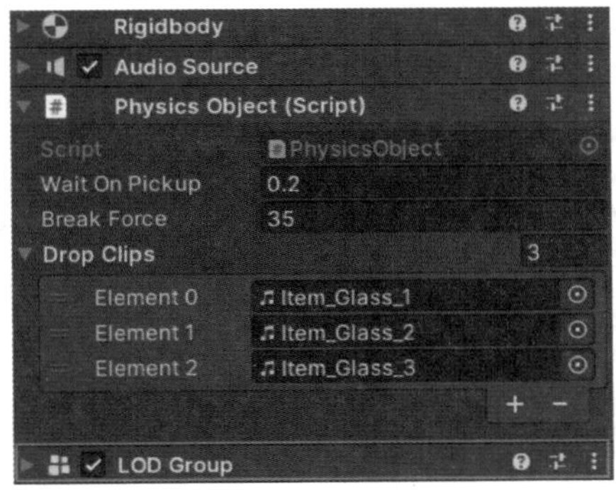

（a）LOD Group组件

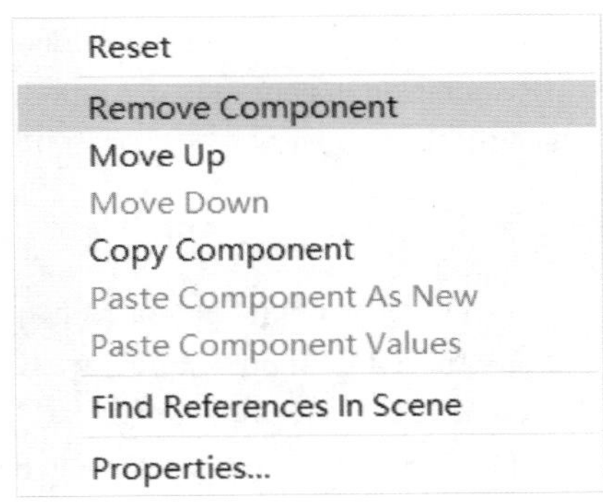

（b）Remove Component命令

图 6–11 删除 LOD Group 组件

从图 6–11 中可以看到对象已经预先绑定了一些跟物理相关的组件，例如 RigidBody 刚体组件、PhysicalObject 脚本组件、Mesh Collider 碰撞体组件，其中 RigidBody 组件赋予对象一定的物理特性，而对象的实际物理特性交互是通过 PhysicalObject 脚本组件进行统一控制的，与 PhysicalObject 脚本组件相关的设置参数如图 6–12 所示。其中 Wait On Pickup 属性值为物体被抓取时的等待时间，默认为 0.2s；Break Force（断裂力）属性值是抓取物体时所用的力，如果该值较小则只能抓取一个小物体，较大的物体会由于作用力不足而无法抓取。

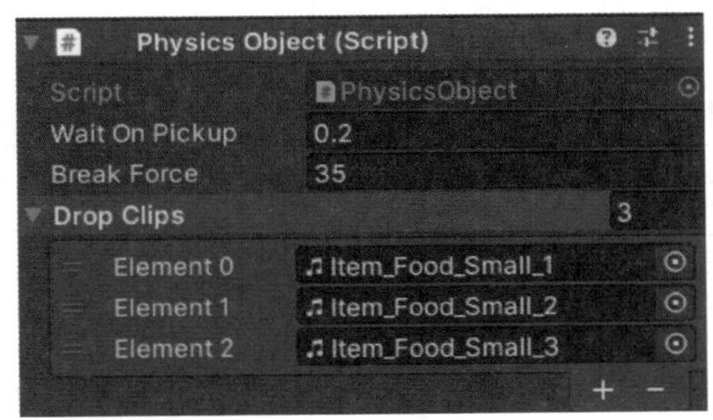

图 6–12 PhysicalObject 脚本组件

PhysicalObject 脚本文件中的代码及重点行注释如图 6–13 所示。

```
using System.Collections;
using UnityEngine;

/*Sub-component of the main player interaction script,
 needed for collision detection and playback drop sound*/

namespace Suntail
{
    //列出必须的刚体组件和音频源组件
```

图 6–13 PhysicalObject 脚本代码及关键注释

```
[RequireComponent(typeof(Rigidbody))]
[RequireComponent(typeof(AudioSource))]
public class PhysicsObject : MonoBehaviour
{
  //对象被抓取的等待时间
  [Tooltip("Waiting time for an item to be picked up")]
  [SerializeField] private float waitOnPickup = 0.2f;
  //将一个对象从其父级对象上拉开的力
  [Tooltip("The force by which an object is pulled away from the parent")]
  [SerializeField] private float breakForce = 25f;
  //交互过程中的音频数组
  [Tooltip("Array drop sounds")]
  [SerializeField] private AudioClip[] dropClips;
  [HideInInspector] public bool pickedUp = false;
  [HideInInspector] public bool wasPickedUp = false;
  //创建玩家交互变量
  [HideInInspector] public PlayerInteractions playerInteraction;
  private AudioSource _objectAudioSource;

  //获取 AudioSource 音频源组件
  private void Awake()
  {
    _objectAudioSource = gameObject.GetComponent<AudioSource>();
  }

  //如果断裂力较小，则断开连接
  private void OnCollisionEnter(Collision collision)
  {
    //如果对象被抓取
    if (pickedUp)
    {
      //如果断裂力较小，则无法一直持有对象，连接会断开，那么对象将会掉落
      if (collision.relativeVelocity.magnitude > breakForce)
      {
        playerInteraction.BreakConnection();
      }

    }
    //判断当前的对象是否已经被抓取
    else if (wasPickedUp)
```

图 6-13（续）

```
            {
                //如果将一个对象掉落，其撞击在地面上那么将会播放掉落的音频
                PlayDropSound();
            }

        }

        //当刚拿起对象时，防止连接中断，因为它有时会与地面或它所接触的任何东西发生碰撞
        public IEnumerator PickUp()
        {
            yield return new WaitForSeconds(waitOnPickup);
            pickedUp = true;
            wasPickedUp = true;
        }

        //如果对象掉落发生了碰撞，那么就随机播放音频源数组中的任意一个掉落音频
        private void PlayDropSound()
        {
            _objectAudioSource.clip = dropClips[Random.Range(0, dropClips.Length)];
            _objectAudioSource.Play();
        }
    }
}
```

图 6–13（续）

场景中小物体的添加

6.3 粗中有细：添加小物件

接下来在场景中添加一些户外的小物件。在项目窗口中依次选择 Assets → Prefabs → Environment，找到预制体 Cart_1，将这个木质推车模型放置在小屋旁边的空地上，如图 6–14 所示。

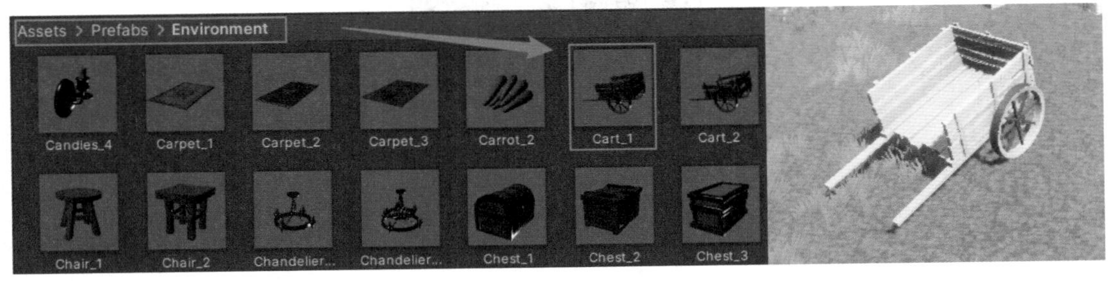

图 6–14 向场景中添加木质推车模型

同理，依次选择 Assets → Prefabs → Environment，将桌子预制体 Table_1（见图 6–15（a））和木桶预制体 Barrel（见图 6–15（b））拖曳到场景中，并调整它们的位置。

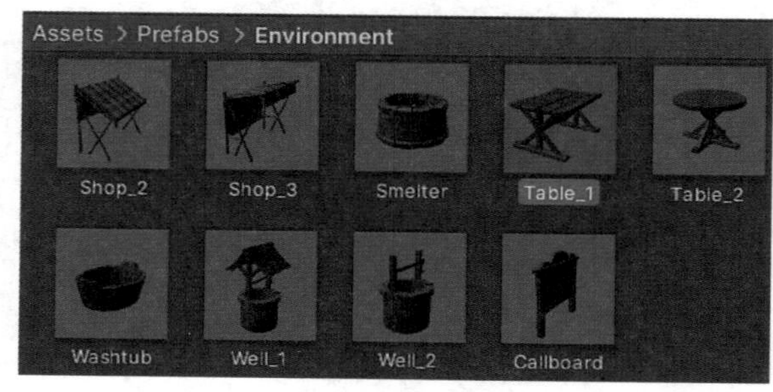

（a）桌子预制板Tablel

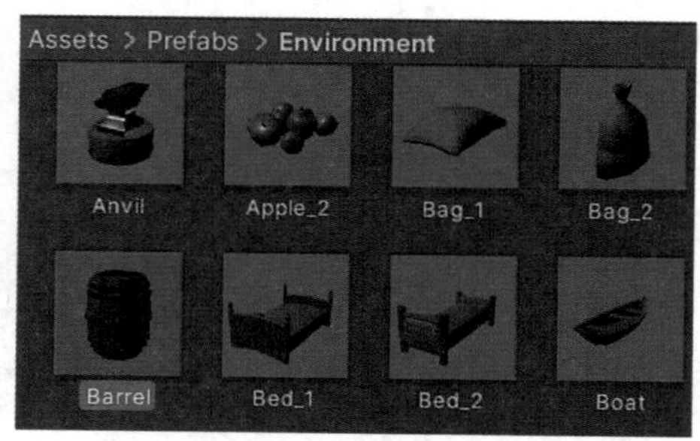

（b）木桶预制体Barrel

图 6–15　桌子和木桶预制体

接着，在 Props 目录中分别选择苹果预制体 Apple_1 和酒瓶预制体 Bottle_1，如图 6–16 所示，将它们拖入场景，并根据自我喜好在场景中布局。如果需要在场景中快速批量添加相同物体，那么可以在添加一个物体后，选择该物体，然后按下 Ctrl+D 组合键就可以实现物体的快速复制。

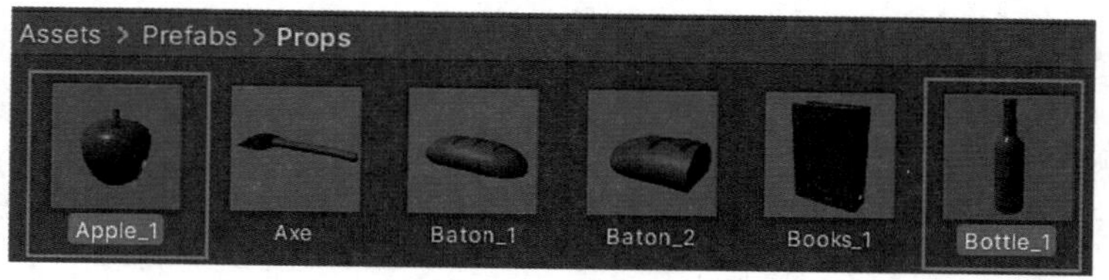

图 6–16　苹果预制体和瓶子预制体

为了实现对场景中物体的有效管理，可以将添加后的 Bottle 对象放置在 Table 对象之下，作为 Table 的子对象存在；将所有的 Apple 对象放置在 Barrel 对象之下，作为 Barrel 的子对象存在，如图 6–17 所示。

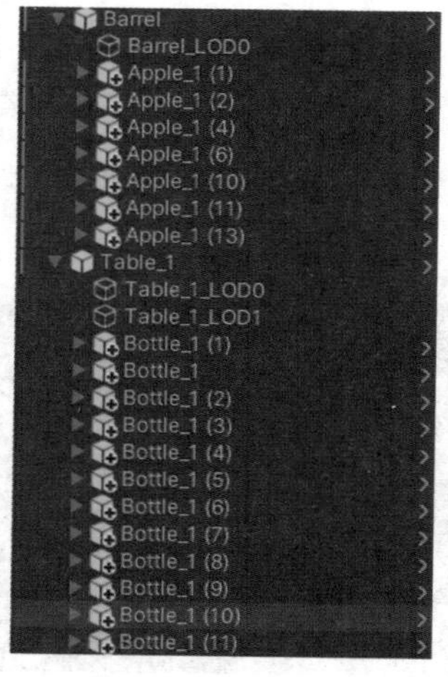

图 6–17　分别给 Table 对象和 Bottle 对象添加子对象

添加完这些小物体后，场景中的最终效果如图 6–18 所示。

图 6–18　添加物体后的场景效果

6.4　仁者见仁：第三人称到第一人称视角的切换

安装第一人称角色资源包

为了使人物角色与物体的交互过程看得更加清晰，经常需要通过键盘中的按键进行第三人称与第一人称之间的切换。例如，当角色在小物体旁边时，如果按下键盘中的 V 键，视角会从第三人称切换至第一人称，从而实现角色抓取小物体的交互过程。要实现该效果，需要一款名为 Cinemachine 的插件。Cinemachine 是 Unity 中常用的一款摄像机插件，无须代码就能实现一些简单的功能和效果，也支持通过脚本扩展更复杂的效果，该插件支持 Unity 2017 及以上的编辑器版本。

基于 Cinemachine 的 Virtual Camera 可以实现虚拟相机系统，实现锁定、旋转、缩放、移动、鼠标显示 / 隐藏、摄像机位置复位、限制摄像机角度、动态挂载跟随目标、切换视角、遮挡透视等功能，并自带摄像机碰撞检测，防止人物模型或者物体发生穿模的现象。虚拟相机不是真正的相机，无须像 Camera 组件一样运行之前先行挂载，它只需要配置一些数值和相关属性来控制真实相机的行为，但却无法单独进行工作，必须要搭配一个 Camera 对象才能完成画面的渲染，故虚拟相机的性能消耗比创建多个真实的 Camera 小很多。

6.4.1　安装虚拟相机

在 Unity 中打开 Package Manager 窗口，选择 Package 的来源为 Unity Registry，并且在右侧的搜索框中输入 cinema，可以检索到当前系统已经安装了 Cinemachine 这个插件，并且当前版本为 2.8.9（见图 6–19）。如果没有安装，请自行单击检索结果中的 Install 按钮完成安装即可。

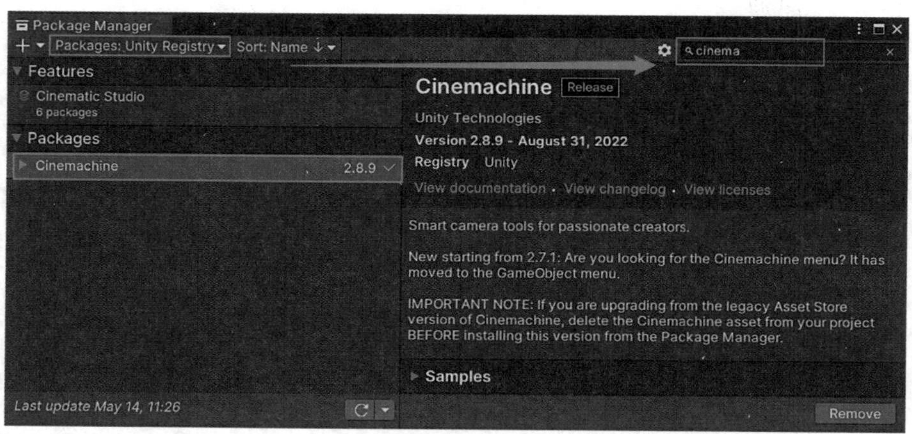

图 6–19　Cinemachine 插件

6.4.2　安装第一人称资源包

在 Unity Assets Store 中找到如图 6–20 所示的第一人称角色控制器的免费资源包，单击“添加至我的资源”按钮，将其添加至 My Assets 资源包中然后在 Unity 中将其打开。

图 6–20　第一人称角色控制器资源包

继续在 Package Manager 中进行检索，并下载 Starter Assets-First Person Character Controller 资源包，如图 6–21 所示。

注意：First Person Character Controller 和 Third Person Character Controller 共享同一个父级目录。之前章节中我们使用第三人称控制器（Third Person Character Controller）时，父级 StarterAssets 目录中已经存在了很多的文件和资源，所以这次在导入第一人称控制器 First Person Character Controller 时，仅仅导入与此有关的部分，如图 6–22 所示，其他无关的部分取消勾选，可以加快资源导入的速度。

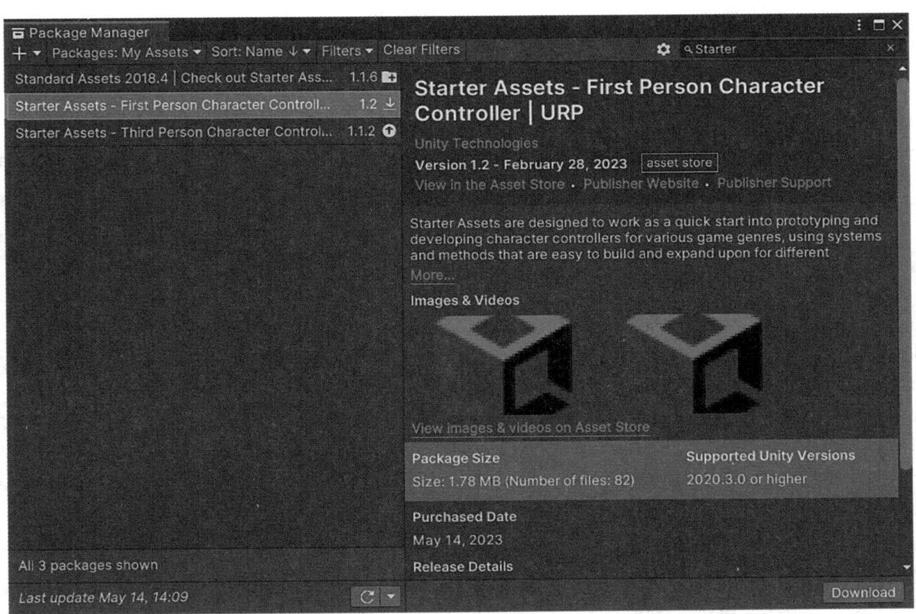

图 6–21　第一人称角色控制器插件

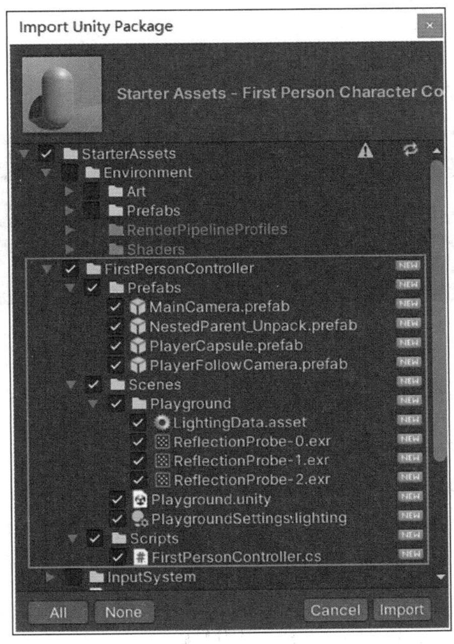

图 6–22　导入第一人称角色控制器资源包

6.4.3　在场景中添加第一人称角色控制器

在场景中添加第一人称角色控制器

按照之前章节中添加第三人称角色控制器到场景的方法，将第一人称角色控制器添加

至场景中。首先，依次在 Assets → StarterAssets → FirstPersonController → Scene 目录中找到 Demo 场景 Playground，双击打开并运行该场景，以第一人称角色的视角在场景中进行体验，Hierarchy 窗口中物体对象列表以及 Game 视图中的实际效果如图 6–23 所示。

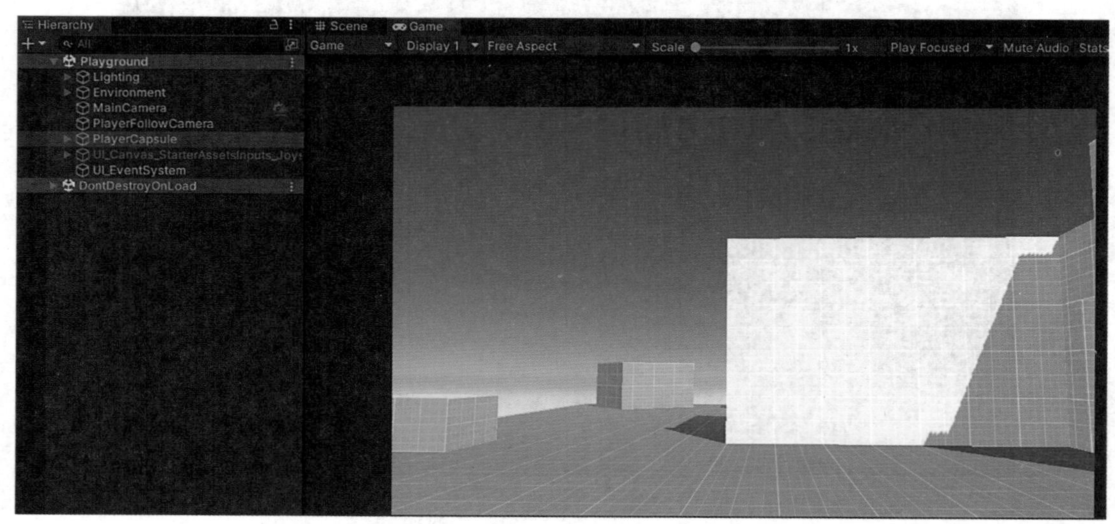

图 6–23　以第一人称视角在场景中浏览体验

重新打开原有的场景文件，分别将 FirstPersonController → Prefabs 目录下的 Player Capsule 及 PlayerFollowCamera 两个预制体添加至 Hierarchy 窗口中，如图 6–24 所示。

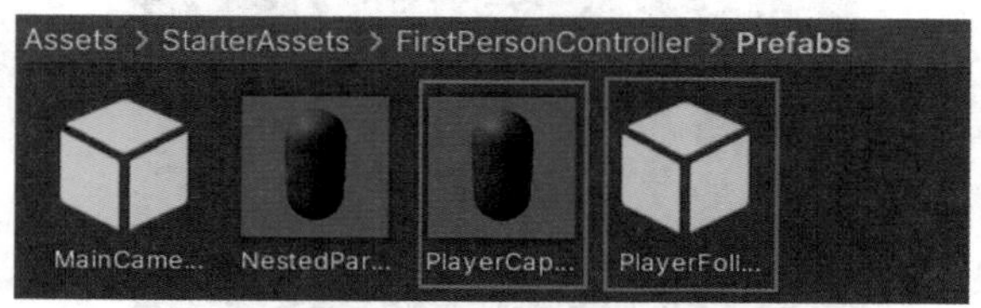

图 6–24　在场景中添加预制体

为便于区分，将第一人称视角相关的两个对象命名为 PlayerCapsule_1st 和 PlayerFollowCamera_1st（见图 6–25（a）），同时将第三人称视角相关的两个对象命名为 PlayerArmature_3rd 和 PlayerFollowCamera_3rd（见图 6–25（b））。PlayerCapsule 是设置了人物角色的第一人称参数，类似于第三人称人物角色的模型；PlayerFollowCamera 是角色的跟随相机，能够跟随第一人称视角实时渲染相机看到的场景。要预览第一人称视觉效果，可以暂时将第三人称视角下的 PlayerArmature 和 PlayerFollowCamera 对象禁用，如图 6–25（b）所示。

（a）重命名第一人称视角对象

（b）禁用第三人称视觉对象

图 6–25　重命名和禁用不同人称视角对象

选择 PlayerCapsule_1st 对象，在 Inspector 窗口中找到 Character Controller 组件，将人

物角色的身高设置为 1.8m，如图 6–26 所示，注意要与 PlayerArmature_3rd 中的人物角色身高相同。

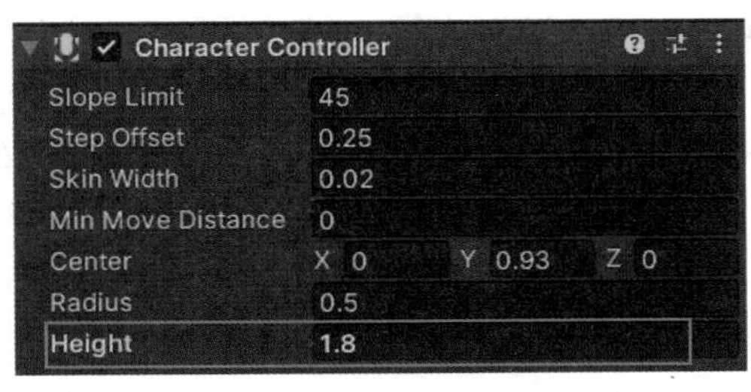

图 6–26 设置第一人称视角对象身高

此时第一人称视角相关的对象处于启用的状态，因此，直接运行场景就能看到人物角色以第一人称视角的形式在场景中进行漫游的画面，如图 6–27 所示。

图 6–27 角色以第一人称视角在场景中漫游

6.4.4 替换第一人称角色控制器模型

替换第一人称角色控制器模型

接下来为第一人称角色添加合适的模型。此时的第一人称角色仅仅是一个胶囊体 Capsule，在实际场景运行中略显粗糙。借鉴之前为第三人称角色 PlayerArmature 添加人物模型的方法，为第一人称角色添加模型 PlayerCameraRoot，具体步骤不再赘述。Hierarchy 窗口中的层级视图如图 6–28 所示。

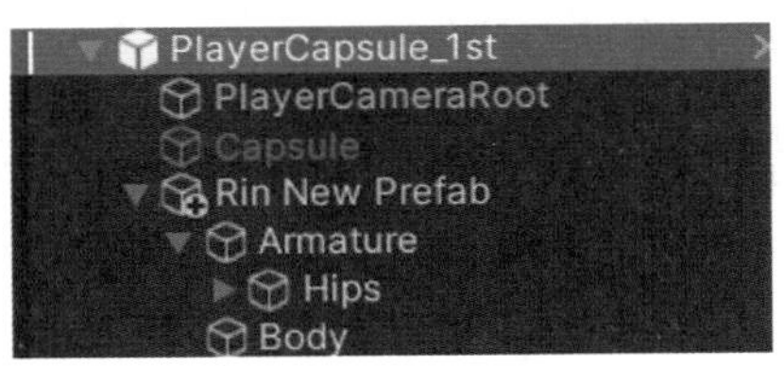

图 6–28 层级窗口中的层级视图

实现第一人称与第三人称之间的切换

6.4.5 实现第一人称与第三人称角色之间的切换

接下来要实现的是角色视角在第一人称与第三人称角色间切换的效果。当场景运行时，人物角色默认以第三人称视角在场景中漫游，到达待交互物体旁时，按下 V 键即切换为第一人称视角，实现对物体的抓取操作，再次按下 V 键，又可重新切换为第三人称视角。具体可以通过设置每种人称视角相关的 MainCamera、PlayCapsule/PlayArmature 以及 PlayFollowCamera 三个对象状态的启用和禁用来进行实现。在 Assets 目录中的 Scripts 目录中新建一个控制角色视角的脚本文件，命名为 ViewControl.cs，如图 6–29 所示。

图 6–29 新建控制角色视角的脚本文件

使用 Visual Studio 打开该脚本文件，输入如图 6–30 所示的代码，并对重点代码语句进行适当的注释说明。

```
using System.Collections;
using System.Collections.Generic;
using UnityEngine;
using UnityEngine.UI;
using UnityEngine.InputSystem;

public class ViewControl : MonoBehaviour
{
    //定义第一人称变量
    [Header("First Person")]
    [SerializeField]
    public GameObject FirstPlayFollowCamera;
    [SerializeField]
    public GameObject FirstPlayer;
    //定义第三人称变量
    [Header("Third Person")]
    [SerializeField]
    public GameObject ThirdPlayFollowCamera;
    [SerializeField]
    public GameObject ThirdPlayer;
    //第一帧更新前调用Start方法
    void Start()
    {
```

图 6–30 ViewControl.cs 脚本代码

```
    }

    //每帧调用 Update 方法
    void Update()
    {
        //检测 V 键是否按下
        if (Keyboard.current.vKey.isPressed)
        {
            //如果当前是第一人称视角
            if (FirstPlayer.activeSelf)
            {
                //第一人称和第三人称具有相同的 position 属性和 rotation 属性
                ThirdPlayer.transform.position = FirstPlayer.transform.position;
                ThirdPlayer.transform.rotation = FirstPlayer.transform.rotation;
                //切换为第三人称视角
                SetFirstPerson(false);
                SetThirdPerson(true);
            }
            else
            {
                //第一人称和第三人称具有相同的 position 属性和 rotation 属性
                FirstPlayer.transform.position = ThirdPlayer.transform.position;
                FirstPlayer.transform.rotation = ThirdPlayer.transform.rotation;
                //切换第一人称视角
                SetThirdPerson(false);
                SetFirstPerson(true);
            }
        }
    }

    private void SetFirstPerson(bool isTrue)
    {
        FirstPlayer.SetActive(isTrue);
        FirstPlayFollowCamera.SetActive(isTrue);
    }

    private void SetThirdPerson(bool isTrue)
    {
        ThirdPlayer.SetActive(isTrue);
        ThirdPlayFollowCamera.SetActive(isTrue);
    }
}
```

图 6-30（续）

从 ViewControl.cs 脚本文件中可以看出，代码开头引用了命名空间 InputSystem，这是一个 C# 默认 Input 类的命名空间，是一种新的输入系统，可以作为经典输入系统 Unity Engine.Input 的更具扩展性和可定制性的替代系统。使用方法上，InputSystem 与默认的 Input 类不同：在默认的 Input 类中按下 V 键，可以使用语句 Input.GetKeyDown(KeyCode.V) 实现，而在 InputSystem 中，要使用 Keyboard.current.vKey.isPressed 实现。开发者要采用哪一种默认的 Input 类，可以在 File → Build Settings 编译设置界面中单击左下角的 Player Settings 按钮进行设置，如图 6–31 所示。

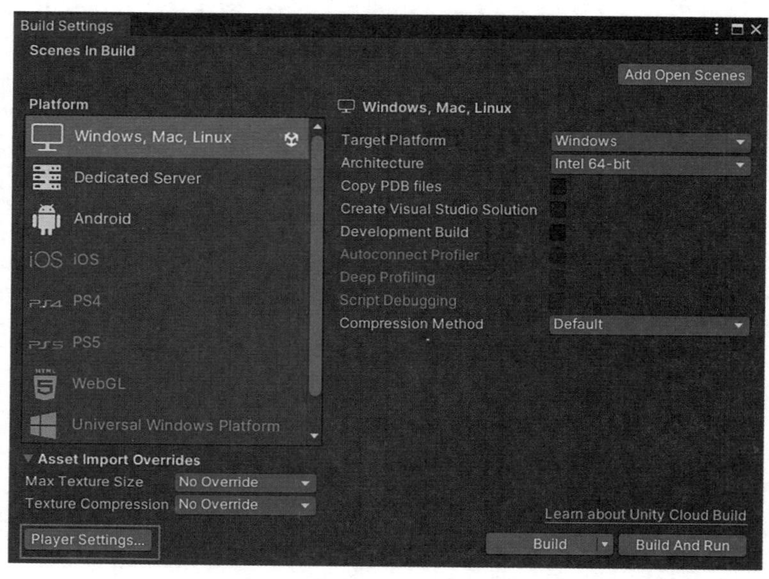

图 6–31　Player Settings 按钮

在弹出的 Player Settings 窗口中，单击左侧的 Player 选项卡，在右侧找到 Confi guration 设置部分，其中有一个带有 * 号的名为 Active Input Handling 选项，单击后面的下拉列表，开发者可以选择使用原来旧版的 Input Manage 或者新版的 Input System Package，或者同时将二者进行启用，我们这里选择 Both，即系统同时支持旧版和新版的输入设置（见图 6–32），因为两种设置在接下来的操作中都会用到。

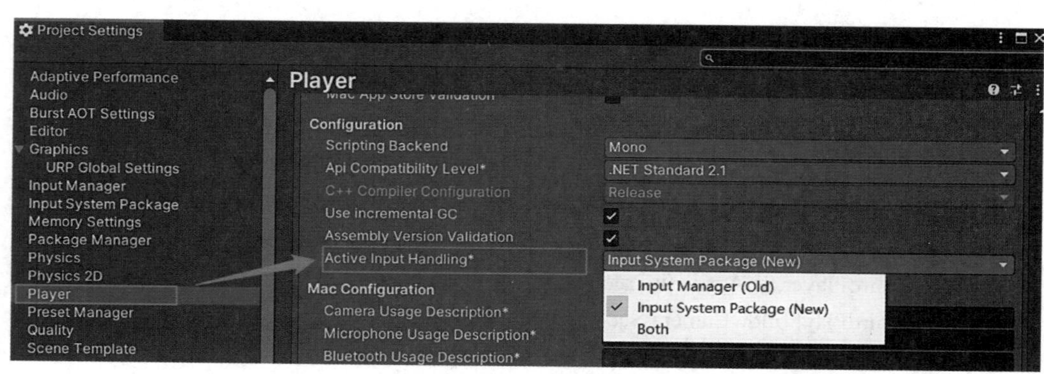

图 6–32　进行旧版和新版的输入兼容设置

在 Hierarchy 窗口中新建一个空对象，将其命名为 ViewControl。将上述名为 ViewControl.cs 的脚本文件绑定到该对象上，并且确保该对象处于启用状态。然后将 GameObject 变量所需的对象作为参数拖入，如图 6–33 所示。

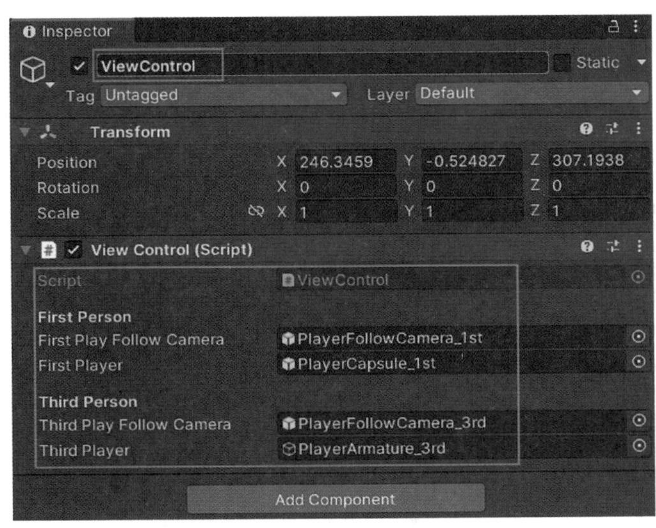

图 6–33　为新对象设置参数对象

此时运行场景，就能够看到第三人称和第一人称人物角色视角可以相互切换了，效果对比如图 6–34 所示。

（a）第三人称人物角色视觉

（b）第一人称人物角色视觉

图 6–34　第三人称和第一人称人物角色视角切换效果

进一步对比二者的 Transform 属性值，如图 6–35 所示，发现 Position 属性值和 Rotation 属性值进行了同步，实现了第一人称视角与第三人称视角能够同步切换的功能。

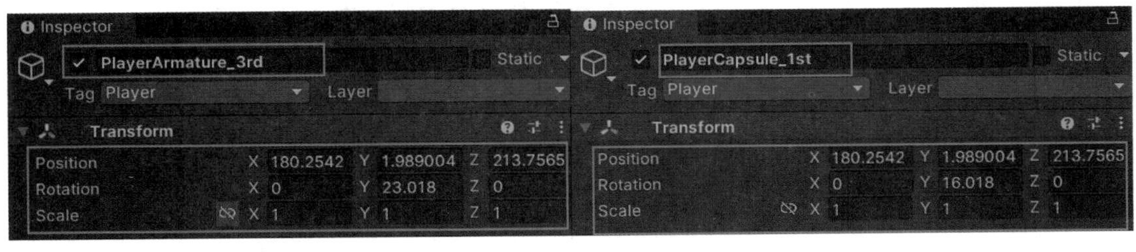

图 6–35　第一人称视角和第三人称视角 Transform 属性值对比

准备工作

6.5 你来我往：第一人称视角下人与物的交互

6.5.1 准备工作

1. 导入字体库资源

将本章随书资源包中的 Font 字体文件夹复制到 Assets 目录中，该文件夹包含了场景所需的字体文件，如图 6–36 所示，名为 Spartan-Bold 的字体是粗体，而名为 Spartan-Regular 的字体是常规体。

名称	修改日期	类型	大小
Spartan-Bold.ttf	25/9/2021 上午2:50	TrueType 字体文件	38 KB
Spartan-Regular.ttf	25/9/2021 上午2:56	TrueType 字体文件	38 KB

图 6–36　Font 字体文件夹

2. 创建 UI 对象

本章涉及的 UI 元素仅仅是在人物角色与场景物体交互过程中起到提示作用，更多有关 UI 的内容会在第 7 章详细介绍。找到场景中的主摄像机，虽然这架摄像机名为 MainCamera_3rd，但却属于第一人称视角和第三人称视角共用的主摄像机。在其下新建两个子对象，分别是空对象 ItemHolder 和画布对象 UI。ItemHolder 作为人物角色与场景中物体交互的手柄存在；画布对象 UI 下存在一个 Panel 图片子对象和 Point 图片子对象，如图 6–37 所示。

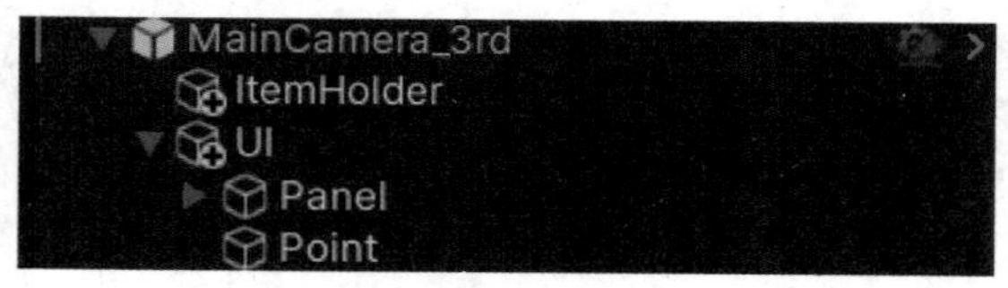

图 6–37　创建 ItemHolder 对象和画布对象 UI

Panel 图片子对象下再新建一个文本子对象 Panel_Text，其作用是当角色视角朝向我们要交互的对象时，系统能够提示用户拿起（Pickup）它；当用户拿起物体的时候，又能够提示用户可以放下（Drop）它。Point 图片子对象的作用是在屏幕中心给出一个白色中心点，便于用户对准要交互的物体，进而对其进行操作，类似 FPS 游戏中武器枪械的十字准星。在 Point 图片子对象 Inspector 窗口的 Rect Transform 组件中，将图片的宽高数值均设置为 7，并且将 Image 组件的 Source Image 属性设置为当前系统已经存在的一张名称为 Knob 的白色圆点图片，如图 6–38 所示。

将 ItemHolder 对象 Position 属性中的 *Z* 轴坐标设置为 1.6（见图 6–39），该值表示人物角色与物体交互过程中垂直方向的高度。

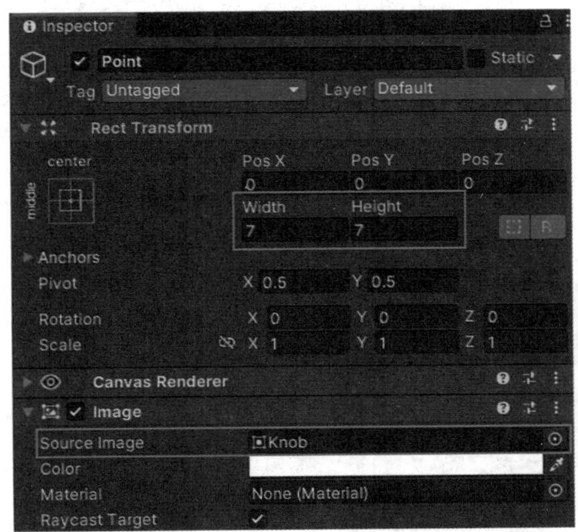

图 6–38　Point 图片子对象属性设置

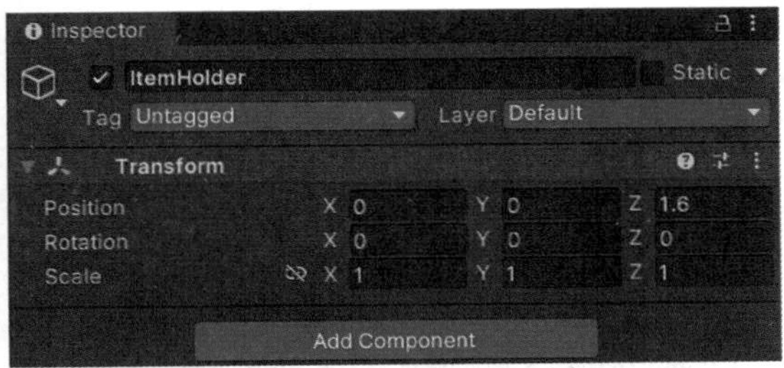

图 6–39　设置 ItemHolder 对象的 Positon 属性值

选择 Panel 对象，在 Inspector 窗口中可以看到 Image 组件下有一个 Color 属性（见图 6–40（a）），该属性用于设置当前 Panel 文本区域背景颜色，单击颜色条，在弹出的 Color 设置窗口中将 Alpha 通道的不透明度调整为 0 即可，如图 6–40（b）所示。

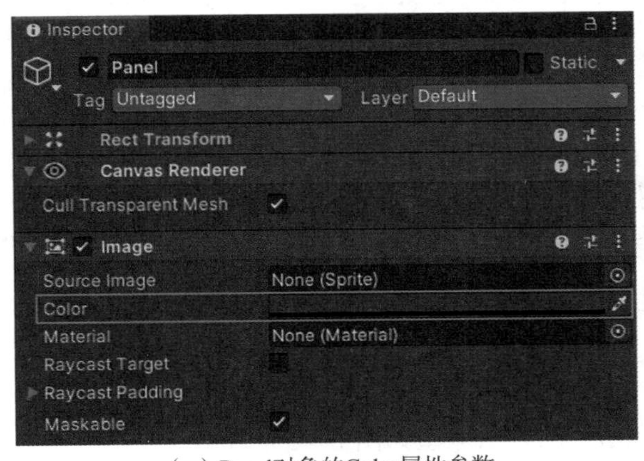

（a）Panel对象的Color属性参数

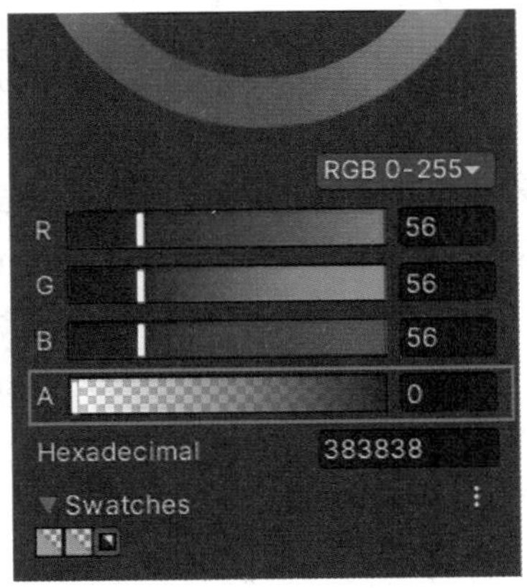

（b）设置Color属性参数

图 6–40　Panel 对象属性设置

继续展开 Panel 对象，在其下找到 Text 文本子对象，将其重命名为 Panel_Text，如图 6–41 所示。

在 Panel_Text 对应的 Inspector 窗口的 Text 组件中，保持 Text 文本属性的内容为空，这里的内容需要根据脚本中代码的执行情况进行动态填充。然后在 Character 字符设置部分，选择 Font 字体为刚才导入的 Font 字体文件夹中的 Spartan-Regular 字体，并且将字体的颜色选择为白色，颜色值为 RGB（255，255，255），其他参数项保持默认值即可，如图 6–42 所示。

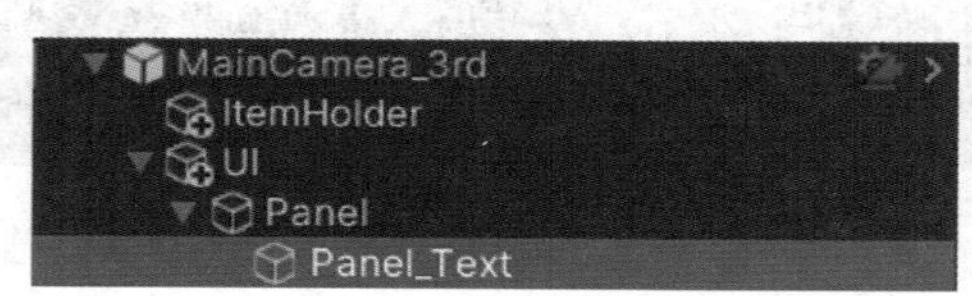

图 6–41　重命名 Panel 的 Text 文本对象

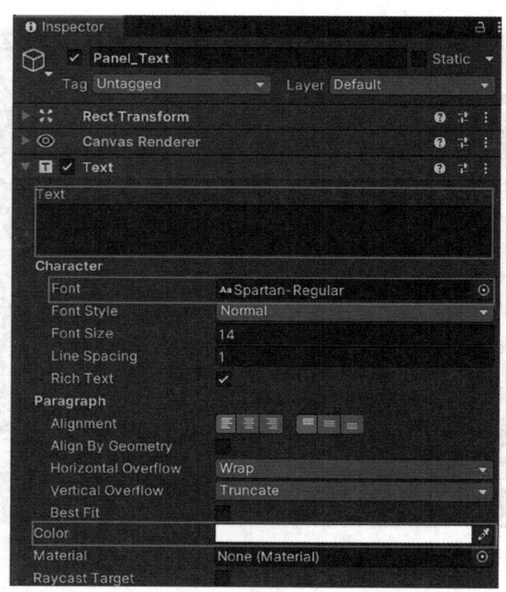

图 6–42　设置 Panel_Text 属性参数

6.5.2　Unity 射线

Unity 射线以及详细的交互过程

摄像机视图中的任何一点都对应世界空间中的一条线。射线是在三维世界中从一个点沿一个方向发射的一条无限长的线。在射线轨迹上，一旦与添加了碰撞器的模型发生碰撞，将停止发射。来自摄像机的射线最常见的用途是将射线投射（Raycast）到场景中。射线投射从原点沿着射线方向发送假想的“激光束”，直至命中场景中的碰撞体。随后会返回有关该对象和 RaycastHit 对象内的投射命中点的信息。这是一种基于对象在屏幕上的图像来定位对象的非常有用的方法。我们可以利用射线实现子弹击中目标的检测，以及通过鼠标单击拾取物体等功能。

1. 普通射线

官方文档中普通射线（Physics.Raycast）的方法原型如图 6–43 所示。

```
public static bool Raycast (Vector3 origin, Vector3 direction, out RaycastHit hitInfo, float
maxDistance, int layerMask, QueryTriggerInteraction queryTriggerInteraction);
```

图 6–43　普通射线方法原型

Raycast 方法返回值为布尔类型，如果射线与任何碰撞体相交，返回值为 True，否则返回 false。Raycast 方法的相关参数的功能说明如表 6–3 所示。

2. 球形射线

相比 Raycast，球形射线（Physics.Spherecast）方法增加了射线宽度，可以想象为把球向某个方向移动，在移动过程中去检测，官方文档中的方法原型如图 6–44 所示。

表 6–3　普通射线参数功能说明

参　数	功 能 说 明
origin	射线在世界坐标系中的起点
direction	射线的方向
hitInfo	如果返回 True，则 hitInfo 将包含有关最近的碰撞体的命中位置的更多信息
maxDistance	射线应检查碰撞的最大距离
layerMask	层遮罩，用于在投射射线时有选择地忽略碰撞体
queryTriggerInteraction	指定该查询是否应该命中触发器

```
public static bool SphereCast (Vector3 origin, float radius, Vector3 direction, out Raycast
Hit hitInfo, float maxDistance= Mathf.Infinity, int layerMask= DefaultRaycastLayers, Qu
eryTriggerInteraction queryTriggerInteraction= QueryTriggerInteraction.UseGlobal);
```

图 6–44　球形射线方法原型

Spherecast 方法返回值为布尔类型，如果射线与任何碰撞体相交，返回值为 True，否则返回 False。Spherecast 方法括号中的相关参数的功能说明如表 6–4 所示。

表 6–4　球形射线参数项功能说明

参　数	功 能 说 明
origin	扫描开始处的球体中心
radius	该球体的半径
direction	扫描球体的方向
hitInfo	如果返回 True，则 hitInfo 将包含有关碰撞体的撞击位置的更多信息
maxDistance	投射的最大长度
layerMask	层遮罩，用于在投射胶囊体时有选择地忽略碰撞体
queryTriggerInteraction	指定该查询是否应该命中触发器

在第一人称视角下，人物角色与物体的交互主要是通过 Scripts 目录下的 Player Interaction 脚本来实现，如图 6–45 所示。

图 6–45　PlayerInteraction 脚本

该脚本代码如图 6–46 所示，针对代码中的重点行进行了解释说明。

```
using UnityEngine;
using UnityEngine.UI;

//与对象的交互
namespace Suntail
{
    public class PlayerInteractions : MonoBehaviour
    {
        //交互变量
        [Header("Interaction variables")]
        [Tooltip("Layer mask for interactive objects")]
        [SerializeField] private LayerMask interactionLayer;
        //角色与对象交互的最远距离
        [Tooltip("Maximum distance from player to object of interaction")]
        [SerializeField] private float interactionDistance = 3f;

        //可抓取对象的标签
        [Tooltip("Tag for pickable object")]
        [SerializeField] private string itemTag = "Item";
        //角色的主摄象头
        [Tooltip("The player's main camera")]
        [SerializeField] private Camera mainCamera;
        //要举起的对象所在的父对象
        [Tooltip("Parent object where the object to be lifted becomes")]
        [SerializeField] private Transform pickupParent;
        //交互按键绑定
        [Header("Keybinds")]
        [Tooltip("Interaction key")]
        //交互按键默认为E 键
        [SerializeField] private KeyCode interactionKey = KeyCode.E;
        //对象跟随设置（移动速度）
        [Header("Object Following")]
        [Tooltip("Minimum speed of the lifted object")]
        [SerializeField] private float minSpeed = 0;
        [Tooltip("Maximum speed of the lifted object")]
        [SerializeField] private float maxSpeed = 3000f;
        //提示信息的UI 显示界面
        [Header("UI")]
        [Tooltip("Background object for text")]
        [SerializeField] private Image uiPanel;
        [Tooltip("Text holder")]
        [SerializeField] private Text panelText;
```

图 6-46　PlayerInteraction 脚本

```
    [Tooltip("Text when an object can be lifted")]
    [SerializeField] private string itemPickUpText;
    [Tooltip("Text when an object can be drop")]
    [SerializeField] private string itemDropText;

    //创建各种类型的私有变量
    private PhysicsObject _physicsObject;
    private PhysicsObject _currentlyPickedUpObject;
    private PhysicsObject _lookObject;
    private Quaternion _lookRotation;
    private Vector3 _raycastPosition;
    private Rigidbody _pickupRigidBody;
    private float _currentSpeed = 0f;
    private float _currentDistance = 0f;
    private CharacterController _characterController;


    private void Start()
    {
      //获得主摄像头
      mainCamera = Camera.main;
      //获得 Character Controller 组件
      _characterController = GetComponent<CharacterController>();
    }

    private void Update()
    {
      //对象交互
      Interactions();
      //射线检测
      LegCheck();
    }

    //检测用户角色的眼睛看到哪一个对象，依赖于 Tag 标签以及相关的组件
    private void Interactions()
    {
      //将屏幕坐标转换为世界坐标
      _raycastPosition = mainCamera.ScreenToWorldPoint(new Vector3(Screen.width / 2, Screen.height / 2, 0));
      //Debug.Log(_raycastPosition);
      //声明射线
```

图 6-46（续）

```
        RaycastHit interactionHit;
        //直线射线检测
        if (Physics.Raycast(_raycastPosition, mainCamera.transform.forward,
            out interactionHit, interactionDistance, interactionLayer))
        {
            //射线每检测到一个对象，Console 控制台就打印一次 Did Hit 信息
            Debug.Log("Did Hit");
            //对比 Tag 标签
            if (interactionHit.collider.CompareTag(itemTag))
            {
                //查找 PhysicsObject 脚本组件
                _lookObject = interactionHit.collider.GetComponentInChildren<PhysicsObject>();
                ShowItemUI();
            }
        }
        else
        {
            _lookObject = null;
            uiPanel.gameObject.SetActive(false);
        }
        //当按下交互键
        if (Input.GetKeyDown(interactionKey))
        {
            if (_currentlyPickedUpObject == null)
            {
                if (_lookObject != null)
                {
                    PickUpObject();
                }
            }
            else
            {
                BreakConnection();
            }
        }
    }

    //当玩家试图踩到对象时，与对象断开连接，防止对象飞行
    private void LegCheck()
    {
        //确定球体射线的位置
```

图 6-46（续）

```
        Vector3 spherePosition = _characterController.center + transform.position;
        //声明射线
        RaycastHit legCheck;
        //射线检测
        if (Physics.SphereCast(spherePosition, 0.3f, Vector3.down, out legCheck, 2.0f))
        {
            if (legCheck.collider.CompareTag(itemTag))
            {
                BreakConnection();
            }
        }
    }

    //向拾取父对象的速度移动
    private void FixedUpdate()
    {
        //如果当前捡起的对象不为空
        if (_currentlyPickedUpObject != null)
        {
            _currentDistance = Vector3.Distance(pickupParent.position, _pickupRigidBody.position);
            _currentSpeed = Mathf.SmoothStep(minSpeed, maxSpeed, _currentDistance / interactionDistance);
            _currentSpeed *= Time.fixedDeltaTime;
            Vector3 direction = pickupParent.position - _pickupRigidBody.position;
            _pickupRigidBody.velocity = direction.normalized * _currentSpeed;
        }
    }

    //捡起一个视野范围内的对象
    public void PickUpObject()
    {
        _physicsObject = _lookObject.GetComponentInChildren<PhysicsObject>();
        _currentlyPickedUpObject = _lookObject;
        _lookRotation = _currentlyPickedUpObject.transform.rotation;
        _pickupRigidBody = _currentlyPickedUpObject.GetComponent<Rigidbody>();
        _pickupRigidBody.constraints = RigidbodyConstraints.FreezeRotation;
        _pickupRigidBody.transform.rotation = _lookRotation;
        _physicsObject.playerInteraction = this;
        StartCoroutine(_physicsObject.PickUp());
    }

```

图 6-46（续）

```
    //释放一个对象
    public void BreakConnection()
    {
        if (_currentlyPickedUpObject)
        {
            _pickupRigidBody.constraints = RigidbodyConstraints.None;
            _currentlyPickedUpObject = null;
            _physicsObject.pickedUp = false;
            _currentDistance = 0;
        }
    }

    //捡起一个对象的时候显示界面元素
    private void ShowItemUI()
    {
        uiPanel.gameObject.SetActive(true);

        //如果当前对象没有被举起，那么显示举起对象
        if (_currentlyPickedUpObject == null)
        {
            panelText.text = itemPickUpText;
        }
        //如果当前对象已经举起，那么显示放下对象
        else if (_currentlyPickedUpObject != null)
        {
            panelText.text = itemDropText;
        }

    }

  }
}
```

图 6-46（续）

上述脚本文件不能独立工作，必须要结合在本章开头讲到的 PhysicalObject 脚本文件，才能实现人物角色与对象的交互。而且，物体对象必须存在两个组件：Collider 碰撞体组件和 Rigidbody 刚体组件。本场景中的 Apple 物体对象采用了基于 Mesh 网格的 Mesh Collider 碰撞体类型，如图 6-47 所示。

当物体对象有了碰撞体组件和刚体组件后，就可以将本章开头讲到的 Physical Object 脚本挂载到物体之上（也可以直接做到预制体中，这样基于预制体生成的每一个物体对象就都有了该组件）。将 Player Interactions 脚本文件挂载至第一人称角色对象 PlayCapsule_1st 下，并对组件中的属性值进行设置：交互距离最大默认为 3m，待交互的对象都具有统一的名为 Item 的 Tag 标签，也就是说对象要能够被交互，那么就必须设置对象的 Tag 标签为 Item（实际情况下可以对其进行修改）。然后将主摄像机 Main Camera 赋值 MainCamera_3rd（Camera），将 Pickup Parent 操作柄赋值为 ItemHolder。在 Keybinds（按键绑定）属性部分需要指定要交互的键盘按键，默认是 E 键。最后在 UI 设置部分，将之前添加好的 Panel 对象添加进去，并且将 Panel Text 对象拖曳到 Panel Text 参数后，然后设置射线检测到对象之后，给出的提示信息是 Pickup，而当角色将对象捡起的时候，给出的提示文本是 Drop，如图 6–48 所示。此外，为确保发射出去的射线具有一定的穿透力，确保对象能够被识别到，需要设置 Interaction Layer 属性的值为 Everything。

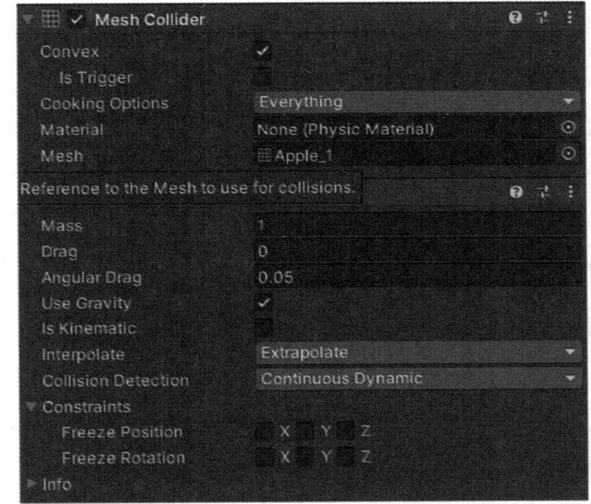

图 6–47　Apple 对象的 Mesh Collider 碰撞体

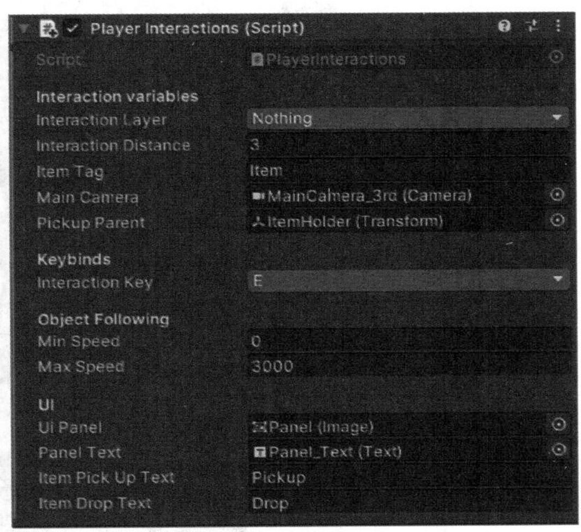

图 6–48　设置 Player Interactions 脚本属性

最后，需要将被交互对象的 Tag 标签统一设置为 Item，如图 6–49 所示。

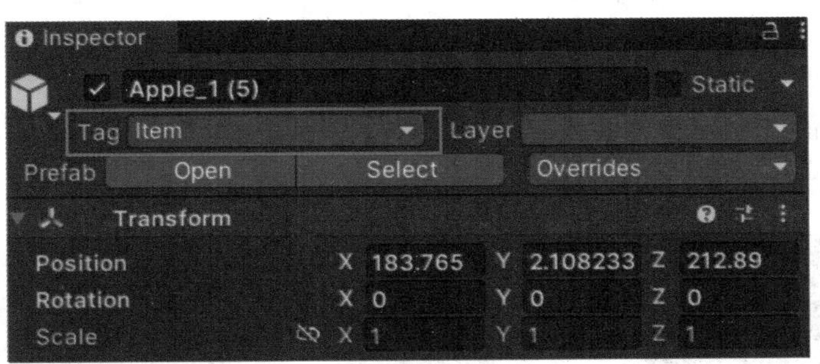

图 6–49　设置被交互对象的 Tag 标签

执行完上述操作后，就可以运行场景进行效果测试了。运行场景后能够看到场景处于第三人称视角，并且在屏幕中心出现了便于用户定位交互对象的白点，如图 6–50 所示。

此时，按下 V 键，视角会切换为第一人称，当用户走近对象的时候会发现视线中出现提示信息 Pickup，提示用户此时可以捡起视野范围内被射线检测到的对象，如图 6–51 所示。

图 6–50　场景运行效果

图 6–51　第一人称视角下对象交互提示信息

这时按下 Esc 键，就可以将鼠标指针切换出来，在 Console 控制台窗口中能够看到相关的提示信息 Did Hit，这是通过 PlayerInteractions 脚本中的 Debug.log("Did Hit") 方法来控制输出的，如图 6–52 所示。

按下键盘中的 E 键，此时可以将对象拿起，并且可以看到屏幕给出了提示文字 Drop，提示用户此时可以将拿起的对象放下，如图 6–53 所示。

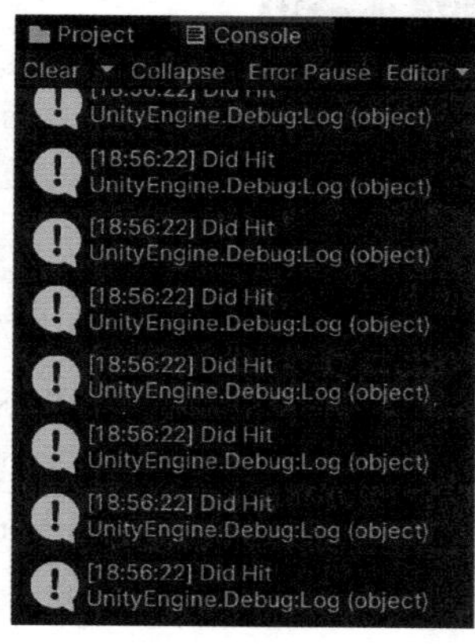

图 6–52　控制台输出信息

图 6–53　对象被拿起后的交互提示信息

在 Player Interactions 脚本中实现了用户可以拿起对象并进行移动的功能，此时可以测试下实现效果：一边拿起对象一边进行移动，将对象移动到房屋门前台阶上（见图 6–54（a）），此时，对象旁边出现文字提示信息 Drop 示意用户可以放下对象，按下 E 键，就能够将对象放置在台阶上了（见图 6–54（b））。由于台阶表面是平整的，所以瓶子可以稳稳地放在上面，放下物体后，对象旁边出现文字提示信息 Pickup 示意用户可以重新拿起对象进行新一轮的交互操作。

（a）拿起对象

（b）放下对象

图 6–54 移动对象功能

至此，我们就实现了人物角色在第一人称视角下与对象的交互操作了。

能力自测

一、单选题

1. 碰撞检测时，如果移动对象在某一帧位于碰撞体的一侧，下一帧穿过了碰撞体，便可判断出现了（ ）情况。

A. 移动　　B. 穿模　　C. 物理特效　　D. 碰撞

2. 添加刚体组件后，游戏对象会受到力的作用实现基于物理定律的一些行为，这些行为不包括（ ）。

A. 产生运动　　B. 产生重力　　C. 发生碰撞　　D. 改变形状

3. 游戏对象添加（ ）组件后会立即响应重力。

A. 触发器　　B. 碰撞体　　C. 刚体　　D. 角色控制器

4.（ ）碰撞体适用于落石、乒乓球等游戏对象。

A. 胶囊　　B. 网格　　C. 球形　　D. 车轮

5. 以下关于角色控制器的说法中不正确的是（ ）。

A. 角色控制器比直接用 Transform 效果好

B. 角色控制器没有直接用 RigidBody 效果好

C. 角色控制器拥有 RigidBody 的一些重要特性

D. 使用角色控制器可以避免穿模、滑步、被撞飞等情况

二、填空题

1. 刚体组件是让物体产生 ________________ 的组件，碰撞体组件则是让 ________________ 与 ________________ 产生碰撞的组件。

2. 要实现真实而生动的物理效果，发生碰撞的一方必须携带 ________________ 和 ________________ 组件，另一方则仅需要 ________________ 组件。

3. ________________ 用于实现 Unity 中游戏对象之间的碰撞效果。

4. 在碰撞模拟过程中，为避免刚体直接穿过对方而造成 ________________ 现象，需要给碰撞物体添加 ________________。

5. 根据刚体组件配置情况，碰撞体可分为 ________________ 碰撞体、________________ 碰撞体和 ________________ 碰撞体三类。

6. 碰撞体最常用的类型有 ________________ 形、________________ 形和 ________________ 形三种，可以基于这三种组合创建复合碰撞体。

7. 关联了碰撞器的物体发生碰撞时，物体表面需要模拟它们应该具有的 ________________ 特性。

8. 连续碰撞检测是一种阻止快速移动的碰撞体发生 ________________ 的功能。

9. 为避免穿模，可在快速移动对象的刚体上启用 ________________ 功能，将其模式设置为 ________________，可防止刚体穿过任何静态（即非刚体）网格碰撞体。

10. Unity 中提供了基于 ________________ 的碰撞检测和基于 ________________ 的碰撞检测两种连续碰撞检测方法，前者通过 ________________ 来计算撞击时间，后者则通过 ________________ 判断下一物理步骤中的所有潜在触点。

11. 游戏对象添加刚体组件后，不需要借助 ________________ 移动游戏对象，就可以施加力的作用推动游戏对象，让物理引擎计算运动结果。

12. 使用物理引擎时必须先将刚体 ________________ 添加到游戏对象中，然后才能让刚体受到物理引擎的影响。

13. 两个物体发生碰撞需要满足两个条件：①发生碰撞的两个物体都要有 ________________ 组件；②其中一方要有 ________________ 组件。

14. 配置触发器使用 ________________ 属性，添加触发器属性的碰撞体 ________________（允许 / 不允许）其他碰撞体穿过。

15. Unity 场景中常用的碰撞体有盒形、球形、胶囊、________________、________________ 和 ________________ 6 种类型。

16. ________________ 碰撞体是一种长方体形状的基本碰撞体，可用于木箱、地板、墙壁或坡道等游戏对象碰撞体的设计，也可用于复合碰撞体的设计。

17. 编辑模式下，盒形碰撞体每个面的 ________________ 位置会出现一个顶点，将鼠标悬停在顶点上时可拖动顶点以使盒型碰撞体 ________________ 或 ________________。

18. 第一人称或第三人称游戏中的角色，通常需要一些基于 ________________ 的物理特性确保其不会从地板上掉下来或穿过墙壁，这种专门用来控制角色的组件称为 ________________。

19. ______________ 是 Unity 中常用的一款相机插件，基于该插件可以实现 ______________ 系统，实现锁定、旋转、缩放、鼠标显示 / 隐藏、切换视角、遮挡透视等功能，并自带 ______________ 碰撞检测，防止人物模型或者物体发生穿模的现象。

20. 射线是在三维世界中从一个点沿一个方向发射的一条 ______________ 的线。

三、简答题

1. 在 Unity 的物理引擎系统中，最重要的组件有哪些，其作用是什么？

2. 如何避免快速移动的碰撞体发生穿模？

3. 两个物体发生碰撞需要满足哪两个条件？

4. Unity 场景中常用的碰撞体有哪些类型？这些类型分别适用于哪些游戏对象碰撞体的设计？

5. 在脚本文件中，如果想同时使用旧版和新版输入系统命名空间引用方法，该如何进行设置？

第7章

UI 系统

用户界面（User Interface，UI）是对窗口、菜单、按钮、文本框等图形界面元素操作逻辑与美观性等特性进行的整体设计。良好的 UI 设计可以使用户更直观、便捷地操作系统和应用程序。UI 作为 Unity 游戏引擎的一个重要组成部分，经历了 OnGUI、GUI、NGUI 的历程，最终发展为现今 Unity 官方的 UI 系统。它不仅支持多平台，还提供了可视化的 UI 编辑器、动画效果和事件系统等丰富且易用的功能，为 Unity 开发人员创建高质量 UI 提供了保障。

本章将在第 6 章的基础上，进一步优化人物角色和场景中对象的交互过程，通过背包实现对交互的有效管理，从而让读者更加熟练地掌握 UI 系统中常见控件的使用方法。

7.1 UI 系统概述

7.1.1 UI 系统简介

Unity GUI 简称 UGUI（本书将其简称为 UI 系统），是一套 Unity 官方提供的 UI 系统，内置于各个版本的 Unity 引擎当中，用于游戏图形化用户界面的开发。通过 UI 系统中的面板（Panel）、按钮（Button）、图片（Image）等常见控件，开发者可以快速、直观地创建游戏内的主菜单、道具箱、任务栏等 UI 界面，满足不同需求。以 3A 级大作《怪物猎人：世界》为例，开发者通过道具箱的方式（见图 7–1）供玩家对自己的装备进行灵活的管理，这是一种相当便捷的 UI 界面。

7.1.2 UI 系统特点

Unity UI 系统主要有以下 5 个特点。

（1）支持多平台。UI 系统可以在 PC、移动设备（如 Android、iOS 系统等）等多种设备上使用，并且支持多种分辨率和屏幕比例。不同的分辨率和屏幕比例下，UI 元素显示的实际位置和清晰度都有区别。

图 7–1 《怪物猎人：世界》UI 界面中的道具箱

（2）支持可视化编辑。UI 系统提供了丰富的可视化 UI 编辑器功能，可以通过拖曳、调整等方式来快速制作 UI 界面。

（3）支持灵活布局。UI 系统提供了多种布局方式，包括水平布局、垂直布局、栅格布局等，可以根据 UI 界面的实际需求灵活地选择不同的布局方式。

（4）支持动画效果。UI 系统支持动画效果，可以为 UI 元素添加渐变、旋转、缩放等动画效果，以增强 UI 界面的交互性和视觉效果。

（5）支持事件系统。UI 系统提供了事件系统（Event System），可以为 UI 元素添加单击、拖曳、鼠标进入 / 离开等响应事件，以实现 UI 界面的交互功能。

7.2 UI 基础控件

UI 系统包括 Canvas（画布）、Text（文本框）、Image（图片）、Button（按钮）等基础控件。

7.2.1 Canvas 控件

UI 系统以其强大的可视化编辑工具，为开发工作带来了极大的便利。Canvas 是 UI 系统中非常重要的一个控件对象，它是所有其他 UI 控件的父对象，负责管理和影响其子对象的布局和渲染效果。

在创建 UI 元素时，Hierarchy 窗口中如果不存在任何 Canvas 对象，UI 系统会自动创建一个默认的 Canvas 对象并将 UI 元素置于其下。用户如果想要更加灵活地控制 UI 布局与渲染效果时，可以手动创建不同的 Canvas 对象，并将 UI 元素分别放置在各自的 Canvas 对象中，以实现不同 Canvas 对象之间的相对位置和层级关系，从而达到更好的 UI 效果。

在 Hierarchy 对象中右击选择 UI → Canvas 命令，创建一个 Canvas 对象，如图 7–2（a）

所示。此时场景中并不会有任何的对象展示表现（见图 7–2（b）），因为 Canvas 对象仅仅是承载各种 UI 元素的容器所在。

（a）新建Canvas对象　　（b）场景中效果

图 7–2　新建 Canvas 对象

选择 Canvas 对象，在 Inspector 窗口中可以看到默认带有 4 个组件，分别是 Rect Transform（矩形变换）、Canvas、Canvas Scaler（画布缩放器）以及 Graphic Raycaster（图形射线投射器）。下面分别说明这四个组件的作用。

1. Rect Transform 组件

Canvas 画布区域在 Scene 视图中显示为矩形，这样可以轻松定位 UI 元素，而无须始终显示 Game 视图。Rect Transform 组件用于控制 Canvas 对象及其子对象的位置、旋转和缩放等属性，该组件决定了 Canvas 中的 UI 元素在屏幕上的位置和大小。Pos 坐标确定了画布在坐标系中的位置，Pos X、Pos Y 和 Pos Z 分别是 X、Y 和 Z 坐标轴上的坐标；Width 和 Height 参数值则确定了画布 Canvas 的大小，可以看出默认画布大小为 640 × 480，如图 7–3 所示。

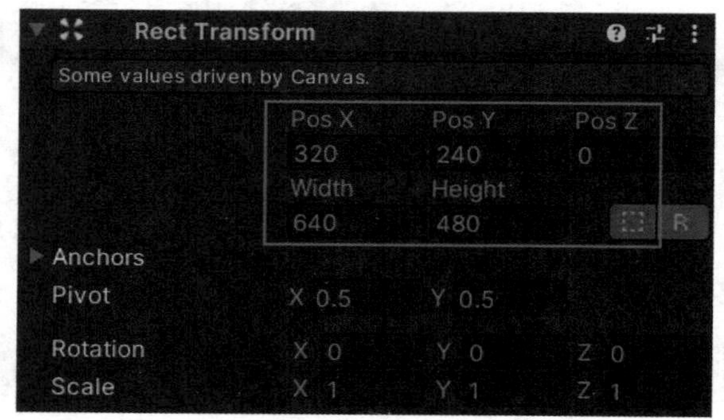

图 7–3　Rect Transform 组件参数

2. Canvas 组件

Canvas 是 UI 系统中的核心组件，负责将 UI 元素渲染到屏幕上。Canvas 组件控制 Canvas 渲染模式、参考分辨率、画布大小等属性。其中，Render Mode（渲染模式）属性可以选择 Screen Space-Overlay、Screen Space-Camera 或 World Space 三种渲染模式，分别表示在屏幕上覆盖、相机投影和在世界空间中渲染 UI 元素。Reference Resolution 属性表示 Canvas 的参考分辨率，用于自动调整 UI 元素的大小和位置。

1）Screen Space-Overlay（覆盖模式）

此渲染模式将 UI 元素放置于在场景之上渲染的屏幕上。如果调整屏幕大小或更改分辨率，则画布将自动更改大小来适应此情况。Canvas 渲染的 UI 元素将叠加在屏幕上，不随相机移动而改变位置。这种模式适用于 2D 游戏或 UI 界面，例如菜单、按钮、文本等。如图 7–4 所示的游戏主界面中通过一个统一的 Canvas 画布对所有的游戏菜单项进行管理。

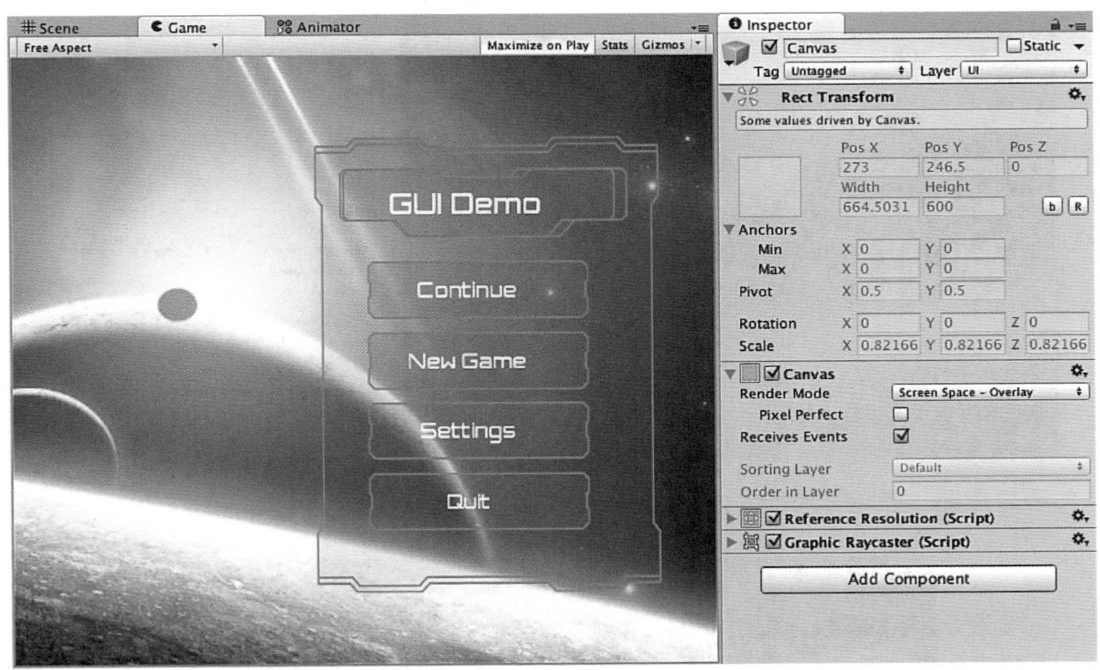

图 7–4 Screen Space-Overlay 模式下的画布 UI

2）Screen Space-Camera（固定相机渲染）

与 Screen Space-Overlay 模式类似，在 Screen Space-Camera 模式下，画布放置在指定摄像机前面的给定距离处。UI 元素由此摄像机渲染，这意味着摄像机设置会影响 UI 的外观。如果摄像机设置为正交视图，则 UI 元素将以透视图渲染，透视失真量可由摄像机视野控制。如果调整屏幕大小、更改分辨率或摄像机视锥体发生改变，画布也将自动更改大小来适应。Canvas 渲染的 UI 元素将随相机移动而改变位置，但不会受到相机的透视变换影响。这种模式适用于需要在 3D 场景中显示 2D 元素的情况，例如头顶标识、生命值条等。如果将图 7–4 中的 Screen Space-Overlay 模式调整为 Screen Space-Camera 模式，那么将会呈现出如图 7–5 所示的效果。

3）World Space（世界空间）

此渲染模式下，画布的行为与场景中的所有其他对象相同。画布大小可用矩形变换进行手动设置，而 UI 元素将基于 3D 位置在场景中的其他对象前面或后面渲染。此模式对于要成为世界一部分的 UI 非常有用，这种界面也称为“叙事界面”。图 7–6 是一个用于介绍动物详细信息的 UI 界面，可以通过世界空间的布局灵活调整各个元素的位置。Canvas

渲染的 UI 元素将作为 3D 对象渲染在场景中，可以受到相机的透视变换影响。该模式适用于需要在 3D 场景中显示 3D UI 元素的情况，如 3D 地图、虚拟现实应用等。

图 7-5 Screen Space-Camera 模式下的画布 UI

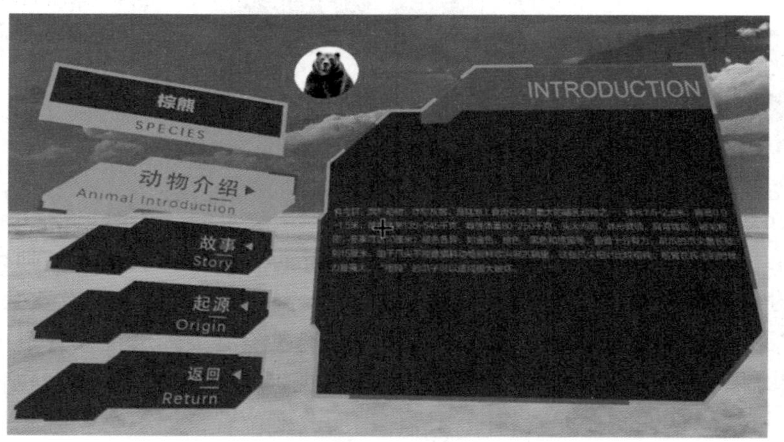

图 7-6 World Space 模式下的画布 UI

根据实际需要选择不同的渲染模式，可以实现不同的 UI 效果和交互效果。Canvas 组件还有其他的属性可以调整，例如 Reference Pixels Per Unit、Reference Resolution 等，用于控制 UI 元素的大小和位置。

3. Canvas Scaler 组件

Canvas Scaler（画布缩放器）是一个可选组件，用于控制 UI 元素在不同分辨率下的缩放和适配。Canvas Scaler 组件控制 Canvas 的缩放模式、缩放因子、参考分辨率等属性。

其中，UI Scale Mode 属性可以选择 Constant Pixel Size、Scale With Screen Size、Constant Physical Size 三种缩放模式，分别表示固定像素大小、按屏幕大小缩放和固定物理大小。Scale Factor 属性表示 Canvas 的缩放因子，用于控制 UI 元素的缩放大小，如图 7–7 所示。

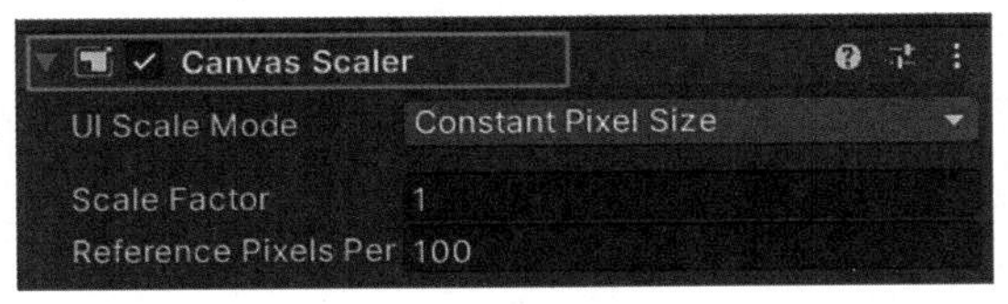

图 7–7 Canvas Scaler 组件属性值

4. Graphic Raycaster 组件

Graphic Raycaster 也是一个可选组件，用于控制 UI 元素的图形图像交互效果。Graphic Raycaster 组件控制 UI 元素的射线检测模式、检测深度、阻挡检测等属性。其中，Raycast Target 属性表示 UI 元素是否响应射线检测，用于控制 UI 元素的交互效果。Block Raycasts 属性表示 UI 元素是否阻挡射线检测，用于控制 UI 元素的透明度和交互效果。通过 Canvas、Canvas Scaler、Graphic Raycaster 三个组件的调整，可以实现 UI 系统中 Canvas 的自适应、缩放和交互效果等功能，以达到最佳的 UI 显示和交互效果。

Graphic Raycaster 是 Unity 中用于 UI 事件处理的组件。它将 UI 元素转换为可用于射线检测的形式，并将射线与 UI 元素进行交互，从而实现 UI 事件的响应和处理。Graphic Raycaster 组件主要包括以下两个属性。

（1）Ignore Reversed Graphics。该属性控制 Graphic Raycaster 是否忽略被旋转 180 度的 UI 元素。如果勾选，被旋转 180°的 UI 元素将被忽略；如果不勾选，则会检测到所有 UI 元素，包括被旋转 180°的元素。

（2）Blocking Objects。该属性指定要阻挡射线的对象，其值可以选择 Canvas、UI 元素或者 None：选择 Canvas 时，只有与 Canvas 处于同一层级上的 UI 元素会被检测到；选择 UI 元素时，只有该 UI 元素及其子元素会被检测到；选择 None 时，所有 UI 元素都会被检测到，如图 7–8 所示。

创建 UI 对象时，Hierarchy 窗口中会默认创建 Canvas 和 EventSystem 这两个组件，如图 7–9 所示。Canvas 是用于呈现 UI 元素的容器，没有 Canvas 便无法显示 UI 元素。EventSystem 是用于处理用户输入事件的组件，如果关闭 EventSystem 组件，UI 元素就无法响应用户的按钮点击、滑动等事件。使用 UI 元素时，应确保 Canvas 和 EventSystem 组件都存在，并且正确设置它们的属性，才能保证 UI 元素的正常显示和交互。

图 7–8 Graphic Raycaster 组件属性值

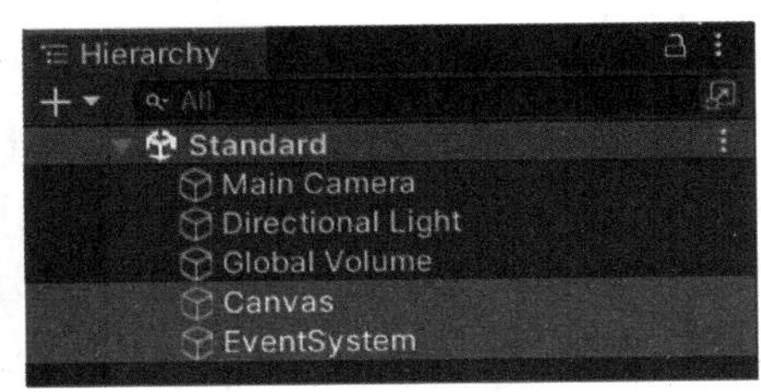

图 7–9 Canvas 和 EventSystem 组件

7.2.2 Text 控件

Text 是 Unity UI 系统中最常用的控件之一，主要用于显示项目中角色名字、道具说明、按钮标签、操作提示等文本信息。利用 Text 控件，通过设置字体、字号、颜色、对齐方式、描边等属性，可以控制文本样式，另外还可以实现自动换行、富文本、图文混排等文本排版功能。Text 控件的添加方式包括 Text 和 TextMeshPro 两种。

1. 添加 Text 控件

在 Hierarchy 窗口中右击，依次选择 UI → Legacy → Text 命令，为 Canvas 对象添加一个 Text 文本对象，该文本对象的名称默认为 Text(Legacy)，如图 7–10 所示。

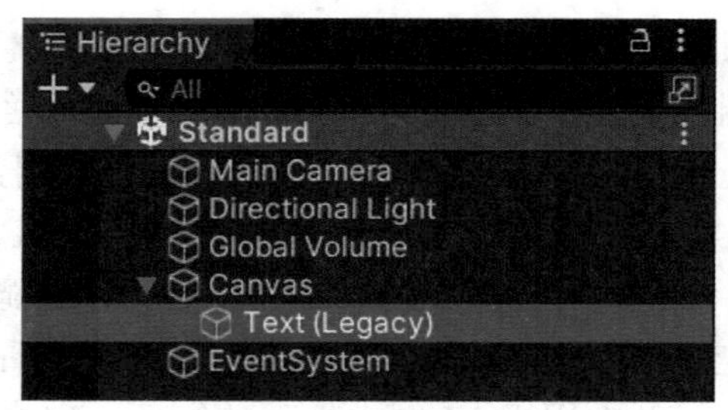

图 7–10 层级窗口中的 Text 控件

此时，在 Scene 场景中可以看到名为 New Text 的默认文本对象，并且在该文本对象上出现了 3D 坐标（见图 7–11（a）），说明可以针对添加到场景中的 Text 对象进行 Transform 属性的设置。运行场景后，在 Game 窗口中就可以看到文本显示效果，如图 7–11（b）所示。

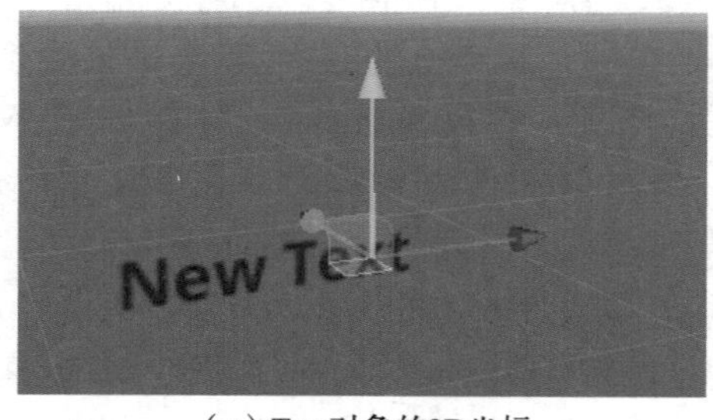

（a）Text对象的3D坐标

（b）运行效果

图 7–11 场景窗口中的 Text 对象

选择 Text 对象，在 Inspector 窗口中可以看到一个同名的组件，该组件主要包括了 Text、Character 和 Paragraph 属性。Text 属性值决定了在场景中实际显示的文本内容，文本内容可以在属性值框内进行更改，也可以通过脚本调用外部 JSON 等数据文件内容在场景中动态显示。Character 属性值用来设置文本中的字符的格式，包括 Font（字体）、Font Style（字体风格）、Size（字体大小）、Line Spacing（行间距），以及 Rich Text（是否支持富文本），如图 7–12 所示。

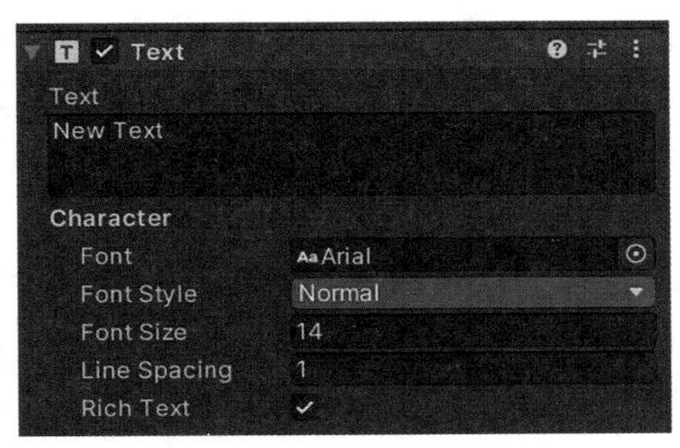

图 7–12 Text 属性设置项

富文本是一种比普通文本更加丰富的文本格式，通过使用一些特定的标签和符号来实现加粗、斜体、下划线、颜色、字体等丰富的格式效果。富文本的使用方法也很简单，只需要在 Text 对象 Text 组件的 Text 属性值框中，输入带有标签的富文本内容即可。Unity 中支持的富文本标签和符号与 HTML 中的标签和符号有些相似，常用的标签、含义及使用示例如表 7–1 所示。

表 7–1 富文本常用标签说明及示例

标　签	含　义	示　例
<b></b>	加粗文本内容	<b>Hello World!!</b>
<i> 和 </i>	斜体文本	<i>Hello World!!</i>
<color> 和 </color>	设置文本颜色	<color=#FF0000> 表示红色文本 </color>
<size> 和 </size>	设置文字大小	<size=20> 表示 20 号字体 </size>

我们也可以将一个元素嵌套到另一个元素中，将多个样式应用于同一段文本内容，还可以只对文本中的部分字符进行格式化设置（见图 7–13（a）），实现效果如图 7–13（b）所示。

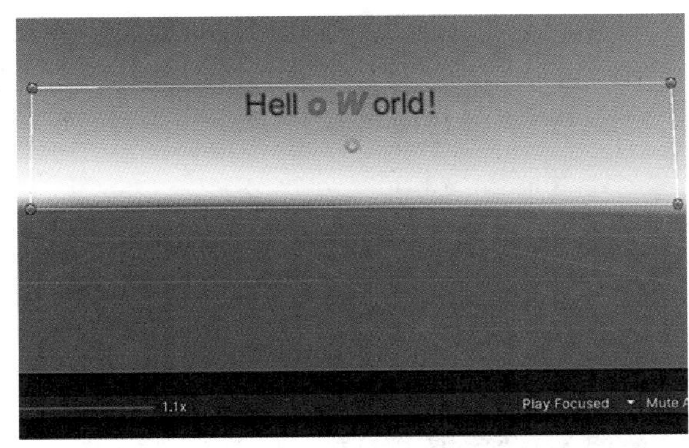

（a）文本设置效果

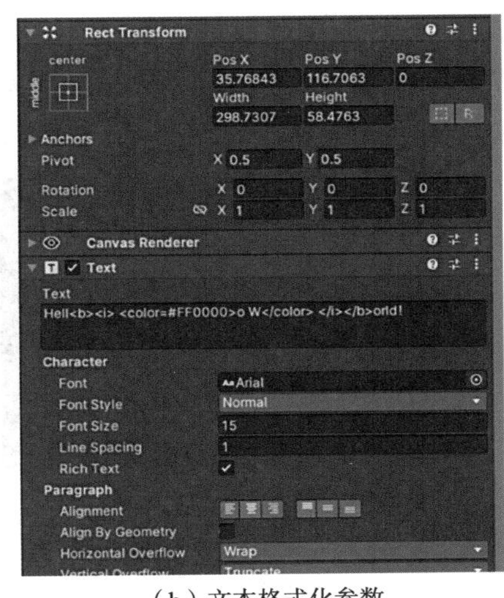

（b）文本格式化参数

图 7–13 将 Rich Text 应用于部分文本内容

使用富文本可以让文本显示更加生动、多样化，UI 界面更加美观、吸引人。但过多的富文本标签和符号会影响文本的性能和渲染效果，因此应根据实际需求和性能要求权衡选择，另外还要注意不同平台和设备对富文本的支持情况不同，需要进行兼容性测试。

注意：使用富文本时：①在 Text 组件的 Inspector 窗口中，需要勾选 Rich Text 复选框才能支持富文本，否则富文本标签会被作为普通文本进行显示；② UI 富文本标签不区分大小写，即可使用大写或小写字母来表示标签；③ UI 系统还支持一些特殊字符的转义，比如 < 表示小于号（<），> 表示大于号（>），& 表示 & 等。

在 Paragraph 属性值部分，可以针对段落进行详细设置，包括文本的 Alignment（居中格式）、Align By Geometry（几何居中）、Horizon/Vertical Overflow（水平 / 垂直溢出模式）、Best Fit（是否支持最大化显示文本字体）。还可以对字体颜色及材质进行设置，如图 7–14 所示。

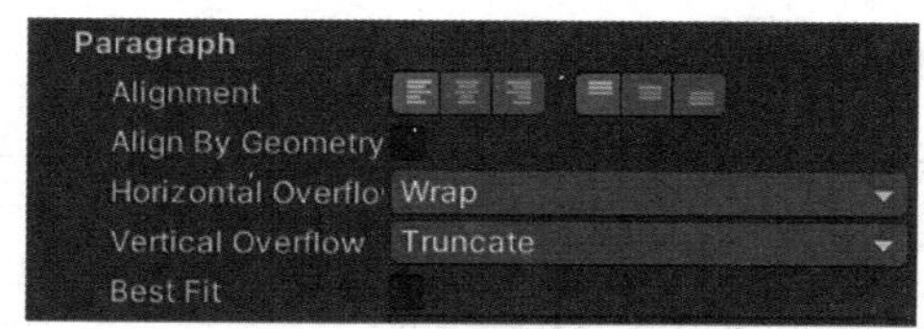

图 7–14　Paragraph 属性设置项

2. 添加 TextMeshPro 控件

TextMeshPro，简称 TMP，是一种新的 Text 对象添加方式，可以作为 Unity 中已有的文本组件（如 TextMesh 和 UI Text）的替代方案。在 Hierarchy 窗口中右击，依次选择 UI → Text → TextMeshPro 命令，即可为 Canvas 添加一个 TextMeshPro 对象，如图 7–15（a）所示。TMP 使用 Signed Distance Field（有向距离场，SDF）作为其首选文本渲染管线，使其可以在任意尺寸和分辨率下清晰的渲染文本，还可以通过简单地修改材质属性动态地呈现放大、外边框、软阴影等视觉效果（见图 7–15（b）），并且可以通过创建材质预设保存这些效果方便以后重新调用。

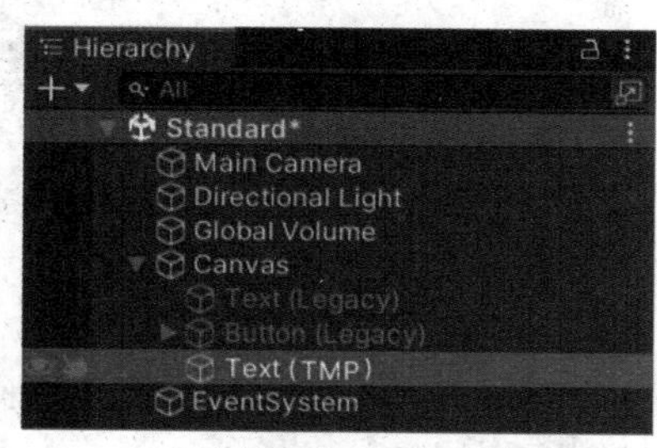

（a）Text（TMP）对象

（b）运行效果

图 7–15　创建 Text(TMP) 对象

选择 Text（TMP）对象，可以在 Inspector 窗口中看到比传统的 Text（Legacy）更为丰富的 Text 属性设置项（见图 7–16（a）），它还支持很多扩展设置项（见图 7–16（b））。

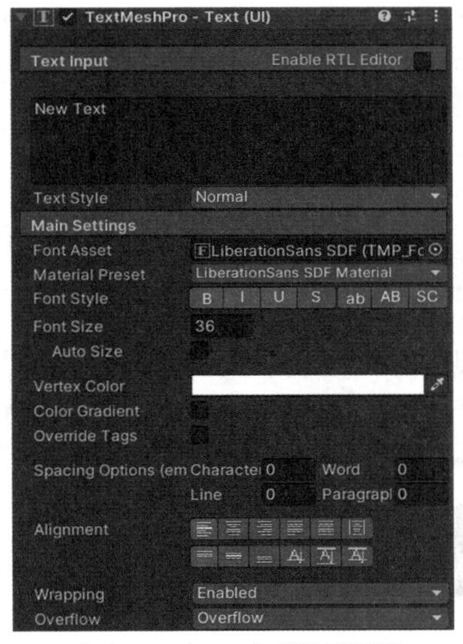

（a）Text（TMP）属性设置项

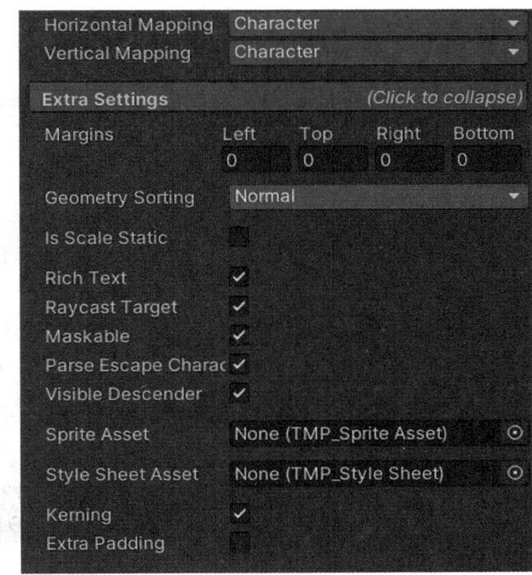

（b）Text（TMP）属性扩展项

图 7–16　Text(TMP) 对象属性值

本章仍以传统的 Text 文本对象为例实现项目 UI 功能，关于 Text（TMP）对象的详细操作可以参考 Unity 官方文档。

7.2.3　Image 控件

Image 控件相比 Text 控件要简单，主要包括矩形变换和图像两个组件。矩形变换组件与 Text 控件的矩形变换组件设置项相同，这里不再赘述。图像组件中可以将精灵图像应用于 Source Image 属性，还可以在 Color 属性中设置其颜色，或直接将材质 Material 应用于图像组件，如图 7–17 所示。广义上的 Material 指的是模型的 Mesh 网格，资源占用系统存储空间非常小，仅有几 KB，但这里 Material 调用的其实是当前资源目录中的 Texture 贴图资源，用户可根据实际项目需求灵活地设置。

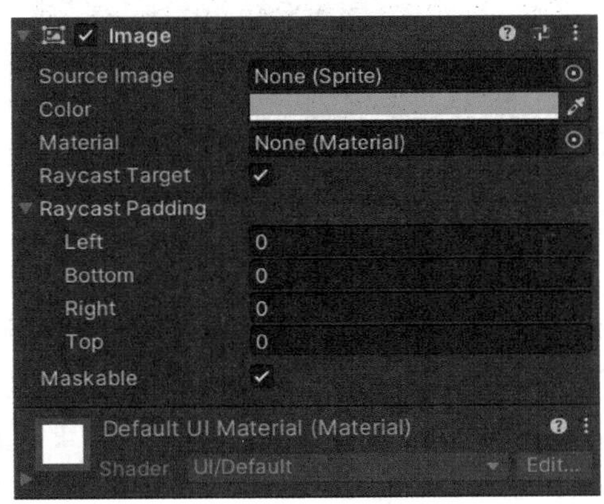

图 7–17　Image 控件属性设置项

Raycast Padding 属性用于指定射线交互区域的具体位置；勾选 Maskable 复选框可以开启 Image 遮罩功能。遮罩是不可见的 UI 控件，而是一种修改控件子元素外观的方法。遮罩将子元素限制（即“掩盖”）为父元素的形状。因此，如果子元素比父元素大，则子元素仅包含在父元素以内的部分才是可见的。

7.2.4 Button 控件

Button 按钮也是常用的控件之一。依次选择 UI → Legacy → Button 命令，即可添加一个按钮对象，该对象默认携带一个文本子对象，也就是说要对 Button 对象进行设置，还需要同步对 Text 子对象进行设置，如图 7–18 所示。

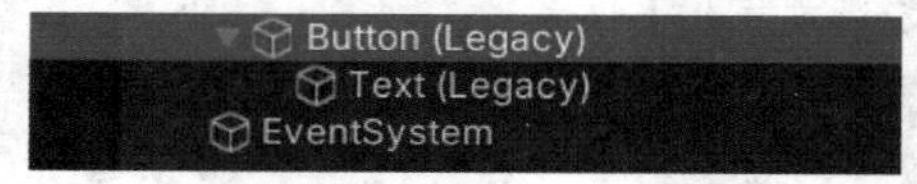

图 7–18 层级窗口中的 Button 按钮控件

在 Button 按钮对象的 Inspector 窗口中，勾选 Interactable 复选框就可以启用该按钮的交互功能；Transition（过渡）属性用于指明该按钮过渡颜色的可视化设置，包括 Normal Color（正常颜色）、Highlighted Color（高亮颜色）、Pressed Color（按下之后的颜色）、Selected Color（选择后的颜色），以及 Disabled Color（禁用时的颜色）等设置项；Navigation 属性则可以设置通过键盘或控制器导航到其他可选择的组件，如图 7–19 所示。

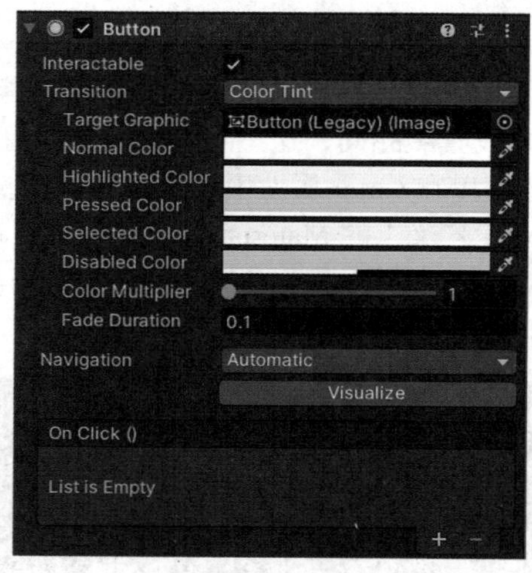

图 7–19 Button 组件属性

Button 对象有一个 OnClick() 事件属性，它定义了单击按钮时要执行的操作。当用户单击 Button 对象再松开时，将会调用 Unity 的 Unity Event。Unity Event 通常是 C# 脚本中定义好的 Public 函数。要调用 Unity Event，必须在 C# 脚本中预先定义好要实现功能的函数。典型用例包括：确认某项决定（如开始游戏或保存游戏）、移动到 GUI 中的子菜单、取消正在进行的操作（如下载新场景）等。

7.3 画龙点睛：UI 界面设计

7.3.1 新建场景

新建 Canvas 对象、重命名 Button 和 Text

在 Project 窗口的 Assets/StarterAssets/ThirdPerSonController/Scenes 目录中新建一个场景并命名为 Main，双击进入该场景。

7.3.2 新建 Canvas 对象

创建一个 Canvas 对象，在其下再新建两个 Button UI，分别命名为 start 和 leave；再创建一个 Canvas 子对象，并在子对象 Canvas 下创建两个 Button 和一个 Text 文本，将 Button 对象分别命名为 YES 和 NO，如图 7–20 所示。

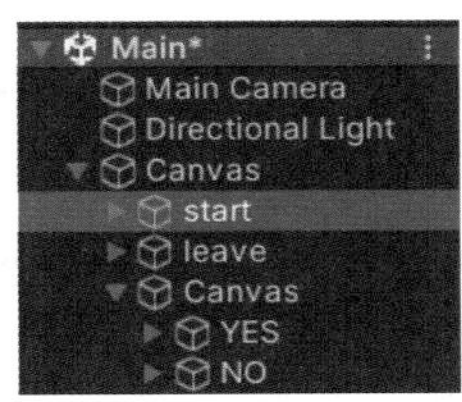

图 7–20　新建 Canvas 及其子对象

7.3.3 重命名 Button 和 Text 对象

将 start 对象的文本内容更改为“开始游戏”，将 leave 对象的文本内容更改为“离开游戏”，将 YES 按钮的文本内容更改为“确认退出”，将 NO 按钮的文本内容更改为“取消”，将 Text 对象的文本改为“你是否要退出游戏”，修改后场景效果如图 7–21 所示。

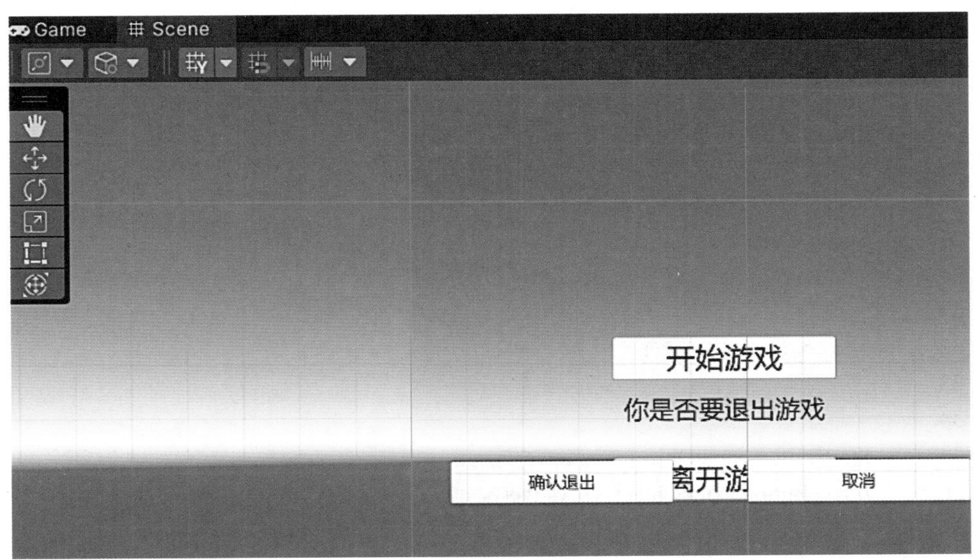

图 7–21　重命名 Button 和 Text 后的场景效果

新建脚本文件

7.3.4 新建脚本文件

新建一个 C# 脚本文件，将其命名为 Main.cs，添加如图 7–22 所示的代码。

```
using System.Collections;
using System.Collections.Generic;
using UnityEditor;
using UnityEngine;
using UnityEngine.SceneManagement;
using UnityEngine.UI;

public class Main : MonoBehaviour
{
    public Button StartButton;

    public Button LeaveButton;

    public Canvas canvas;

    public Button OKButton;

    public Button NOButton;

    void Start()
    {
        // 隐藏 canvas
        canvas.enabled = false;
    }

    public void StartClick()
    {
        // 切换到 Playground 场景
        SceneManager.LoadScene("Playground");
    }

    public void LeaveClick()
    {
        // 隐藏开始和退出按钮
        StartButton.gameObject.SetActive(false);
        LeaveButton.gameObject.SetActive(false);

```

图 7–22　Main.cs 脚本代码

```
            // 显示 canvas
            canvas.enabled = true;
        }

        public void NOClick()
        {
            // 隐藏 canvas
            canvas.enabled = false;

            // 显示开始和退出按钮
            StartButton.gameObject.SetActive(true);
            LeaveButton.gameObject.SetActive(true);
        }

        public void OKClick()
        {
            // 退出 Play 模式
            EditorApplication.ExitPlaymode();
        }
}
```

图 7–22（续）

7.3.5 挂载脚本文件

挂载脚本文件 - 场景编译

将脚本 Main.cs 作为组件，挂载到 Main Camera 之下，并且针对脚本中的公共变量进行赋值，如图 7–23 所示。

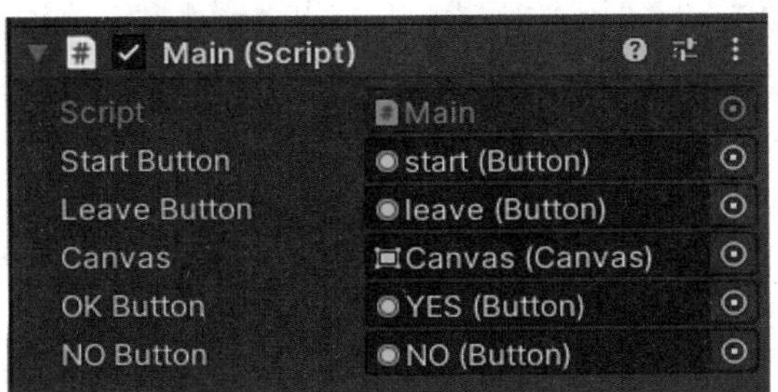

图 7–23 对 Main.cs 脚本中的公共变量进行赋值

7.3.6 添加事件

依次选择 start、leave、YES、NO 对象，在 Inspector 窗口中的 Button 组件下添加

OnClick() 事件，如图 7–24 所示。默认情况下 Button UI 对象的 OnClick() 事件列表为空，可以单击“+”按钮添加事件，单击“–”按钮删除事件。

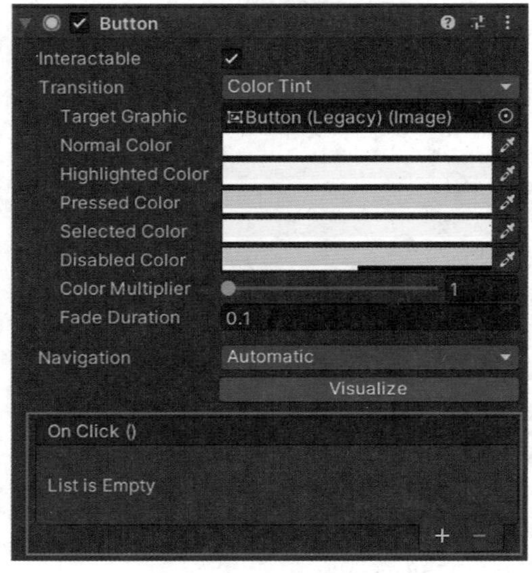

图 7–24　为 Button 组件添加 OnClick() 事件

分别为 start、leave、YES 和 NO 按钮添加 StartClick()、LeaveClick()、OKClick() 和 NOClick() 事件，如图 7–25（a）~（d）所示。

（a）添加StartClick()事件

（b）添加LeaveClick()事件

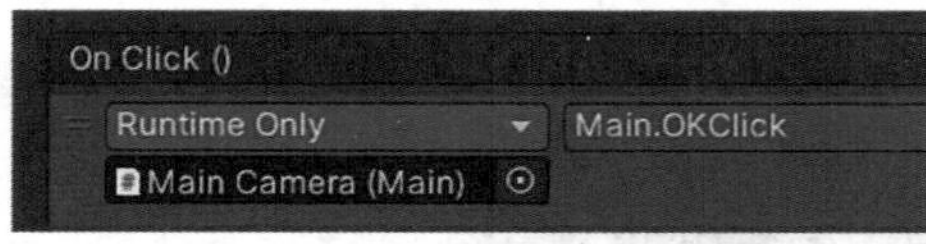

（c）添加OkClick()事件

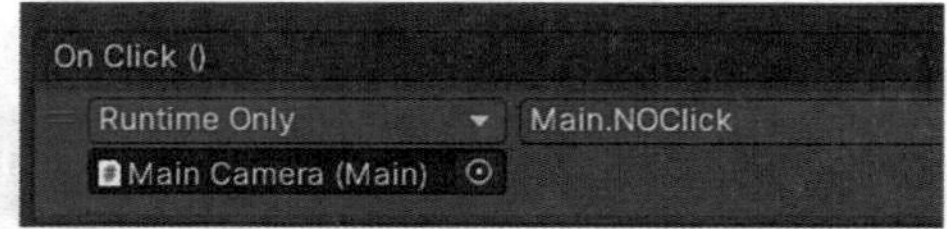

（d）添加NOClick()事件

图 7–25　为 Button 组件添加事件

7.3.7　场景编译

接下来对场景进行编译。选择 File → Build Settings 命令，将需要编译的场景添加至编译窗口中。由于场景运行时要求首先显示 Main 场景，然后才能出现之前开发好的漫游场景 Playground，因此这里需要确保 Main 场景处于场景列表的上方，如图 7–26 所示。然后选择平台为 Windows，单击 Build 按钮，对项目进行编译，等待一段时间完成之后，就能在编译文件夹中找到扩展名为 .exe 的可执行文件了。

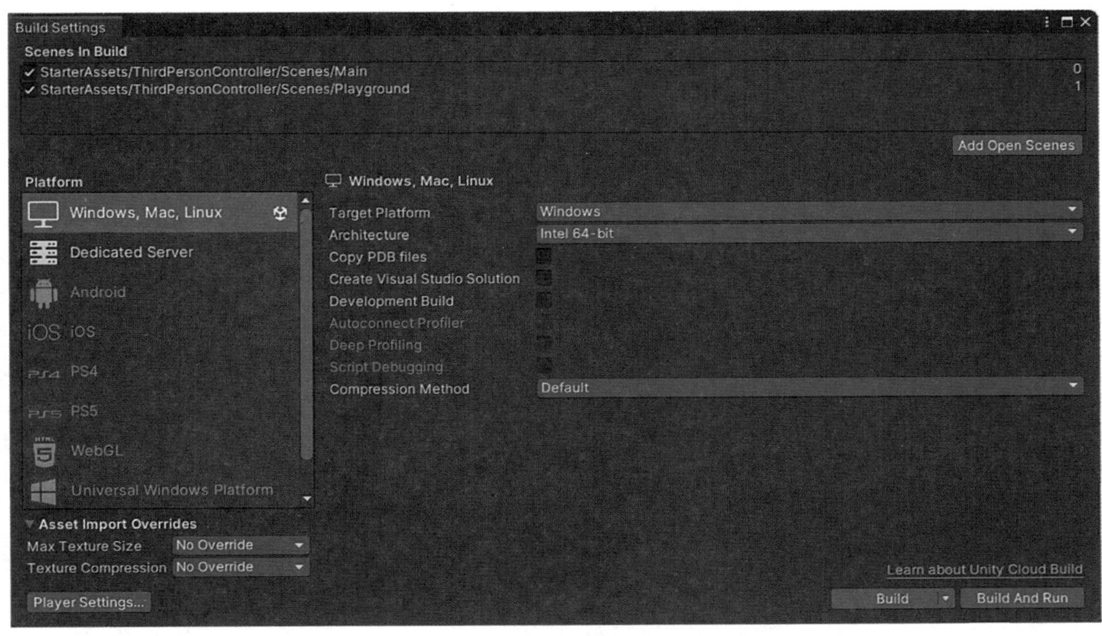

图 7–26　编译场景

7.3.8　运行场景

运行场景并测试

单击并运行编译好的 .exe 可执行文件，可以看到如图 7–27（a）所示的主场景，单击“开始游戏”按钮，场景会切换至 Playground 场景（见图 7–27（b）），可以按照第 6 章中的操作实现人形角色的第一人称或第三人称漫游以及人物角色与场景中的对象的交互。

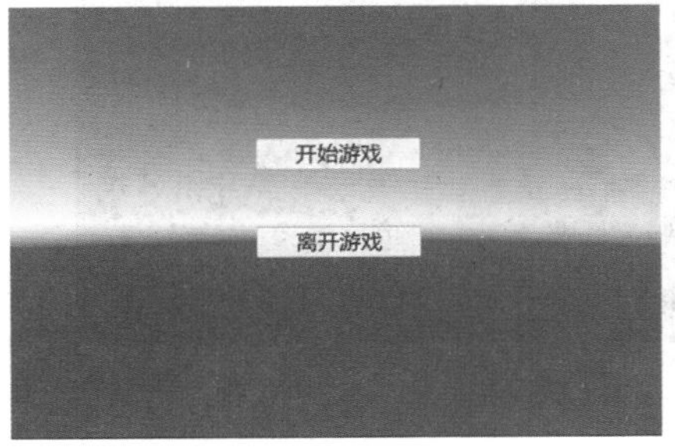

（a）主场景

（b）Playground场景

图 7–27　编译场景

单击图 7–27（a）中的“离开游戏”按钮，将弹出“你是否要退出游戏”的提示信息，并在提示信息下方出现“确认退出”和“取消”两个选项按钮，如图 7–28 所示。如果单击“确认退出”按钮，将会结束场景的运行，单击“取消”按钮，则会重新返回到 Main 场景界面。

图 7–28　提示信息及跳转按钮

7.4　锦上添花：交互式 UI 设计

关闭上述 Main 场景，重新打开之前的 Playground 场景。下面在 Playground 场景中讲解如何在第 6 章场景布局的基础上如何添加相关 UI 内容。

新建文件夹添加 UI 素材

7.4.1　新建文件夹

在 Assets 目录中创建一个资源文件夹，命名为 UI，在里面放置一个苹果图片和一个瓶子图片，代表当前场景中可用于交互的物品，并且添加三张背景图作为物品栏背景，如图 7–29 所示。

注意： 需要将每张图片资源的 Texture Type 设置为 Sprite（2D and UI）类型，即将图片视为精灵图片对象。

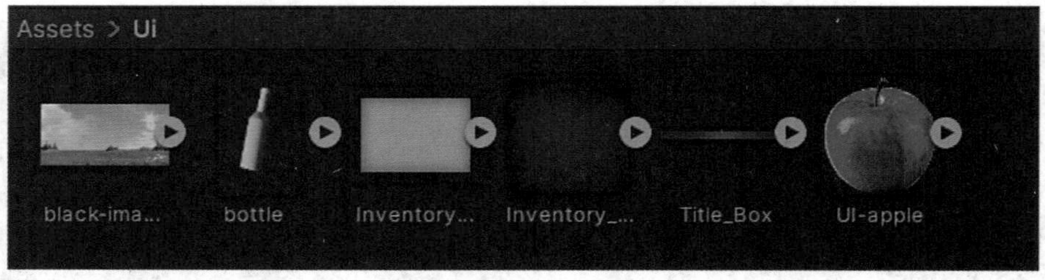

图 7–29　UI 文件夹内图片资源

新建 Canvas 与添加组件

7.4.2　新建 Canvas

在 Hierarchy 窗口中右击选择 UI → Canvas 命令，新建一个 Canvas 对象并命名为 BagCanvas，在 BagCanvas 下再新建一个 Image 子对象和一个 Panel 子对象，如图 7–30 所示。

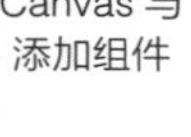

图 7–30　新建 Canvas 对象

7.4.3　添加组件

选择 Panel 对象，在 Hierarchy 窗口中添加一个 GridLayoutGroup 组件，并按照如图 7–31 所示参数进行设置，同时添加一张图片到 Source Image 属性，增加美观度。

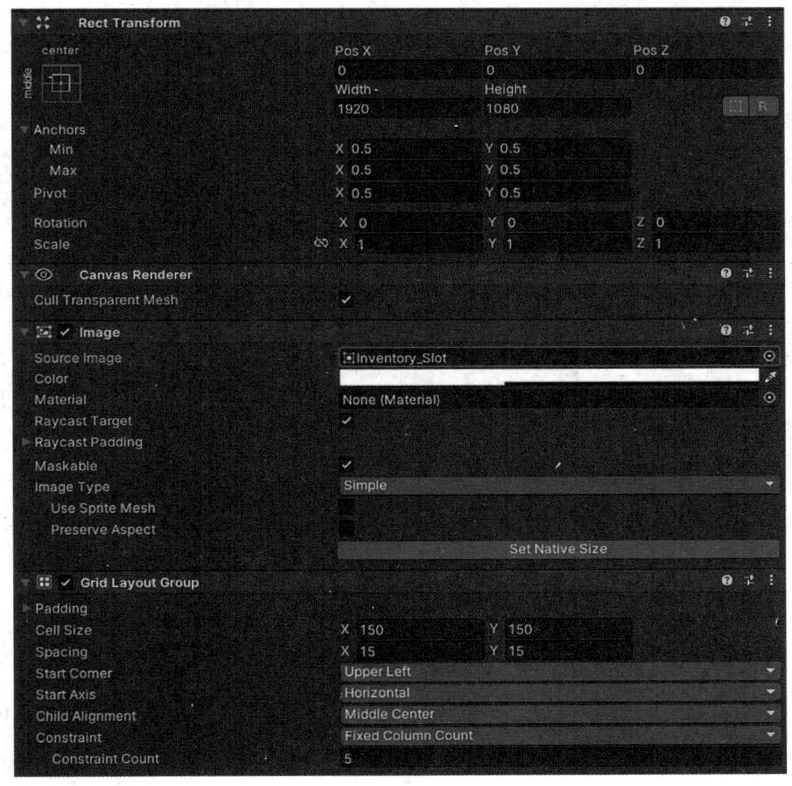

图 7–31　设置 GridLayoutGroup 组件参数

GridLayoutGroup 是 Unity 中用于自适应布局的组件，可以帮助开发者在 Canvas 中创建包含多个 UI 元素的面板，并根据网格布局灵活地对齐或分组排列元素相应的位置和大小，从而减轻开发者工作量。GridLayoutGroup 组件常用的参数有：① Cell Size，调整每个单元格的宽度和高度，分别通过 *X* 轴和 *Y* 轴的数值设置 Cell 单元格大小；② Spacing，调整相邻元素的间隔大小，这是一个二维布局，分别调整 *X* 轴和 *Y* 轴方向偏移量；③ Start Corner，元素起始放置的角落位置，这里选择左上角 Upper Left；④ Start Axis，排列方向，可以选择 Horizon（水平排列），或 Vertical（垂直排列）；⑤ Child Alignment，设置子对象在其单元格内对齐方式，这里选择 Middle Center（居中方式）。

添加图片对象

7.4.4 添加图片对象

分别为 Image 对象和 Panel 对象添加图片。添加方法有以下两种。

1. 单独添加

选择 Image 对象，在 Inspector 窗口中 Image 组件的 Source Image 属性中添加上述 UI 资源文件夹中的名为 Title_Box 的 Sprite 图片，如图 7–32 所示。

图 7–32　为 Image 组件添加图片

2. 批量添加

在 Panel 对象下新增 15 个 Image 对象。为了快速批量创建，先新建一个 Image 对象，然后选择该对象，按下 Ctrl + D 组合键实现对象的快速复制，共复制出 14 个对象。依次选择每个对象，按下 F2 功能键分别对其重命名为 Image2、Image3，……，Image15。在 Image1 和 Image2 中分别添加一个 Text 对象和一个 Image 对象，并将 Text 对象分别命名为 Apple_number 和 Bottle_number，修改后的 Hierarchy 窗口中的层级列表如图 7–33 所示。

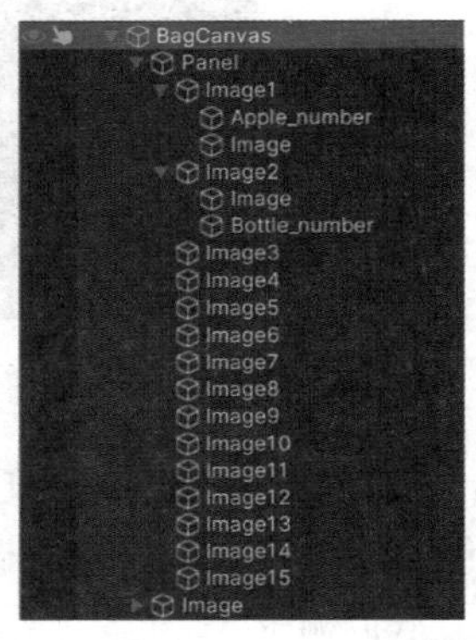

图 7–33　批量添加 Image 对象

给图片对象赋值

7.4.5 给图片对象赋值

选择 Image1 对象，将资源目录里的苹果图片拖动到 Hierarchy 窗口中 Image 组件的 Source Image 属性中，完成对其的赋值，如图 7–34 所示。

接下来将 UI 资源目录里的瓶子图片拖动到 Image2 对象 Image 组件的 Source Image 属性框内，如图 7–35 所示。

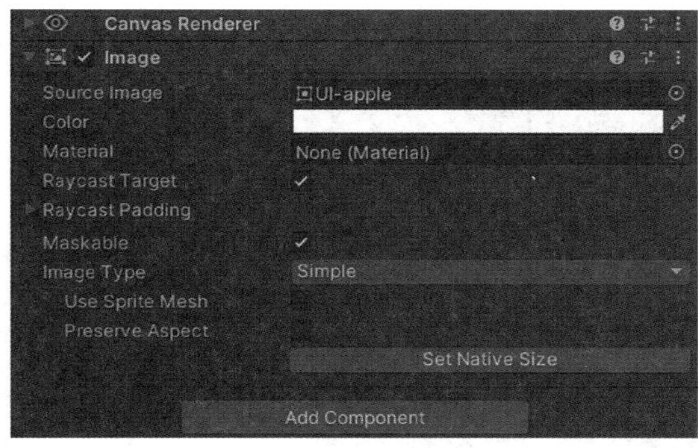

图 7–34　为 Image1 对象赋值

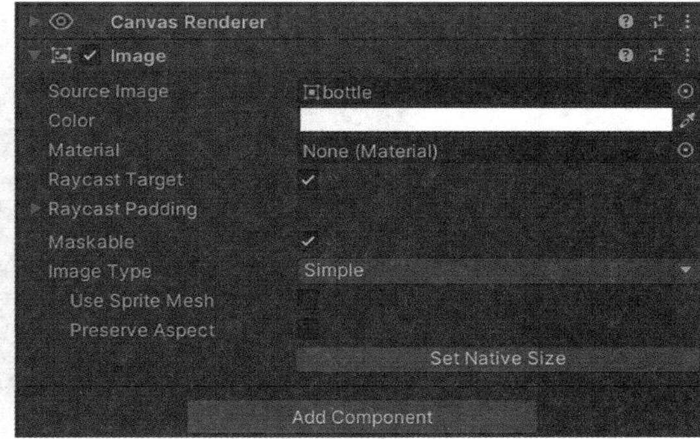

图 7–35　为 Image2 对象赋值

7.4.6　修改文本信息

修改文本信息

分别修改 Apple_number 和 Bottle_number 的文本信息，如图 7–36 所示。

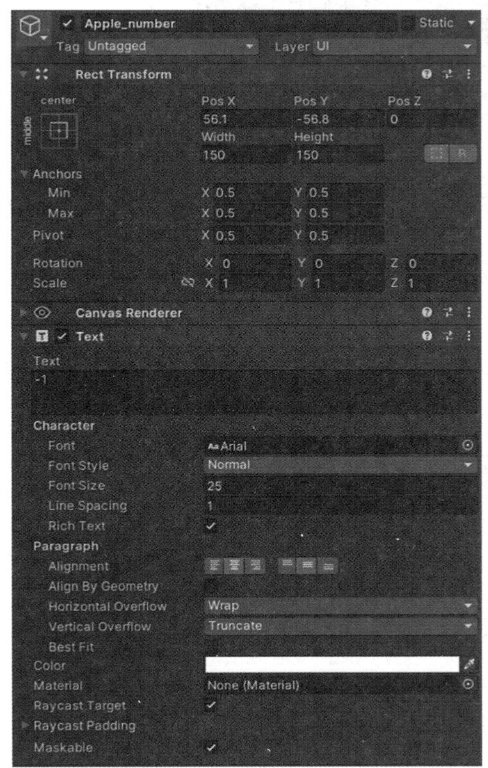

（a）修改Apple_number的文本信息

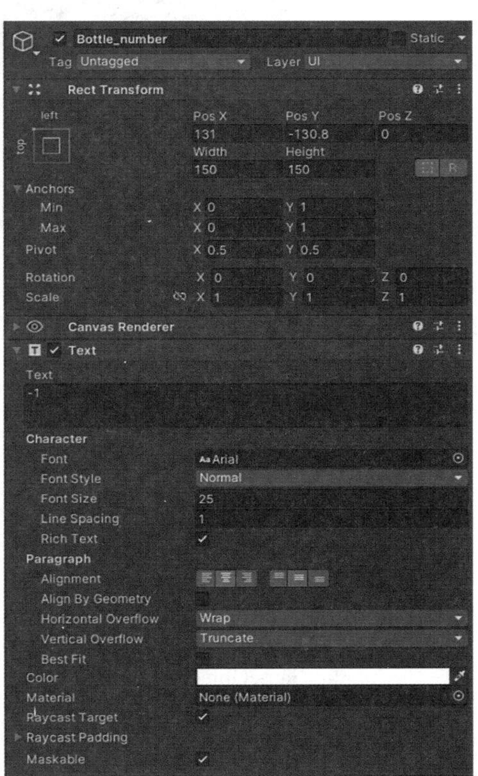

（b）修改Bottle_number的文本信息

图 7–36　修改图片对象的文本信息

隐藏背包

7.4.7 隐藏背包

此时在场景中可以查看到如图 7–37 所示效果。

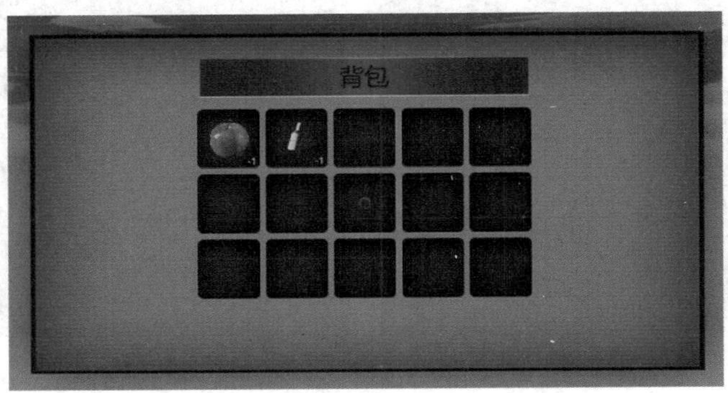

图 7–37 查看背包效果

选择 BagCanvas 对象，取消勾选其 Inspector 窗口中对象名称前面的复选框（见图 7–38），即将背包隐藏，默认不显示。

图 7–38 隐藏背包设置

新建脚本

7.4.8 新建脚本

新建一个 C# 脚本，命名为 Bag_OpenOrClose，其功能是控制背包的隐藏和显示，代码如图 7–39 所示。

```
using UnityEngine;

public class Bag_OpenOrClose : MonoBehaviour
{
    // 定义一个私有变量 isOpen，表示背包是否打开
    private bool isOpen;

    // 定义一个公共变量 MyBag，表示背包物体
    public GameObject MyBag;

    // Update 函数在每一帧都会被调用

    void Update()
```

图 7–39 控制背包隐藏和显示的脚本代码

```
    {
        //isOpen = MyBag.activeSelf;
        //将 MyBag 的 active 状态赋给 isOPen
        // 检测键盘是否按下 I 键
        if (Input.GetKeyDown(KeyCode.I))
        {
            // 如果按下 I 键，则将 isOpen 取反
            isOpen = !isOpen;

            // 将 MyBag 的 active 状态设置为 isOpen
            MyBag.SetActive (isOpen);
        }
    }
}
```

图 7–39（续）

7.4.9 挂载脚本

挂载脚本与变量赋值

将上述 Bag_OpenOrClose.cs 脚本文件和 BagCanvas 对象分别添加到 Hierarchy 窗口中 PlayerCapsule_1st 和 PlayerArmature_3rd 人物模型对象的 Script 属性和 MyBag 属性后，如图 7–40（a）、（b）所示，这样无论是第一人称还是第三人称视角，用户都可以在场景里按下 I 键打开物品栏。

（a）为PlayerCapsule_1st添加脚本文件

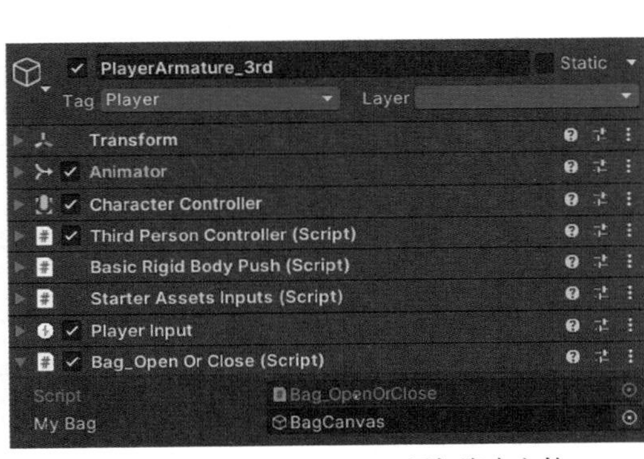

（b）为PlayerArmature_3rd添加脚本文件

图 7–40 为人物模型对象添加脚本文件

7.4.10 修改脚本

修改脚本

打开 PlayerInteractions.cs 脚本，在原有代码基础上添加如图 7–41 所示代码。

```
using System.Collections.Generic;
using UnityEngine;
using UnityEngine.UI;

//与物体的交互
namespace Suntail
{
  public class PlayerInteractions : MonoBehaviour
  {
    //--------添加下面的代码--------//
    //表示物品状态
    private GameObject interactedObject;

    //代表苹果的数量
    public int Apple_number_int;

    //代表瓶子的数量
    public int Bottle_number_int;

    //引入 Text 的 UI 组件
    public Text Apple_number;

    public Text Bottle_number;

    private void Start()
    {
      //--------添加下面的代码--------//
      //将苹果和瓶子的初始数量设为 0
      Apple_number_int = 0;
      Bottle_number_int = 0;

      //将物品栏里的苹果数量和瓶子数量设为 0
      Apple_number.text = "0";
      Bottle_number.text = "0";
    }

    private void Update()
    {
      //--------添加下面的代码--------//
      //通过 Destroy()函数实现将物品放进背包里的效果
      InBag();

      //修改背包里的苹果和瓶子的数量
```

图 7-41　修改脚本文件代码

```
            //将苹果和瓶子的数量转换成字符串类型赋值到 Text 组件上去
            Apple_number.text = Apple_number_int.ToString();
            Bottle_number.text = Bottle_number_int.ToString();
        }

        //--------添加下面的代码--------//
        private void InBag()
        {
            //检测是否按下 F 键
            if (Input.GetKeyUp(KeyCode.F))
            {
                // 获取当前交互对象
                //将当前交互对象赋值给 interactedObject 变量
                GameObject obj = interactedObject;

                // 将对象从场景中移除，添加到背包中
                //获得要删除组件的 name
                string name = obj.name;

                //销毁交互对象
                Destroy (obj);

                //如果交互对象是苹果，则苹果数量加一
                if (name.Contains("Apple_1"))
                {
                    Apple_number_int++;
                }
                else //如果交互对象是瓶子，则瓶子数量加一
                if (name.Contains("Bottle_1"))
                {
                    Bottle_number_int++;
                }
            }
        }
    }
}
```

图 7–41（续）

7.4.11 设置脚本属性

设置脚本属性

将 BagCanvas 对象下 Panel 子对象的 Apple_number 和 Bottle_number 添加到 Player Capsule_1st 对象 Inspector 窗口中的 PlayerInteractions.cs 脚本组件中的相应位置，并修改

Item Pick Up Text 的内容为“Pickup（E），InBag（F）”，修改 Item Drop Text 的内容为“Drop（E），InBag（F）”，如图 7–42 所示。这样可以实现人物角色与对象交互时，给出更加详细的提示信息：如果当前没有捡起物品，那么射线对准到对象的时候给出提示，角色可以按下 E 键捡起物品；如果已经捡起物品了，那么再次按下 E 键可以放下物品。无论捡起物品还是没有捡起物品，都可以按下 F 键将当前的物品放入背包。

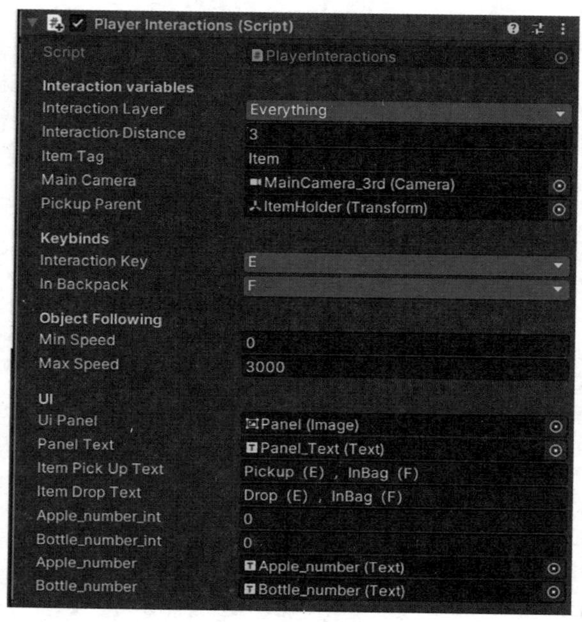

图 7–42　设置 Panel 子对象脚本属性

7.4.12　查看效果

这时我们就实现了人物角色与物品的交互功能：按 F 键将物品放入背包，按 I 查看背包内物品数量。如图 7–43（a）、（b）所示，背包内苹果和瓶子的原始数目均为 0，通过人物角色与物品的交互，拾取了 4 个瓶子和 2 个苹果，效果如图 7–43（c）、（d）所示。

效果展示与代码修改

（a）捡起物品前的场景

（b）捡起物品前背包中的物品数量

图 7–43　捡起物品前后效果对比

（c）捡起物品后的场景

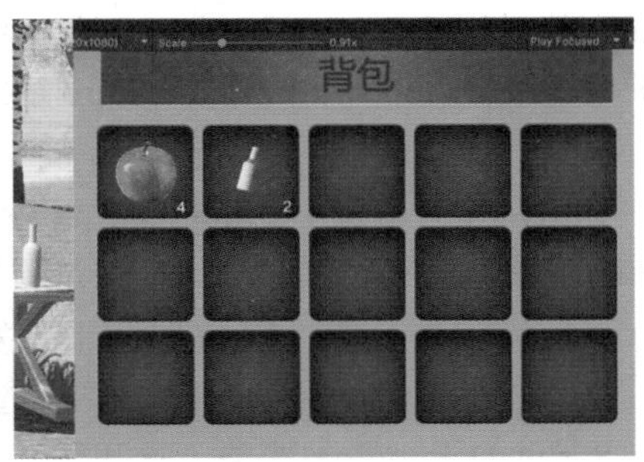

（d）捡起物品后背包中的物品数量

图 7–43（续）

7.5 包打天下：导出项目

导出项目

Unity 引擎开发的项目可以导出到 Windows、Android、iOS、PS4/PS5、Xbox 等多个平台。本节我们以 Windows 和 Android 平台为例，说明项目导出的具体操作步骤。

7.5.1 导出至 Windows 平台

1. 添加场景文件至列表

依次选择 File → Build Settings 命令，打开编译设置窗口，单击右下角的 Add Open Scenes 按钮，将当前打开的场景 Playground 添加至 Scenes In Build（待编译场景）列表中，如图 7–44 所示。如果一个项目包含有多个场景，可以将这些场景都添加至该列表中。列表中每个场景后面的数字代表场景运行的先后顺序：最小值为 0，代表该场景为初始场景，即项目运行时显示的第一个场景；其他非初始场景编号依次增大，除了初始场景编号必须设置为 0，其他场景编号顺序没有做强制要求。如果要实现初始场景和其他场景之间的切换，必须通过初始场景中的按钮、文本等 UI 元素实现场景切换效果。

图 7–44 编译设置窗口

2. 选择编译平台

在左侧 Platform（平台）列表中选择 Windows/Mac/Linux 平台选项，并对参数进行

设置后就可以将项目导出到 PC 端。在右侧的详细设置列表中，选择 Target Platform（目标平台）为 Windows，Architecture（目标平台的架构）可以选择 Intel 64-bit 或 Intel 32-bit（根据计算机配置一般选择 64 位）。勾选 Development Build（开发编译）选项，如果要在 Unity 当中通过 Profiler 测试目标平台中的项目运行性能，还需要勾选 Autoconnect Profile 选项，使得目标主机在运行场景过程中，可以自动连接至开发主机的 Profiler 性能分析工具，从而获取性能数据便于开发者进行分析，也为后续的场景优化提供依据。如果要获得进一步的深度分析，需要勾选 Deep Profiling Support 选项。如果需要调试脚本就勾选 Script Debugging 选项（这里我们不勾选该选项）。最后一项 Compression Method 是压缩方式：Unity 在导出场景过程中，需要对项目中的文件进行压缩，最大限度地减少安装文件包的大小，支持的压缩方式包括 LZ4 和 LZ4HC 两种，这里直接选择默认压缩方式 Default，如图 7–45 所示。

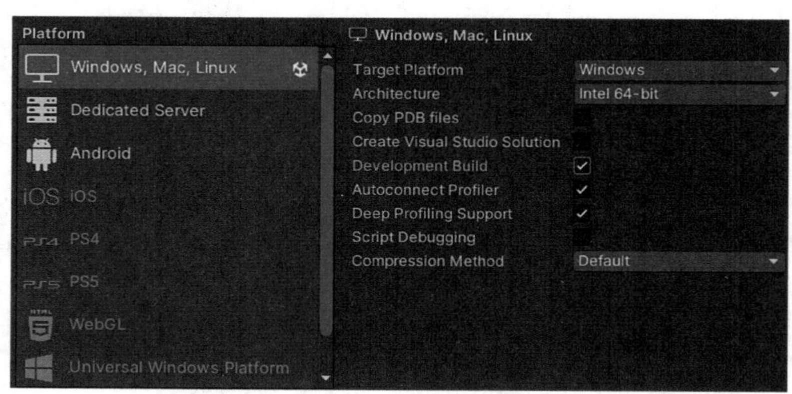

图 7–45　在 Platform 中设置 Windows 平台参数

3. 设置纹理大小及压缩方式

编译界面还有两个比较重要的设置项：Max texture size（最大纹理尺寸）和 Texture Compression（纹理压缩方式）。Max texture size 是指 OpenGL ES 支持纹理的最大尺寸。通过之前章节的内容，我们已经知道纹理是一种将图像贴在三维物体表面上的技术，可以用来实现表面贴图、阴影、光照、反射、抗锯齿等效果，在 OpenGL ES 中，纹理尺寸通常表示为 2 的幂次方，例如，64、128、256、512、1024、2048 等。Max texture size 的大小取决于 OpenGL ES 实现的硬件和软件，不同设备可能会有不同的限制。Max texture size 的大小并不是越大越好，较大的纹理尺寸会占用较多的内存和处理资源而导致应用卡顿、耗电等问题。当纹理尺寸超出 Max texture size 时，OpenGL ES 还会自动缩小纹理尺寸，这可能导致图像失真、模糊或者细节丢失。因此，开发者应根据实际场景需求和设备性能综合考虑，设计合适的纹理尺寸和分辨率，以保证图像质量和性能。这里我们将 Max texture size 设置为默认值 No Override（纹理的设置值暂时没有一个确定的经验值，如果想获得一个推荐值，可以使用官方提供的 Assets Check 功能对场景中的静态资源进行检测与评估，具体操作请读者参考官方文档）。另一种纹理压缩方式是 Texture Compression，开发者可以选择 Force fast compressor（强制快速压缩）或 Force uncompressed（强制不压缩），这里也设置为默认值 No Override，如图 7–46 所示。

4. 玩家设置

在编辑界面中单击 Player Settings 按钮可以打开 Player 界面进行玩家参数设置，如图 7–47 所示。第一个重要的参数设置就是当前项目的包名，Unity 规定了项目包名格式为 com.x.y，其中 x 是 Company Name（公司名称），y 为 Product Name（产品名称）。从图 7–47 可以看出默认的公司名称为 DefaultCompany，默认的产品名称就是当前 Unity 项目的名称，开发者可以根据实际需求灵活对这两项名称进行设置。

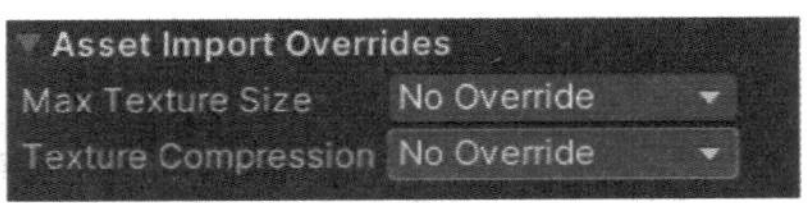

图 7–46　设置纹理大小及压缩方式

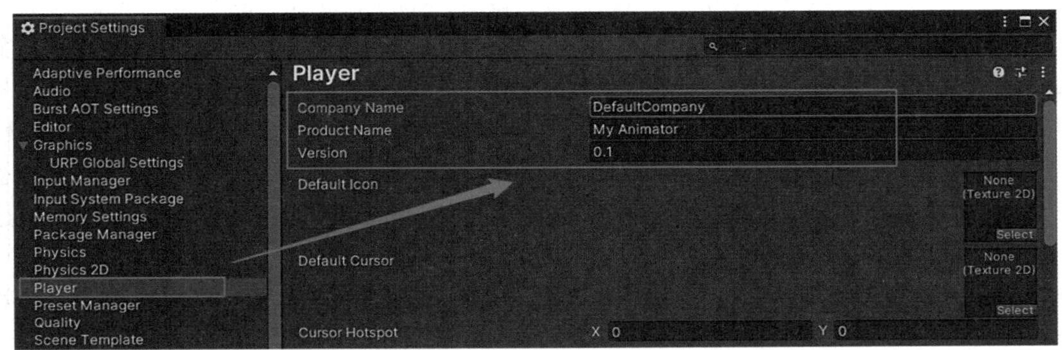

图 7–47　玩家参数设置

如果用户使用 Unity 官方提供的专业在线性能优化工具 Unity UPR 进行诊断和优化项目开发过程中存在的性能问题，就必须设置 UPR 中的测试项目包名与实际的 Unity 项目包名一致，否则无法正确收集目标平台中的数据信息，如图 7–48 所示。

第二个重要的参数设置是指定平台导出后的应用分辨率，设置 Fullscreen Mode 为 Fullscreen Window（全屏窗口），如图 7–49 所示，这样导出后的应用程序在运行时就会在 PC 端以全屏幕方式显示。

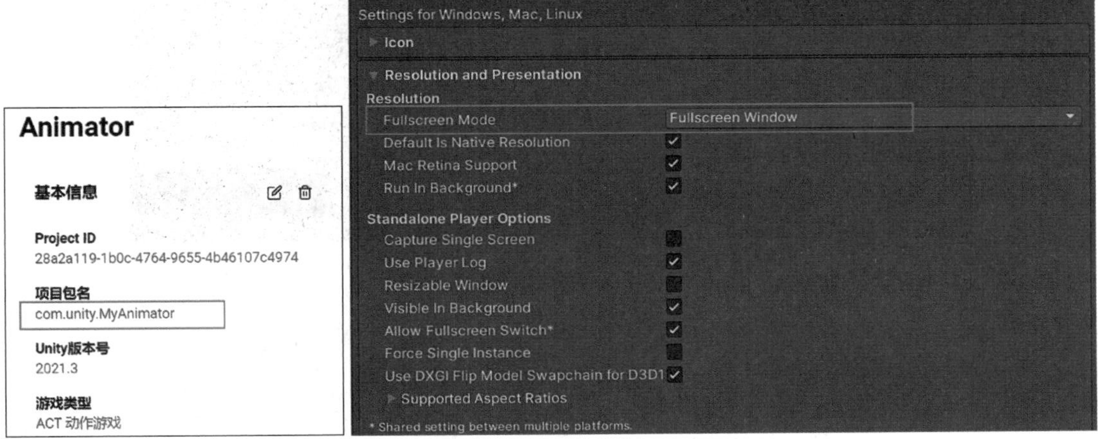

图 7–48　UPR 中测试项目包名

图 7–49　设置导出后应用分辨率

也可以根据实际需求选择独占 Exclusive Fullscreen（全屏）、Maximized Window（最大化窗口显示）等选项，如图 7–50 所示。

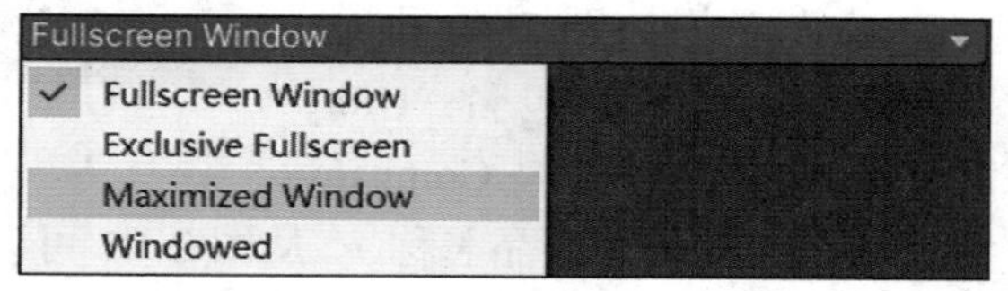

图 7–50　全屏模式参数选项

接下来就是 PC 端下的 Other Settings 参数设置：Rendering 部分的 Color Space 参数可以选择 Gamma 空间或者是 Linear（线性）空间，如图 7–51 所示。Unity 中的渲染是一个很复杂的过程，但无论多复杂的过程，灯光、材质等要素都离不开图片和颜色。图片是通过颜色空间中的颜色创作出来的，那它就一定存在着一个问题，是否经过 Gamma 校正。在渲染过程中如果使用 Linear 颜色空间，除非对指定图片选择了 ByPass sRGB（忽略 Gamma 校正），否则所有的图片都会默认变成 sRGB 格式，并参与 Gamma 校正。这样做的目的是把你在 Gamma 颜色空间里创作的图片里面的颜色校正到正确的 32 位颜色，再参与到 GPU 渲染计算当中。使用线性颜色空间，虽然得到了色彩丰富而真实的体验效果，但也会带来硬件渲染能力需求及成本的增加。如果在 Gamma 颜色空间内进行渲染，GPU 不会再强制进行 Gamma 校正，而是直接使用存储的值参与渲染计算，相当于使用的是删减过的 Gamma 颜色空间，会得到不符合真实表现的效果。虽然在最终输出到显示器的时候，仍然会经过 Gamma 校正，但渲染后的效果不如 GPU 提前进行 Gamma 校正后的结果。正是因为使用了较少的颜色（相对于线性颜色空间），因此会得到比较高的渲染效率以及较低的渲染能力需求，但是图像会存在失真、偏暗、局部细节表现不够等一系列问题。

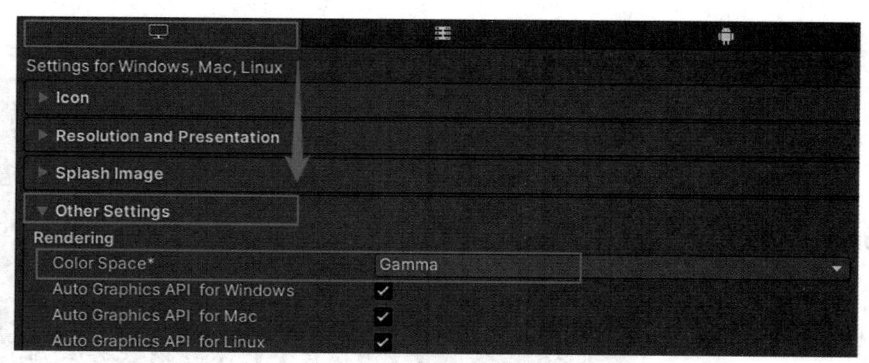

图 7–51　Color Space 参数设置

值得注意的是，并不是所有的设备都支持这两种颜色空间，对于 PC 端，可以同时支持 Gamma 和 Linear 两种颜色空间，但移动端由于受限于设备本身的硬件环境，大多数仅支持 Gamma 颜色空间，这就是同一个 Unity 应用（如游戏）发布至 PC 端和移动端之后，颜色表现截然不同的根本原因。

5. 编译导出

经过上述参数设置后，就可以将项目编译导出了，如图 7–52 所示，单击右下角的 Build 或 Build and Run 按钮后，选择项目保存的路径，Unity 引擎就开始导出项目。

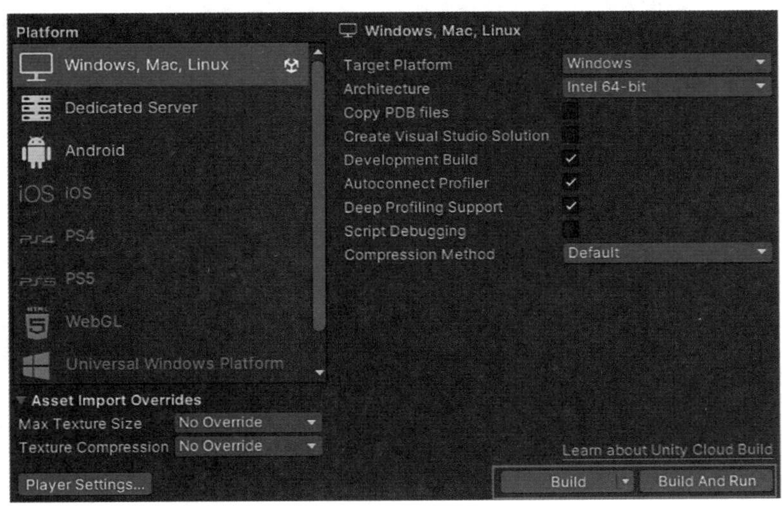

图 7–52　导出项目窗口

导出项目时，不同平台需要等待的时间略有差异，在不报错情况下，等待进度条走完，项目就导出成功了，并且在 Console 窗口中会给出项目导出成功的日志信息，如图 7–53 所示。

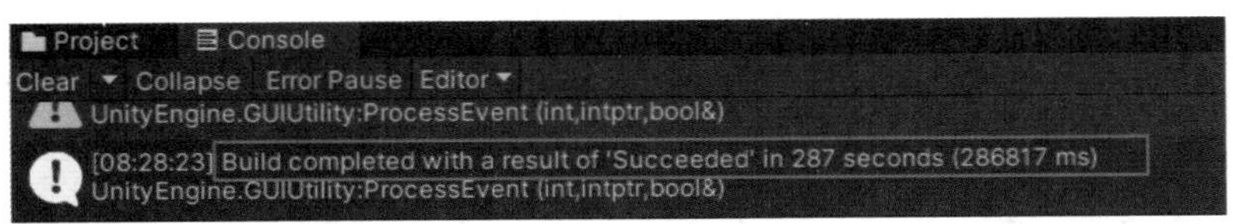

图 7–53　控制台窗口提示导出成功信息

对于 Windows 平台来讲，项目一般会导出到一个新的文件夹中，如图 7–54 所示，该文件夹不仅包括了 .exe 可执行应用文件，还包括了 .dll 等支持文件。

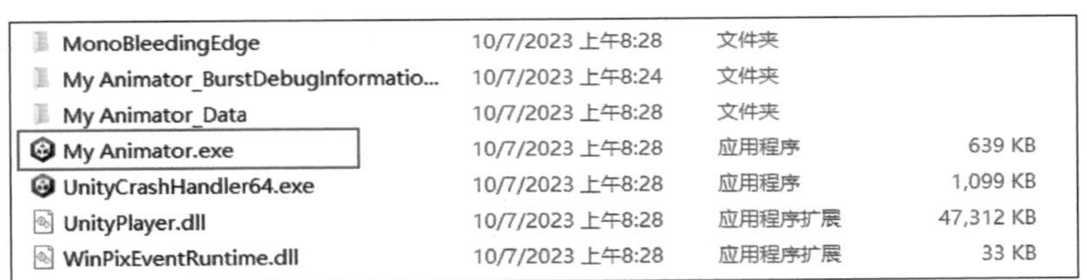

图 7–54　导出文件

6. 运行项目

双击导出的 .exe 可执行文件，那么程序就会以全屏窗口方式运行场景，此时交互方式是通过键盘和鼠标进行，如图 7–55 所示，按下 Alt + F4 组合键即可结束程序的运行。

图 7–55　通过导出的可执行文件运行场景

7.5.2　导出至 Android 平台

项目导出至 Android 平台的操作步骤要相对复杂一些。

1. 开启手机 USB 调试功能

进入手机开发者选项，开启开发者选项模式（见图 7–56（a））后进入调试选项界面，打开 USB 调试功能（以 Redmi 11 pro 为例，其他品牌的 Android 平台请参考官方相应说明文档进行操作），如图 7–56（b）所示。

（a）开启开发者选项

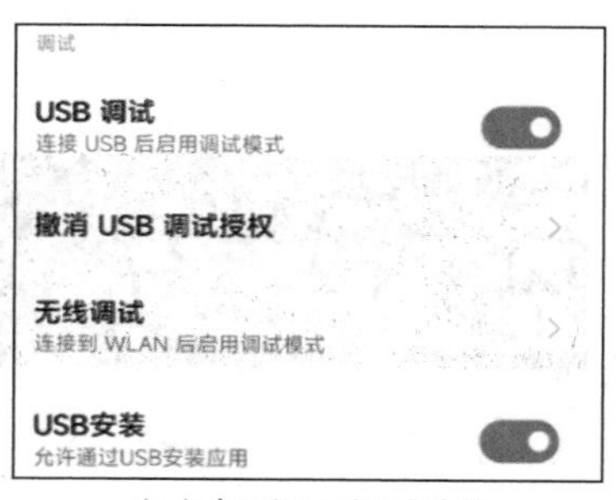

（b）打开USB调试功能

图 7–56　打开手机 USB 调试功能

然后，使用 USB 线缆连接手机和开发主机，此时手机弹出 USB 功能选择，这时选择文件传输，并且允许 USB 调试，如图 7–57 所示。

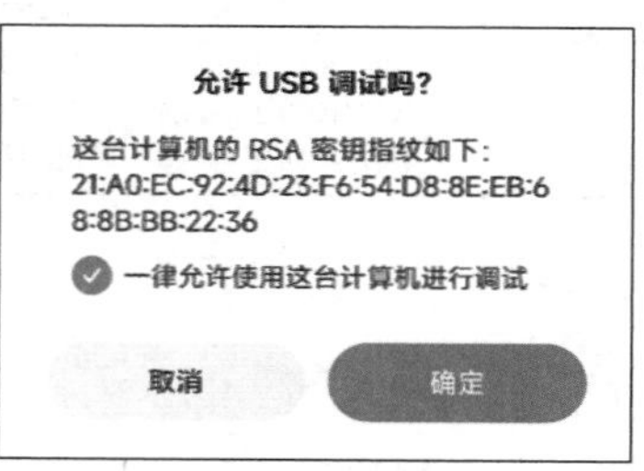

图 7–57　允许 USB 调试

2. 选择编译平台

在编译设置界面左侧平台列表中选择 Android，然后确认右侧详细参数设置中的 Run Device（运行设备）下拉列表中是否存在当前的 Android 终端设备，如图 7–58 所示。如果设备不存在，首先排查开发者模式和 USB 调试选项是否正确开启，然后单击 Run Device 参数后面的 Refresh（刷新）按钮重试。

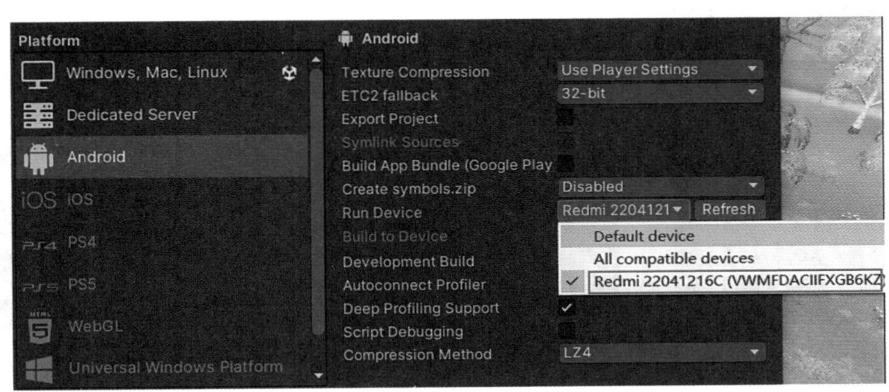

图 7–58 设置 Android Platform 参数

3. 设置压缩和交互方式

勾选压缩纹理设置项 Use Player Settings，Compression Method（压缩方式）默认选择 LZ4 或 LZ4HC（见图 7–58）。在 Player Settings 选项界面中，选择颜色空间为 Gamma。由于场景发布至 Android 移动端后，交互方式就不能是键盘和鼠标了，而是虚拟轮盘和虚拟按键等可触摸式 UI 元素，因此，需要在输入设置中选择平台支持 Input 和 Inputsystem 两种输入方式，如图 7–59 所示。

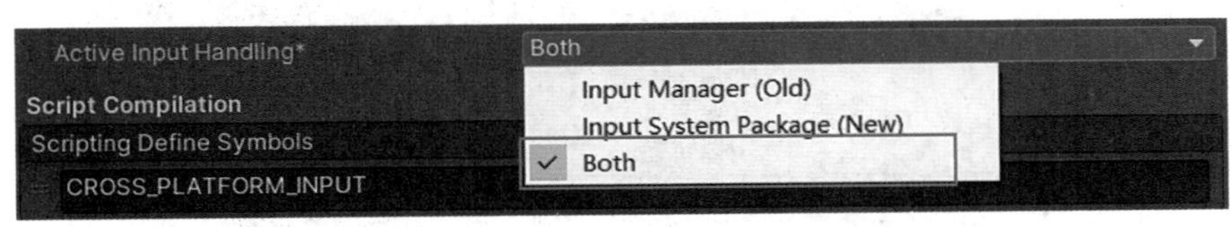

图 7–59 交互输入参数设置

4. 设置显示朝向

不同应用导出到 Android 平台后，运行时的朝向需求是不同的。例如，打飞机小游戏导出到 Android 平台后，需要显示为竖屏模式，如图 7–60 所示。

而本项目导出后要求运行时显示为横屏模式，所以需要在导出前对其进行切换。在 Player 设置中，找到 Orientation 参数部分，选择 Default Orientation（默认的朝向）参数设置项，如图 7–61 所示，Portrait 是竖屏模式，而 Landscape 是横屏模式，而且调整后的朝向模式在场景导出到目标平台后运行过程中是不允许变更的；如果一些应用希望变更，可以选择 Auto Rotation，即自动旋转，对于本项目我们选择 Landscape Left 模式，即横屏且朝左方式，这是大部分手游模式的首选朝向。

图 7–60　打飞机小游戏的竖屏显示方式

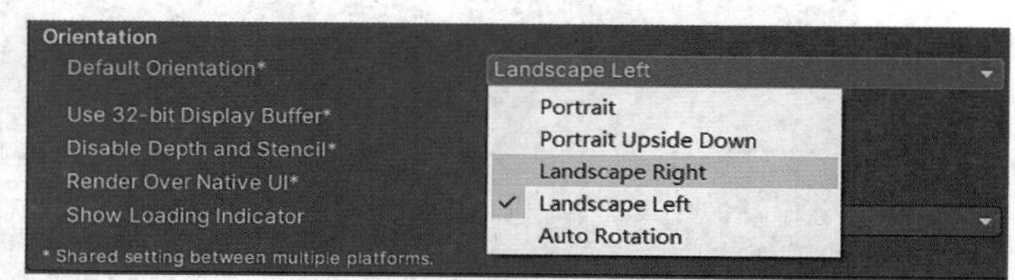

图 7–61　设置横屏朝左模式

5. 切换平台

完成上述设置之后，单击 Switch Platform 按钮进行平台的切换，将当前平台切换为 Android 平台，如图 7–62 所示。这个过程可能时间会稍长，请读者在操作过程中耐心等待。

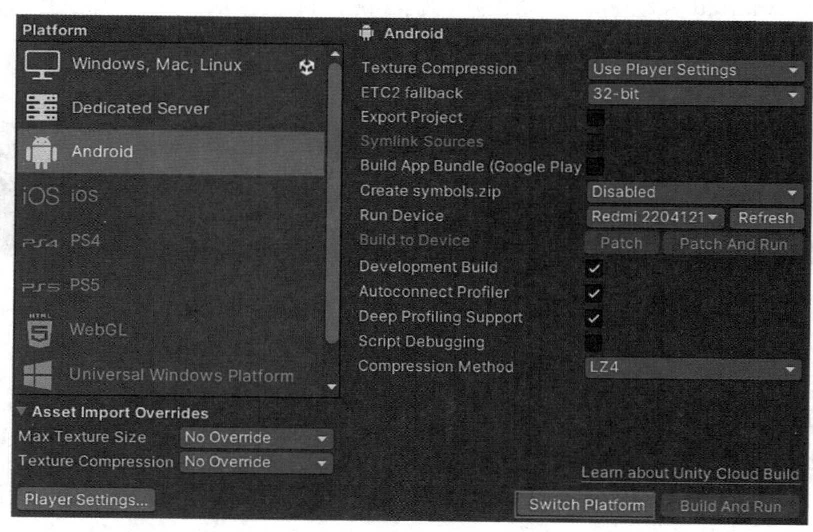

图 7–62　切换平台

6. 查看显示效果

在 Hierarchy 窗口中找到名为 UI_Canvas 的对象进行启用（见图 7–63（a）)，然后在 Game 视图中可以查看将来导出到 Android 平台后的显示效果（见图 7–63（b）)。

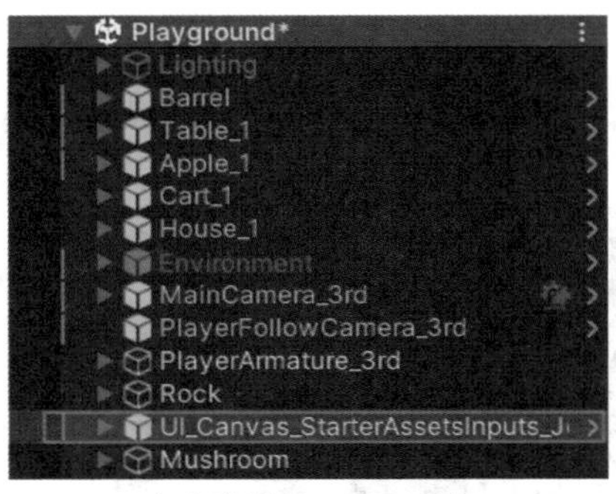

（a）启用UI_Canvas对象

（b）查看显示效果

图 7–63　查看移动端平台效果

7. 导出项目

单击 Build 或 Build and Run 按钮，开始将场景导出至 Android 平台，如图 7–64 所示。这一步操作相比切换平台来说要快得多。

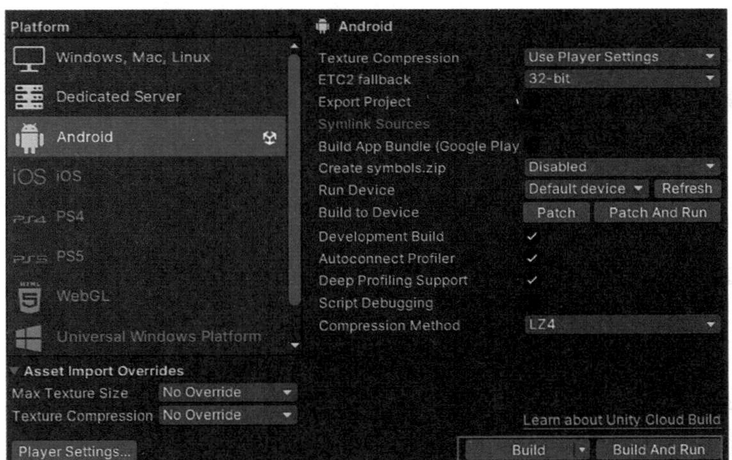

图 7–64　导出项目

导出后的目标文件仅为一个 apk 安装包，如图 7–65 所示。

Animator_BurstDebugInformation_D...	10/7/2023 下午3:36	文件夹	
Assets	10/7/2023 下午3:35	文件夹	
Library	10/7/2023 下午3:42	文件夹	
Logs	10/7/2023 下午2:00	文件夹	
obj	24/1/2023 上午10:53	文件夹	
Packages	14/5/2023 下午2:14	文件夹	
ProjectSettings	10/7/2023 下午3:35	文件夹	
Temp	10/7/2023 下午3:42	文件夹	
UserSettings	26/6/2023 下午2:42	文件夹	
Window_Out	10/7/2023 上午8:28	文件夹	
.vsconfig	19/1/2023 上午11:58	VSCONFIG 文件	1 KB
Animator.apk	10/7/2023 下午3:41	APK 文件	173,584 KB
Assembly-CSharp.csproj	10/7/2023 下午3:30	C# Project file	68 KB
Assembly-CSharp.Player.csproj	10/7/2023 下午3:30	C# Project file	61 KB

图 7–65　导出的 apk 安装包

8. 移动端安装文件

将导出的 apk 安装包拷贝至 Android 终端设备，安装后进行应用程序，就可以通过移动端触摸屏操作人物角色在场景中进行漫游了，如图 7–66 所示。

图 7–66　移动端漫游场景

本章主要讲解了 UI 系统与物体的交互实现过程，以及将完整的应用程序导出发布到 PC 端和移动端的实现过程。后续读者可以根据自己的实际情况，在本书场景的基础上，参考 Unity 官方开发文档进一步完善灯光、导航和寻路系统等内容，使场景内容更加丰富。

能力自测

一、单选题

1. Unity UI 系统的特点不包括（　　）。

　A. 支持多平台　　B. 支持动画效果

　C. 支持标准化布局　　D. 支持可视化编辑

2. UI 系统的基础控件不包括（　　）。

　A. Canvas　　B. Text

　C. Image　　D. OnClick

3. 以下选项中不是 Canvas 的作用的是（　　）。

　A. 是 UI 系统中非常重要的一个控件对象

　B. 是所有其他 UI 控件的父物体

　C. 负责管理和影响其子物体的布局和渲染效果

　D. 用于 UI 事件处理的组件

4. Canvas 对象默认带有四个组件，其中不包括（　　）。

　A. Rect Transform　　B. Canvas

　C. Canvas Scaler　　D. Text

5. 使用 UI 元素时，应确保（　　）两个组件都存在，并且正确设置它们的属性，才能保证 UI 元素的正常显示和交互。

A. Canvas 和 Rect Transform　　B. Canvas 和 Graphic Raycaster

C. Canvas 和 EventSystem　　D. Canvas 和 Canvas Scaler

6. 添加 Text 对象后，该文本对象的名称默认为（　　）。

A. Text　　B. Text(Legacy)

C. Text(TMP)　　D. New Text

7. 添加一个 Button 对象后，该对象默认携带一个（　　）对象。

A. Text　　B. Text(Legacy)

C. Text(TMP)　　D. Button(Legacy)

8. 想要启用 Button 对象的交互功能，应在其 Inspector 窗口中勾选（　　）对象。

A. Transition 属性框　　B. Navigation 属性框

C. OnClick() 设置项　　D. Interactable 复选框

9. 如果场景运行时要求首先显示 Main 场景，那么场景编译窗口中，（　　）。

A. 先勾选 Main 场景，再勾选其他场景

B. 让 Main 场景处于其他场景列表上方

C. 勾选所有场景，并且最后勾选 Main 场景

D. 仅勾选 Main 场景

10. 添加（　　）组件，可以根据网格布局帮助开发者在 Canvas 中灵活对齐或分组排列多个 UI 元素相应的位置和大小。

A. GridLayoutGroup

B. Canvas Scaler

C. CanvasLayoutGroup

D. Rect Transform

二、填空题

1. UI 作为 Unity 游戏引擎的一个重要组成部分，经历了 ________、________、________ 的发展历程，最终成为 Unity 官方的 UI 系统。

2. Unity GUI 简称 ________（本书中简称为 UI 系统），内置于各个版本的 ________ 当中，用于游戏中 ________ 的开发。

3. 通过 UI 系统中的 ________、________、________ 等常见控件，可以快速、直观地创建游戏内主菜单、________、________ 等 UI 界面，满足不同开发者的需求。

4. 创建 UI 元素时，Hierarchy 窗口中如果不存在任何 Canvas，UI 系统会 ________ 一个默认的 Canvas 并将 ________ 元素置于其下。

5. 用户如果想要更加灵活地控制 UI 布局与渲染效果时，可以 ________ 创建不同的 Canvas，并将 UI 元素分别放置在 ________ 的 Canvas 对象中，以实现不同 Canvas 对象之间的相对 ________ 和 ________ 关系，从而达到更好的 UI 效果。

6. RectTransform 组件决定了 Canvas 对象中 UI 元素在屏幕上的 ________________ 和 ________________。

7. Canvas 是 UI 系统中的 ________________ 组件，负责将 UI 元素 ________________ 到屏幕上。

8. Canvas Scaler 是一个 ________________ 组件，用于控制 UI 元素在不同分辨率下的 ________________ 和 ________________。

9. Graphic Raycaster 是 Unity 中用于 UI ________________ 的组件，它将 UI 元素转换为可用于 ________________ 的形式，并将 ________________ 与 UI 元素进行交互，从而实现 UI 事件的响应和处理。

10. Text 控件的添加方式包括 Text 和 ________________ 两种。

11. 富文本是一种比 ________________ 文本更加丰富、多样化的文本格式，通过使用一些特定的 ________________ 和 ________________ 来实现加粗、斜体、下划线、颜色、字体等丰富的格式效果。

12. 如果 Item Pick Up Text 的内容为“Pickup（E），InBag（F）”，Item Drop Text 的内容为“Drop（E），InBag（F）”，那么按下 ________________ 键可以捡起物品，按下 ________________ 键可以将当前的物品放入背包。

三、简答题

1. Unity UI 系统的主要特点有哪些？
2. 新建一个 Canvas 对象后，系统默认带有哪些组件？分别简述这些组件的作用。
3. Unity 中 Text 控件的作用是什么？要添加一个 Text 控件有哪些方法？
4. 场景编译时如何设置可以使场景运行时首先显示 Main 场景？

参 考 文 献

[1] 罗方超 . 浅谈 VR 和 AR 在虚拟博物馆展览中的应用 [J]. 中国民族博览，2022（2）：198-201.

[2] 裴胜兴 . 基于遗址保护理念的遗址博物馆建筑整体性设计研究 [D]. 广州，华南理工大学，2015.

[3] 汪成为，高文，王行仁 . 灵境（虚拟现实）技术的理论、实现及应用 [M]. 北京：清华大学出版社，1997.

[4] 张婷 . 基于 VR 虚拟现实技术的数字化展示视觉设计研究 [D]. 南昌：南昌大学，2022.

[5] 曹世洲 . 虚拟学习环境建模与人机交互技术研究 [D]. 重庆：重庆邮电大学，2022.

[6] 贺鑫鹏 . 基于虚拟现实（VR）的沉浸式体验对游客行为的影响因素实证分析 [D]. 南昌：南昌大学，2022.

[7] 赵蓝宇 . 虚拟交互中物体形状信息提取方法研究 [D]. 哈尔滨：哈尔滨工业大学，2022.

[8] 朱俐锟 . 基于 VR 的近现代建筑文化遗产保护研究 [D]. 上海：上海工程技术大学，2021.

[9] 李慧宇 . 虚拟现实中重定向行走方法的研究与应用 [D]. 济南：山东大学，2021.

[10] 郭天太 . 基于 VR 的虚拟测试技术及其应用基础研究 [D]. 杭州：浙江大学，2005.

[11] 王祎 . 虚拟现实中碰撞检测关键技术研究 [D]. 长春：吉林大学，2009.

[12] 吴成浩 . VR/AR 技术在八大山人数字博物馆的运用研究 [D]. 南昌：南昌大学，2018.

[13] 范丽亚，张克发，马介渊，等 . AR/VR 技术与应用——基于 Unity 3D/ARKit/ARCore[M]. 北京：清华大学出版社，2020.

[14] 李婷婷 . Unity VR 虚拟现实游戏开发 [M]. 北京：清华大学出版社，2021.

[15] 张金钊，张金镝，张童嫣 . VR-Blender 物理仿真与游戏特效开发设计 [M]. 北京：清华大学出版社，2020.

[16] 谢平 . Unity AR/VR 开发入门案例精讲 [M]. 北京：中国科学技术出版社，2023.

[17] 谢平，张克发，耿生玲，等 . WebXR 案例开发——基于 Web3D 引擎的虚拟现实技术 [M]. 北京：清华大学出版社，2023.